中等职业教育新课程改革教材丛书

图形图像处理
(Photoshop CS4)

郭荔 主编

电子工业出版社

Publishing House of Electronics Industry

北京·BEIJING

内 容 简 介

本书介绍了图层、图像和文件的基本操作，修复工具的基本原理和具体用法，去除杂色、调整图像亮度/对比度、调整图像大小等方法，选区与色彩的相关知识，建立选区的几种工具，调整色彩的常用方法，文字的编辑方法，图层混合模式的使用方法，图层样式的应用，图层蒙版的工作原理和编辑方法，快速蒙版和剪贴蒙版的使用方法，使用钢笔工具绘制路径、调整路径和将路径转换为选区的操作，利用画笔增添艺术效果的方法，矢量图形的绘制方法和填充方法，通道的相关知识和用法，利用 Alpha 通道制作特效的方法和几种常用滤镜的使用方法和技巧。

未经许可，不得以任何方式复制或抄袭本书之部分或全部内容。
版权所有，侵权必究。

图书在版编目（CIP）数据

图形图像处理：Photoshop CS4 / 郭荔主编. —北京：电子工业出版社，2015.3
（中等职业教育新课程改革教材丛书）
ISBN 978-7-121-21522-3

Ⅰ. ①图… Ⅱ. ①郭… Ⅲ. ①图象处理软件－中等专业学校－教材 Ⅳ. ①TP391.41

中国版本图书馆 CIP 数据核字（2013）第 223291 号

策划编辑：肖博爱
责任编辑：郝黎明
印　　刷：北京七彩京通数码快印有限公司
装　　订：北京七彩京通数码快印有限公司
出版发行：电子工业出版社
　　　　　北京市海淀区万寿路 173 信箱　邮编　100036
开　　本：787×1 092　1/16　印张：20.75　字数：531.2 千字
版　　次：2015 年 3 月第 1 版
印　　次：2021 年 8 月第 6 次印刷
定　　价：39.80 元

凡所购买电子工业出版社图书有缺损问题，请向购买书店调换。若书店售缺，请与本社发行部联系，联系及邮购电话：（010）88254888，88258888。
质量投诉请发邮件至 zlts@phei.com.cn，盗版侵权举报请发邮件至 dbqq@phei.com.cn。
本书咨询联系方式：（010）88254617，luomn@phei.com.cn。

前　言

21 世纪是快速发展的数码时代，数码产品与数码应用从多个方面改变着人们的生活习惯和思维方式。因此，图形图像的设计与制作也变得越来越流行，在中等职业技术学校中，它也逐渐变成了一个热门学科。

本书根据天津市红星职业中等专业学校创建国家中等职业教育改革发展示范学校要求，结合重点专业——计算机网络技术专业核心课程建设，在编写上以能力培养为目标，以项目实例为载体，强调理论与实践相结合，在知识结构安排上遵循学生的认知规律和 Photoshop 的学习规律，注意深入浅出的讲解，力争做到趣味性、启发性、实用性有机结合。

本书特色

> 语言简洁、内容实用：作为中等职业技术学校教材，本书写作上尽量采用通俗易懂的语言，并且做到语言简练、内容实用，通过图文互解让读者轻松掌握相关操作知识。在内容安排上，本书突出实用、常用的特点，也就是说只讲"实用和常用"的知识点，真正做到让读者学得会、用得上。

> 边学边练、即学即用：从实际应用的角度出发，以项目实例为核心，围绕它展开相关基础知识的介绍。通过对这些实例制作过程的详细讲解，读者可以快速掌握 Photoshop CS4 的典型功能与核心技术。此外，本书所讲的操作与实例具有很强的实用性和代表性，使读者学有所用，用有所获，真正实现了学、用结合。

> 实战演练、举一反三：为了提高学习效果，充分发挥读者的学习能动性和创造力，每个项目实例后都精心设计了实战演练和拓展练习供读者上机实战，达到举一反三的学习效果。

> 资料丰富、参考详尽：本书素材提供了书中所有项目实例的素材、源文件及效果文件，并为每个项目实例配备了详细的讲解视频，方便读者对书中实例的学习和练习，请读者登录华信教育资源网（www.hxedu.com.cn）免费下载。

本书内容

> 项目一：以花好月圆图像合成的制作为例，介绍了 Photoshop CS4 软件的使用，以及 Photoshop 中图层、图像和文件的基本操作。

> 项目二：以老照片的修复为例，详细介绍了 Photoshop 中修复工具的基本原理和具体用法，以及去除杂色、调整图像亮度/对比度、调整图像大小等方法。

> 项目三：以黑白照片的上色为例，重点介绍了 Photoshop 中的选区与色彩的相关知识，以及建立选区的几种工具和调整色彩的常用方法。

➢ 项目四：以书籍封皮的制作为例，重点介绍了 Photoshop 中文字的编辑方法、图层混合模式的使用方法，以及图层样式的应用。

➢ 项目五：以动漫海报的制作为例，重点介绍了 Photoshop 中图层蒙版的工作原理和编辑方法，以及快速蒙版和剪贴蒙版的使用方法。

➢ 项目六：以个人艺术写真的制作为例，重点介绍了在 Photoshop 中使用钢笔工具绘制路径、调整路径和将路径转换为选区的操作，以及利用画笔增添艺术效果的方法。

➢ 项目七：以儿童台历封面的制作为例，重点介绍了 Photoshop 中各种矢量图形的绘制方法和填充方法。

➢ 项目八：以婚纱艺术合成的制作为例，重点介绍了 Photoshop 中通道的相关知识和用法，以及利用 Alpha 通道制作特效的方法。

➢ 项目九：以茶室广告的制作为例，重点介绍了 Photoshop 中几种常用滤镜的使用方法和技巧。

➢ 项目十~项目十四：这 5 个综合项目分别介绍了手机广告、电影海报、房地产海报、动态图像、网页切片的设计和制作，使读者能够综合运用前面的所学的知识制作不同类型、不同风格的 Photoshop 作品。

本书是天津市红星职业中等专业学校与天津诺普达科技有限公司在国家级示范学校建设中校企合作项目成果之一。本书由郭荔任主编，许霞和李硕任副主编，参加编写的人员还有谢益、刘颖、杨军、葛斌、张中伟、徐子玥、李博等，在此表示深深的感谢。

本书在创作的过程中，由于时间仓促，书中错误在所难免，希望广大读者批评指正。

编　者

目　　录

项目一　花好月圆——Photoshop CS4 入门 ··· 1
- 任务一　认识 Photoshop CS4 ·· 2
- 任务二　熟悉 Photoshop CS4 工作界面 ·· 5
- 任务三　制作花好月圆合成效果 ·· 7
- 任务四　保存文件 ·· 11

项目二　童年时光——老照片的修复 ··· 18
- 任务一　调整图像文件的尺寸 ·· 19
- 任务二　调整图像的颜色和亮度 ·· 21
- 任务三　去除图像上的细小污渍 ·· 22
- 任务四　去除图像上的大片污渍 ·· 24

项目三　五彩缤纷——黑白照片上色 ··· 31
- 任务一　为面部上色 ·· 32
- 任务二　为衣服上色 ·· 35
- 任务三　为手套、鞋和皮带上光 ·· 39
- 任务四　为背景上色 ·· 40

项目四　书香幽幽——图书封皮设计 ··· 48
- 任务一　制作图书封面图案 ·· 49
- 任务二　制作图书封面文字 ·· 51
- 任务三　制作图书封底图案 ·· 54
- 任务四　制作图书封底与书脊文字 ·· 56

项目五　浪漫时刻——动漫艺术设计 ··· 68
- 任务一　认识图层蒙版与剪贴蒙版 ·· 69
- 任务二　制作背景图案 ·· 71
- 任务三　制作人物合成效果 ·· 73
- 任务四　制作文字艺术效果 ·· 79

项目六　活力青春——个人艺术写真设计 ··· 91
- 任务一　绘制路径和建立选区 ·· 92
- 任务二　用路径抠取人物图像 ·· 96
- 任务三　制作写真背景图案 ·· 99
- 任务四　制作人物合成效果 ·· 103

项目七　快乐宝贝——儿童台历封面设计 ··· 116
- 任务一　了解路径绘图的方法 ·· 117

任务二　制作台历背景图案 122
　　任务三　制作人物合成效果 125
　　任务四　制作文字艺术效果 130

项目八　相爱一生——婚纱艺术合成设计 153
　　任务一　认识通道和使用通道 154
　　任务二　抠出半透明的婚纱图像 158
　　任务三　制作婚纱照背景 165
　　任务四　制作人物合成效果 167

项目九　水墨茶道——滤镜特效设计 181
　　任务一　认识滤镜 182
　　任务二　制作山峦背景图案 184
　　任务三　制作荷花与茶具 187
　　任务四　制作文字艺术效果 191

项目十　沟通无限——手机广告设计 216
　　任务一　制作手机广告背景 217
　　任务二　制作手机图像合成效果 220
　　任务三　制作光线彩条与底纹 223
　　任务四　为手机广告添加文字 230

项目十一　光影世界——电影海报设计 241
　　任务一　制作电影标题文字 242
　　任务二　制作女主角图像合成效果 245
　　任务三　制作男主角图像合成效果 248
　　任务四　添加宣传文字 252

项目十二　山水华庭——房地产广告设计 263
　　任务一　制作广告背景 264
　　任务二　制作水畔别墅合成效果 267
　　任务三　制作湖波倒影合成效果 269
　　任务四　添加广告文字 272

项目十三　雪花纷飞——GIF动画设计 283
　　任务一　制作动画背景 284
　　任务二　制作漫天的雪花 287
　　任务三　制作雪花飘飘动画效果 289
　　任务四　调整动画效果并输出GIF动画 291

项目十四　甜蜜小屋——网页切片的制作 300
　　任务一　制作网页边框和菜单栏 301
　　任务二　制作导航条和主题广告 305
　　任务三　制作甜品介绍 313
　　任务四　制作甜品网页切片 315

项目一 花好月圆——Photoshop CS4 入门

Photoshop 是当今图像处理的首选软件，它不但是专业图像工作人员的"利器"，也是业余爱好者手中锦上添花的工具。在数码相机普及的今天，Photoshop 也已走进大众的生活，成为数码照片 DIY 的必备工具。

本项目简要介绍 Photoshop 的基本概况以及 Photoshop CS4 的工作界面，并且通过制作花好月圆图像合成效果，详细介绍 Photoshop 中图层的使用，图像的缩放、旋转等基本编辑操作以及 Photoshop 图像文件的基本操作。

能力目标

◆ 熟练掌握 Photoshop 图像文件的基本操作。
◆ 熟练使用 Photoshop CS4 工作界面中的工具箱、面板等部件进行图像处理。
◆ 学会图像对象的缩放、旋转等基本编辑操作。
◆ 了解图层的相关知识并掌握图层的基本操作。

实例效果

图 1-1 实例效果图

任务一　认识 Photoshop CS4

一、Photoshop 简介

　　Photoshop，简称"PS"，是由美国 Adobe 公司推出的一款功能强大的图形处理软件。Photoshop 主要处理以像素构成的数字图像，是每一个从事平面设计、网页设计、影像合成、多媒体制作、动画制作等专业人士必不可少的工具。随着数码相机的普及，越来越多的摄影爱好者开始使用 Photoshop 来修饰和处理照片，从而大大扩展了 Photoshop 的应用范围和领域，使 Photoshop 成为一款大众性的软件。

　　Photoshop CS4 是 Adobe 公司于 2008 年 9 月 23 日正式发行的版本，除了包含 Photoshop CS3 的所有功能外，还增加了一些特殊的功能，如支持 3D 和视频流、动画、深度图像分析等。Photoshop CS4 的另一个让人印象深刻的新功能是不但可以导入 3D 模型，还能在其表面添加文字和图画，就像直接渲染在模型表面一样自然。

二、Photoshop 应用

　　Photoshop 的应用范围非常广泛，在许多图像领域都有它的身影。为了加深读者对 Photoshop 的了解，并且能够在其应用领域中找到自己感兴趣的学习方向，在此将 Photoshop 常见的应用领域列举如下。

1. 平面广告、包装、装潢、印刷、制版

　　平面设计是 Photoshop 应用最为广泛的领域，随处可见的户外广告、经常阅读的书籍杂志封面、产品的精美包装、电影海报、商场招贴等，这些具有丰富图像的平面印刷品，基本上都需要 Photoshop 软件对图像进行处理和合成，如图 1-2 所示。

图 1-2　平面设计

2. 摄影后期处理、照片修复与艺术合成、图像色彩处理

　　Photoshop 具有强大的图像修饰、色彩和色调调整功能，人们不但能够利用它对数码照片进行修复以弥补皮肤方面的缺陷，还可以利用其强大的合成功能制作极具创意的作品。最典型的摄影后期处理就是影楼的婚纱照后期制作，如图 1-3 所示。

项目一

花好月圆——Photoshop CS4 入门

图 1-3 摄影后期处理

3. 插画、手绘

由于 Photoshop 具有良好的绘画和调色功能，许多卡通动画、插画、漫画的设计制作都采用电脑绘画的方式，然后再上色形成图像，在日本与韩国，电脑绘画已经被证明在动漫产业具有无限发展的可能与潜力，如图 1-4 所示。

图 1-4 插画与手绘

4. 界面设计

计算机的普及化和个性化，使得人们对界面的审美要求不断提高，界面也逐渐成为个人风格和商业形象的一个重要展示部分。在界面设计领域，Photoshop 也扮演着必不可少的重要角色，90%以上的界面都是用 Photoshop 设计的，如图 1-5 所示。

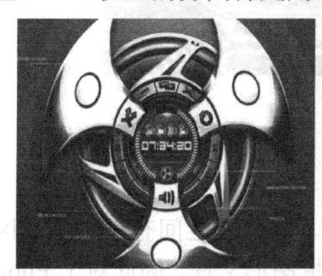

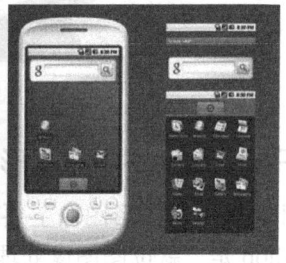

图 1-5 界面设计

5. 效果图后期处理

利用 3D 软件制作的建筑效果图需要用 Photoshop 对其进行后期加工，如调色、添加照明、混合场景等。此外，房屋户型图、建筑规划图、室内效果图、景观设计图等也都是用 Photoshop 来做后期处理的，如图 1-6 所示。

003

■ 图 1-6　效果图后期处理

6．概念设计

概念设计区别于其他领域的最大特点在于创意超出常规，其领域包括汽车、电子产品、生活用品、影视游戏中的角色或道具等，如图 1-7 所示。

■ 图 1-7　概念设计

7．虚拟景观设计、游戏美工设计

三维软件虽然能够制作出精良的模型，但如果不为模型应用逼真的贴图，也无法得到较好的渲染效果，Photoshop 可以制作三维软件必需的贴图，如图 1-8 所示。

■ 图 1-8　三维贴图

三、Photoshop 中的图形图像

计算机中的图形图像主要有两种格式：矢量图和位图。这两者之间有着本质的区别。Photoshop 是一款位图图像处理软件，但它同时又能导入矢量图形文件，因此对于 Photoshop 的学习者而言，理解并掌握位图与矢量图的区别就至关重要了。

1．位图图像

位图图像又称点阵图像或栅格图像，它是由许许多多的点组成的，这些点我们称为像素。不同颜色的像素点按照一定次序进行排列，就组成了色彩斑斓的图像。

当把位图图像放大到一定程度显示时，在计算机屏幕上就可以看到一个个的方形小色块，如图 1-9 所示，这些小色块就是被放大了的组成图像的像素。

位图图像是通过记录每个像素点的位置和颜色信息来保存图像的，所以图像的像素越多，每个像素的颜色信息越多，该图像文件就越大，其表现力就越好、越逼真。位图图像常用于保存复杂、色彩变化丰富的图像，如人物、风景照片等。

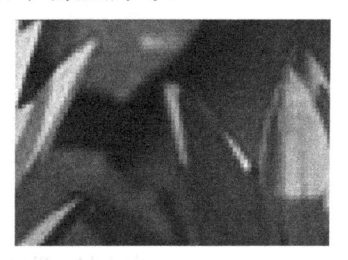

图 1-9　位图图像放大效果

2. 矢量图形

矢量图形是由一些用数学方式描述的曲线组成的，其基本组成单元是锚点和路径。矢量图形无论缩放多少其边缘都是平滑的，不会出现模糊和锯齿现象，如图 1-10 所示。而且由于矢量图形只记录点的坐标、线的粗细和位置、色彩等数据，其文件很小，非常适于网络传输。目前网上流行的 Flash 动画就是矢量图形格式的。

图 1-10　矢量图形放大效果

3. 两者的关系

位图图像与矢量图形这两种格式没有好坏之分，各有优缺点，只是适用范围和领域不同而已。随着功能的增强，Photoshop 也具有了部分矢量图形的绘制能力，例如，Photoshop 创建的路径和形状就是矢量图形。Photoshop 文件既可以保存位图，又可以保存矢量数据。通过软件，矢量图可以轻松的转换为任意大小的位图图像，而位图要是想转成矢量图则需要经过复杂的数据处理，而且生成的矢量图形的质量绝对不能和原来的相比，会丢失大量的图像细节。

任务二　熟悉 Photoshop CS4 工作界面

运行 Photoshop CS4 程序，选择【开始】→【所有程序】→【Adobe Photoshop CS4】命令或双击桌面上的快捷图标 Ps 启动 Photoshop CS4 应用程序，选择【文件】→【打开】命令，打开一幅图像后我们就可以看到如图 1-11 所示的 Photoshop CS4 的工作界面。从图中可以看出 Photoshop CS4 工作界面由菜单栏、工具选项栏、图像窗口、工具箱、面板区等几个部分组成。下面就简单介绍一下界面的各个组成部分及功能。

图形图像处理（Photoshop CS4）

图 1-11　Photoshop CS4 工作界面

一、菜单栏

Photoshop CS4 的菜单栏包括了【文件】、【编辑】、【图像】、【图层】、【选择】、【滤镜】、【分析】、【3D】、【视图】、【窗口】和【帮助】等。

【文件】：文件菜单包括了常见的文件操作，如图像文件的建立、打开、关闭、保存以及页面设置和打印等，除此之外还提供了 Photoshop 特有的处理文件的操作。

【编辑】：编辑菜单包含一系列编辑、修改选定对象（可能是整个图像、图层，也可能是一部分选择区域）的各种操作命令。

【图像】：图像菜单包含了各种处理图像颜色、模式和画布的命令。

【图层】：Photoshop CS4 图层菜单提供了丰富的图层管理功能。

【选择】：在进行各种图像操作之前，通常要选定操作区域或者对象，选择菜单提供了选择对象及编辑、修改选区的命令。

【滤镜】：在 Photoshop CS4 的滤镜菜单中，包含了滤镜库插件，使用滤镜库可以批量地应用滤镜或者将单个滤镜应用多次。

【分析】：分析菜单提供了多种度量工具。

【3D】：提供了处理和合并现有的 3D 对象、创建新的 3D 对象、编辑和创建 3D 纹理，以及组合 3D 对象与 2D 图像等命令。

【视图】：视图菜单提供了各种改变当前视图命令和创建新视图的命令。

【窗口】：窗口菜单提供了控制工作环境中窗口的命令。

【帮助】：提供了 Photoshop CS4 的各种帮助信息。

二、视图控制栏

这是 Photoshop CS4 中新增的功能，如图 1-12 所示，包括"启动 Bridge"、"显示网格、标尺等辅助内容"、"缩放级别"、"抓手工具"、"缩放工具"、"视图旋转"、"窗口排列方式"、"全屏显示"、"启动 Bridge"、"基本功能"、"最小化"、"最大化"及"关闭"按钮等。

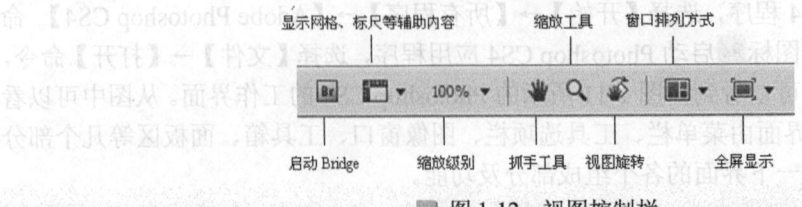

图 1-12　视图控制栏

三、工具箱

工具是编辑和处理对象必备的基本对象。Photoshop CS4 的工具箱中共提供了 40 多种工具，用于图像处理和图形绘制，工具的具体使用方法我们将在后面的项目中深入学习。

四、工具选项栏

工具选项栏位于菜单栏的下方，显示工具箱中当前被选择工具的相关参数和选项，以便对其进行具体设置，其显示的内容根据用户所选择工具的不同而不同。

五、面板区

面板是处理对象时的辅助工具。不同面板有着不同的功能，如颜色面板可以调节和使用颜色，信息面板可以查看图像在不同编辑状态时的辅助信息。

六、图像窗口

图像窗口是 Photoshop 进行图像处理的主要区域，在此可以同时打开多个窗口，同时进行操作，对图像文件进行任何操作都会直观地反映在图像窗口中。

七、状态栏

状态栏位于图像窗口的底部，用来显示图像文件的信息，例如，图像当前的放大倍数和文件大小，当前工具及其使用的简要说明，以及系统使用虚存磁盘的大小等。

任务三　制作花好月圆合成效果

一、制作月亮背景层

1. 启动 Photoshop CS4

在桌面单击【开始】→【所有程序】→【Adobe Photoshop CS4】菜单命令，启动 Photoshop CS4。

2. 新建文件

进入 Photoshop CS4 的工作界面后，单击【文件】→【新建】菜单命令，打开"新建"对话框，如图 1-13 所示设置文件参数，其参数的具体作用如下。

【名称】：在此处为新建 Photoshop 文件命名，本实例文件命名为"花好月圆"。

【预设】：可以预先设定文件的大小，默认为"自定"，也可以设置为"剪贴板"，这样你之前复制或剪切的图像有多大就可以建一个多大的文件，这一选项以后会经常用到的。此外还可以选"照片"、"视频"、"国际标准纸张"等选项，将文件设定为相应

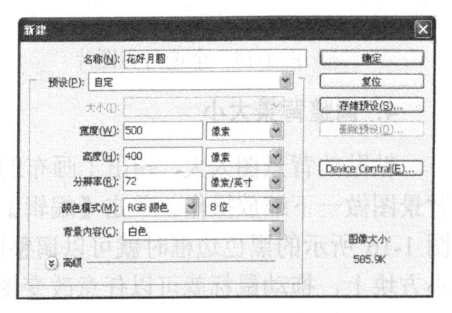

图 1-13　"新建"对话框

类型的大小。

【宽度】和【高度】：设置文件的大小，其常用单位有像素、厘米和英寸。像素是按位图上像素点的个数来计算的，计算机显示器的分辨率为 1024 像素×768 像素，我们定义的文件为大小像素 500×400 像素，那么我们设计的图像大概就是显示器屏幕的一半大小，这种设置方式很直观，在设计一些在 PC 上显示的图像时可以用这种方式。厘米和英寸这两个单位往往是在设计一些印刷品的时候使用，例如，10 寸照片的大小是 10 英寸×8 英寸，这是固定好的，如果要设计一个 10 寸的相册，就要使用英寸的单位（厘米也是这样的）。

【分辨率】：分辨率是指单位长度中所表达或者采取的像素数目，通常用 dpi（像素/英寸）来表示。分辨率越高说明在一个标准单位内的像素点就越多，表现的图像信息就越大，图像就越细腻逼真，其文件也就越大。一般情况下，如果图像只是在计算机屏幕上显示，那么分辨率定为 72dpi 就可以，如果图像需要印刷、输出，则分辨率不能低于 300dpi。

【颜色模式】：此处 Photoshop 提供的颜色模式有 5 种，位图、灰度、RGB 颜色、CMYK 颜色和 Lab 颜色。位图模式使用黑白两色表示图像中的像素；灰度模式是使用由黑色到白色多种等级来表现图像；RGB 颜色模式主要用在屏幕显示的图像上；CMYK 颜色模式用于印刷品设计；Lab 模式用得较少，具体原理将在后面学习。

【背景内容】：设置文件的背景，一般默认为白色，还可以设为透明或背景色。透明用得比较多，如果想让图像可以叠加在其他图像上制作合成效果，那么它的背景最好设置为透明，这样周围就不会有白边了。

3. 导入月亮背景图

单击【文件】→【打开】命令，在"打开"对话框中打开素材中"素材与实例打开→project01→素材"目录下的"月亮.jpg"图片，选中图片按【Ctrl+A】快捷键选择图片全部内容，再按【Ctrl+C】快捷键将图片复制到剪切板中，再选择刚才新建的"花好月圆"文件，按【Ctrl+V】快捷键将图片复制到当前图层，其结果如图 1-14 和图 1-15 所示。

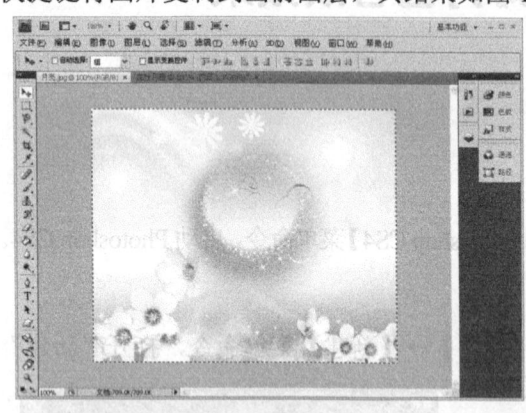

图 1-14　全选月亮图片　　　　图 1-15　将月亮图片粘贴在新建文件中

4. 调整背景大小

粘贴的背景图太大，超出了画布的范围，而且超出部分是无法显示的。这就需要我们对背景图做一下缩放操作。单击【编辑】→【自由变换】命令或按【Ctrl+T】快捷键，出现如图 1-16 所示的黑色边框时就可以调整图像大小了。调整时鼠标要放在黑色边框四周的 8 个小方块上，拖动鼠标就可以任意改变图像的大小，此时如果想让图像的长和宽成比例缩放，则鼠标要拖动四个角上的小方块，同时还要按住【Shift】键。将图像缩小到画布大小，单击

工具选项栏上的 ✓ 按钮或按【Enter】键确认缩放操作（如果对变换结果不满意，可以单击工具选项栏上的 ⊘ 按钮或按【Esc】键取消此次变换，图像恢复到原来状态，再重新操作），变换后如图1-17所示。

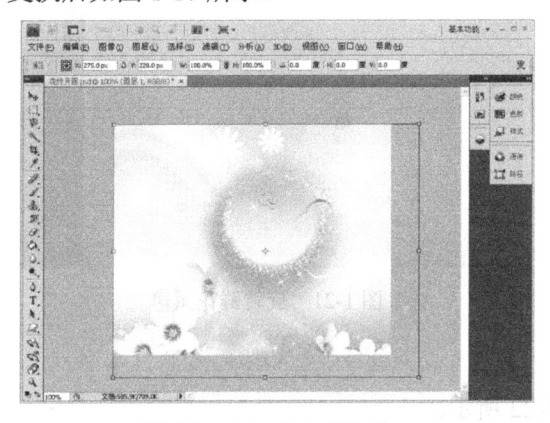

图1-16　自由变换前

图1-17　自由变换后

二、制作鲜花图层

1. 导入鲜花图片

按前面的方法打开素材中"素材与实例打开→project01→素材"目录下的"鲜花.png"图片，将鲜花复制到新建文件中，如图1-18所示。

2. 调整鲜花方向

选择鲜花所在图层，单击【编辑】→【变换】→【水平翻转】菜单命令，将鲜花作180°水平翻转，如图1-19所示。

图1-18　导入鲜花图像

图1-19　水平翻转鲜花图像

3. 调整鲜花大小

按【Ctrl+T】快捷键将鲜花缩小到如图1-20所示大小。

4. 旋转鲜花

按【Ctrl+T】快捷键出现调整框后，将鼠标移到左上角的小方块外，拖动鼠标旋转鲜花图像，旋转到如图1-21所示位置。

图 1-20 缩小鲜花图像　　　　　图 1-21 旋转鲜花图像

5. 调整鲜花位置

选中鲜花，将它拖动到月亮上方，如图 1-22 所示。

图 1-22 调整鲜花位置

三、添加文字

打开素材中"素材与实例打开→project01→素材"目录下的"文字.png"图片，将文字复制到新建文件中，其结果如图 1-23 所示。再拖动文字放到如图 1-24 所示位置，一幅花好月圆的合成效果图就完成了。

图 1-23 导入文字　　　　　图 1-24 拖动文字

任务四　保存文件

一、保存为 PSD 格式文件

设计完成后，需要将新建的文件保存。单击【文件】→【存储】命令，可以将文件存为默认的 PSD 格式文件。PSD 格式是 Photoshop 软件专用格式，也是默认格式。它可以存储在 Photoshop 中建立的所有图层、通道、蒙版、路径等信息，以便下次打开时还能继续进行编辑，所以说 PSD 格式是 Photoshop 的编辑格式。

二、保存为其他格式文件

在 Photoshop 作品设计完成后，为了便于显示、输出，应该将图像转换为兼容性更好且占用空间更小的图像格式。要将 PSD 文件保存为其他格式，可以单击【文件】→【存储为】菜单命令，打开"存储为"对话框，在格式一栏的下拉列表中有如图 1-25 所示的文件存储格式，下面就介绍几种常用的格式。

BMP 格式：微软开发的 Microsoft Pain 的固有格式，这种格式被大多数软件支持。BMP 格式采用了一种叫 RLE 的无损压缩方式，对图像质量不会产生什么影响。

GIF 格式：GIF 格式是输出图像到网页最常采用的格式。GIF 采用 LZW 压缩，限定在 256 色以内的色彩。

JPEG 格式：我们平时最常用的图像格式。它是一个最有效、最基本的有损压缩格式，被大多数图形处理软件支持。JPEG 格式的图像还广泛用于网页的制作。如果对图像质量要求不高，但又要求存储大量图片，使用 JPEG 无疑是一个好办法。但是，对于要求进行输出打印的图像，最好不使用 JPEG 格式，因为它是以损坏图像质量而提高压缩质量的。

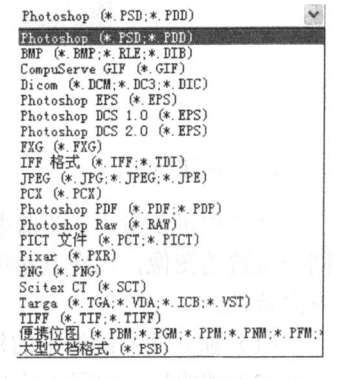

图 1-25　文件存储格式

PDF 格式：由 Adobe 公司创建的一种跨平台的通用文件格式，能够保存任何文档的字体、格式、颜色和图形，且不管创建时使用的是什么样的应用程序和平台。

PNG 格式：Netscape 公司专为 Internet 开发的网络图像格式，不同于 GIF 图像的是，它可以保存 24 位真色彩图像，并且支持透明背景和消除锯齿边缘的功能。

TGA 格式：Targa 格式是计算机上应用最广泛的图像文件格式，它支持 32 位 RGB 图像（8 位×3 颜色通道外加一个 8 位 Alpha 通道）。Targa 格式也支持无 Alpha 通道的索引颜色和灰度图像。以这种格式存储 RGB 图像时，可选取像素深度。

TIFF 格式：印刷行业标准的图像格式，通用性很强，是跨越 Mac 与 PC 平台最广泛的图像打印格式。TIFF 格式支持 Photoshop 中的所有颜色模式，还支持通道、图层和路径。

三、关闭图像文件

当设计全部完成且保存完毕后，可以按如下方法关闭图像文件。
（1）选择【文件】→【关闭】命令，或直接单击图像窗口标题栏顶端的【关闭】按钮；
（2）选择【文件】→【关闭全部】命令，可以关闭当前打开的所有图像窗口。

图形图像处理（Photoshop CS4）

知识加油站

一、图层的概念

1. 图层的概念

图层是 Photoshop 的核心功能之一。图层的引入，为图像的编辑带来了极大的便利。简单地说，图层可以看作是一张张独立的透明胶片，每一张胶片上都绘制有图像上的一部分内容，将所有的胶片按顺序叠放在一起，组合起来就形成了图像的最终结果，如图1-26所示。

图 1-26　图层原理

2. 图层的特点

从图中可以看出，图像中的各个图层按顺序自下而上的进行重叠，上层的图像遮住下层同一位置的图像，而在其透明区域则可以看到下层图像。所以说，Photoshop 的图层具有 3 方面特性。

（1）独立性：图像中的每个图层都是独立的，对某个图层的操作不会影响其他图层。

（2）透明性：图层中绘制图像的区域是透明的，可以透出下层图像的内容。这样将多个图层叠加在一起，就可以设计出复杂绚丽的图像效果。

（3）混合性：图层由下向上的叠加并不是简单的堆积，而是通过图层混合模式和透明度形成千变万化的合成效果。

3. 图层面板

图层面板是认识、掌握图层的基础，是编辑、管理图层的主要场所。对图层的各种操作基本上都是在图层面板中完成的。因此要学习图层，就必须掌握图层面板。单击【窗口】→【图层】菜单命令或按【F7】键，在 Photoshop 的工作界面中显示图层面板。如图1-27所示，面板主要由以下几部分组成。

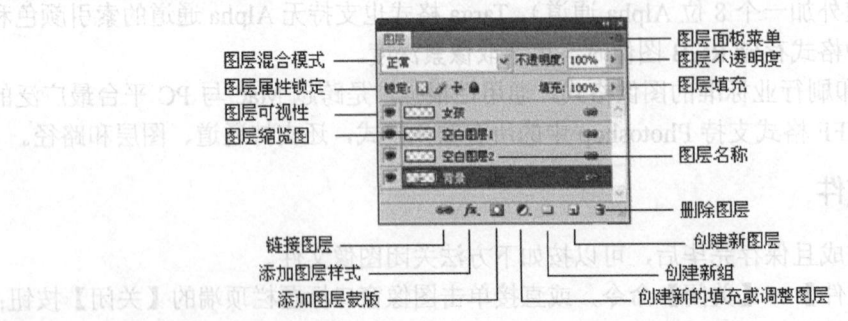

图 1-27　图层面板

（1）图层混合模式：混合模式控制图层之间像素颜色的相互作用。Photoshop 提供了 20 多种混合模式，利用它可以设计出不同的图层混合效果。

（2）图层属性锁定：图层的一些编辑、移动属性可以通过面板中的按钮锁定。单击【锁定透明像素】按钮 可以锁定图层中的透明区域，保护该区域不被绘制或填充；单击【锁定图像像素】按钮 可以锁定图层中的所有区域，使之不被编辑；单击【锁定位置】按钮 可以锁定图层的位置，使其不被移动；单击【锁定全部】按钮 可以锁定图层的全部属性。

（3）图层可视性：单击此按钮可以改变当前图层的显示状态，按钮显示 表示该图层处于显示状态；显示 表示图层处于隐藏状态，不可见也不能编辑。

（4）图层缩览图：图层图像的缩小图，以便于查看和识别图层。

（5）图层面板菜单：单击面板右上角的倒三角按钮，打开图层面板菜单，可以进行各种图层控制和设置命令。

（6）图层不透明度：设置当前图层中所有图像效果的不透明度，数值越小，则图层越透明，其下方图层中的图像越容易被显示出来，从而获得不同的遮盖效果。

（7）图层填充：设置图层中图像的填充透明度，只控制图层中的图像，对图层样式生成的效果不起作用。

（8）图层名称：为图层定义一个有意义的名字，可以方便识别和选择图层。

（9）链接图层按钮 ：选中多个图层后，单击此按钮可以将选中的图层链接起来，以便对这些图层中的图像进行统一的移动、缩放等操作。

（10）【添加图层样式】按钮 ：为当前图层添加投影、发光、叠加等特殊效果。

（11）【添加图层蒙版】按钮 ：为当前图层添加图层蒙版。

（12）【创建新的填充或调整图层】按钮 ：用于创建一个填充或调整图层，单击此按钮在弹出菜单中可以选择不同的填充和调整模式。

（13）【创建新组】按钮 ：用于创建一个图层组。

（14）【创建新图层】按钮 ：用于创建一个普通图层。

（15）【删除图层】按钮 ：用于删除图层。

二、图层的基本操作

1. 创建新图层

Photoshop 中新建图层的方法有很多，下面就介绍几种常用的新建图层的方法。

（1）单击【图层】→【新建】命令，可以选择多种新建图层的方式。选择【新建】菜单下的【图层】命令会弹出一个"新建图层"对话框，如图 1-28 所示。通过该对话框可以设置新的图层的属性，包括名称、颜色、模式、不透明度等信息，一般我们采用默认设置。

（2）单击图层面板上的【创建新图层】按钮 ，在当前图层上创建一个新的空图层。此时若同时按住了【Alt】键，也可以弹出如图 1-28 所示的"新建图层"对话框。

（3）可以利用剪切板中的内容创建一个新图层，方法是单击【图层】→【新建】→【通过拷贝的图层】或【通过剪切的图层】菜单命令。

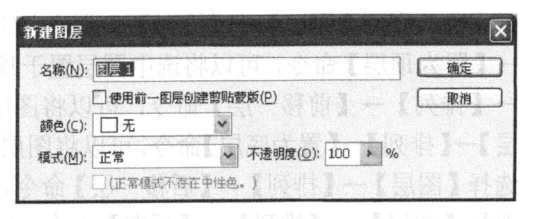

图 1-28 "新建图层"对话框

如果对图层名称不满意想要改名的话,可以在图层面板中双击图层名称,当它显示为蓝色时就表示可以重新命名了。

2. 选择图层

在 Photoshop 中,大部分的图层操作都是在选择完图层后,对所选图层进行的。选择图层可以有多种方式,以下几种常用的选择图层的方法。

(1) 选择单个图层,只需要在图层面板中单击要选择的图层即可。

(2) 选择多个不连续图层,可以按住【Ctrl】键后再单击要选择的图层。

(3) 选择多个连续图层,按住【Shift】键后选择连续图层中的第一个和最后一个,则中间所有的图层就都选中了。

(4) 选择所有图层,选择【选择】→【所有图层】菜单命令,可以选中图层面板中除背景图层以外的所有图层。

3. 复制图层

在 Photoshop 中可以在一个文件中复制图层,也可以在不同文件中复制图层,具体方法如下。

(1) 在同一个图像文件中复制图层,可以选中要复制的图层,直接将其拖到【创建新图层】按钮 上,或执行【图层】→【复制图层】菜单命令,通过复制图层对话框来复制新图层。按【Ctrl+J】快捷键,也可以快速复制当前图层。

(2) 在两个图像文件之间复制图层,首先在源图像文件中选中要复制的图层,执行【选择】→【全选】菜单命令或按【Ctrl+A】快捷键,然后执行【编辑】→【拷贝】命令或按【Ctrl+C】快捷键来复制图层,最后在目标文件中执行【编辑】→【粘贴】命令或按【Ctrl+V】快捷键来复制一个新图层。

4. 删除图层

当图层中的图像不再有用,或备份图层过多时,可以将这些图层删除。

(1) 选中要删除的图层,单击【删除图层】按钮 ,或直接将图层拖动到【删除图层】按钮 上。

(2) 选择要删除的图层,执行【图层】→【删除】→【图层】命令。

(3) 选择要删除的图层,直接按【Delete】键。

5. 调整图层叠放顺序

由于 Photoshop 中图层具有上层图像覆盖下层图像的特性,因此在某些情况下需要改变图层间的上下顺序,以获得不同的效果。

(1) 通过鼠标拖动图层来改变顺序。

(2) 利用【图层】→【排列】子菜单中的命令来改变图层顺序。选择【图层】→【排列】→【置为顶层】命令,可以将选中图层置于顶层,操作快捷键为【Ctrl+Shift+】】。选择【图层】→【排列】→【前移一层】命令,可以将图层上移一层,操作快捷键为【Ctrl+】】。选择【图层】→【排列】→【置为底层】命令,可以将图层置于图像的底层,操作快捷键为【Ctrl+Shift+[】。选择【图层】→【排列】→【后移一层】命令,可以将图层下移一层,操作快捷键为【Ctrl+[】。选择【图层】→【排列】→【反向】命令,可以将被选择的若干个图层,按相反的排列顺序进行重新排序。

6. 合并图层

虽然在 Photoshop CS4 中对图层的数量没有限制，但过多的图层会增加图像文件的大小，影响文件打开的速度。因此，及时合并一些不再需要修改的图层，是很必要的。

（1）向下合并：选择一个图层后，执行【图层】→【向下合并】命令，可将当先图层与其下一个图层合并，合并时图层必须都是可见的，否则命令无效，其快捷键为【Ctrl+E】。

（2）合并可见图层：选择【图层】→【合并可见图层】命令，可将图像中所有可见的图层全部合并，其快捷键为【Shift+Ctrl+E】。

（3）拼合图像：选择【图层】→【拼合图像】命令，可以合并图像中的所有图层，如果有隐藏图层，会弹出提示对话框，单击"确定"按钮会将隐藏图层删除，单击取消按钮取消合并操作。

（4）合并图层：选择多个要合并的图层，执行【图层】→【合并图层】命令，将所选图层合并在一起，其快捷键也是【Ctrl+E】。

实训演练

制作如图 1-32 所示的合成效果图。操作步骤如下。

（1）新建一个 Photoshop 文件，命名为"飞跃汽车"，其参数如图 1-29 所示。

（2）打开素材中"素材与实例→project01→素材"目录下的"飞越汽车_背景.jpg"图片，将其复制到飞跃汽车文件中，生成一个新图层，命名为"背景"，调整它的大小并作水平翻转，如图 1-30 所示。

（3）打开素材中"素材与实例→project01→素材"目录下的"飞越汽车_汽车.png"图片，将其复制到飞跃汽车文件中，生成一个新"图层"，命名为"汽车"，调整它的大小、方向和位置，如图 1-31 所示。

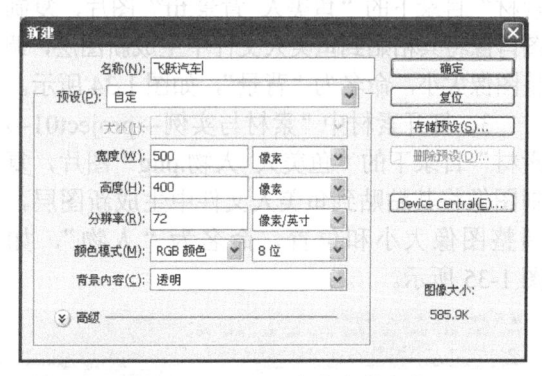

图 1-29　飞跃汽车文件参数

（4）打开素材中"素材与实例→project01→素材"目录下的"飞越汽车_文字.png"图片，将其复制到飞跃汽车文件中，生成一个新图层，命名为"文字"，调整它的大小、位置，制作如图 1-32 所示的最终效果。

图 1-30　创建背景图层　　　图 1-31　创建汽车图层　　　图 1-32　飞跃汽车效果图

图形图像处理（Photoshop CS4）

拓展与提高

一、填空题

1. 构成位图图像的基本单元是_____。
2. 图像的分辨率的单位是_____。
3. Photoshop 默认的文件格式是_____。
4. Photoshop 图像要印刷输出的话，其分辨率不能低于_____dpi。
5. 自由变换命令的快捷键是_____。
6. 放大任意倍数都不会失真的是_____。
7. 图层的三个特性是_____，_____和_____。

二、拓展题

利用前面学过的知识制作鱼美人化妆品广告，具体操作步骤提示如下。

1. 新建一个背景透明的文件，命名为"鱼美人"。参数设置如图 1-33 所示。
2. 打开素材中"素材与实例→project01→素材"目录下的"鱼美人_背景.tif"图片，复制图肖像将其粘贴到鱼美人文件中生成新图层，调整图像大小，命名为"背景"，如图 1-34 所示。
3. 打开素材中"素材与实例→project01→素材"目录下的"鱼美人_人物.png"图片，复制图像将其粘贴到鱼美人文件中生成新图层，调整图像大小和位置，命名为"人物"，如图 1-35 所示。

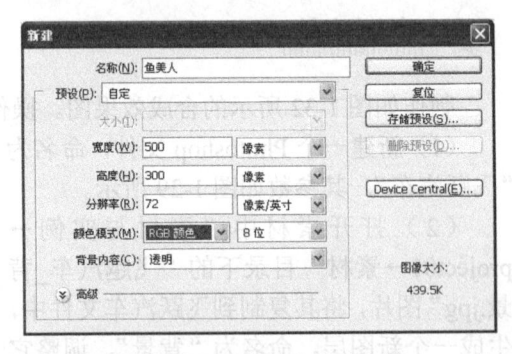

图 1-33　鱼美人文件参数

图 1-34　创建背景图层　　　　图 1-35　创建人物图层

4. 打开素材中"素材与实例→project01→素材"目录下的"鱼美人_水珠.png"图片，复制图像将其粘贴到鱼美人文件中生成新图层，调整图像的大小和位置，再复制 4 次水珠图层，分别调整每个图层中水珠的大小和位置，最后将所有水珠图层合并为一层，命名为"水珠"，如图 1-36 所示。
5. 打开素材中"素材与实例→project01→素材"目录下的"鱼美人_化妆品.png"图片，复制图像将其粘贴到鱼美人文件中生成新图层，调整图像大小和位置，命名为"化妆品"，

如图1-37所示。

■ 图1-36 创建水珠图层 　　　■ 图1-37 创建化妆品图层

6．选中"化妆品"图层，按【Ctrl+T】快捷键，先将图像旋转中心点移到下方，如图1-38所示，再旋转图像并缩小，如图1-39所示。确定变换后，按【Shift+Alt+Ctrl+T】快捷键，将刚才旋转缩小的动作重复一次，形成如图1-40所示效果。再重复上述操作，制作出化妆品螺旋效果，如图1-41所示。

■ 图1-38 下移图像旋转中心 　　　■ 图1-39 旋转并缩小图像

■ 图1-40 重复一次旋转缩小操作 　　　■ 图1-41 重复多次旋转缩小操作

7．选中所有化妆品图层，合并为一层，命名为"化妆品"，按【Ctrl+T】快捷键，旋转缩放螺旋状化妆品图像，并调整其位置，制作出最终效果，如图1-42所示。

■ 图1-42 鱼美人最终效果图

项目二 童年时光——老照片的修复

作为一款图像处理软件，老照片的修复一直是 Photoshop 的一个最基本、最传统的功能，同时也是初学者学习 Photoshop 的入门必修课。Photoshop 在这方面也着实下足了功夫，CS4 版本中提供了 4 个修复老照片最需要的工具，同时这 4 个工具也是数码相片处理和艺术设计的基础工具。

本项目通过讲解老照片的修复方法，为读者详细介绍污点修复画笔工具、修复画笔工具、修补工具和仿制图章工具 4 个工具的基本原理和具体用法，以及去除杂色、调整图像亮度/对比度、调整图像大小等方法。此外，在知识加油站中还会介绍如何使用历史记录来恢复与还原图像操作，以帮助读者更好地进行图像地处理。

能力目标

- ◆ 熟练掌握仿制图章工具、修复画笔工具、修补工具和污点修复画笔工具的使用方法。
- ◆ 学会使用去色、亮度/对比度等图像处理方法。
- ◆ 掌握图像文件属性修改和图像裁剪的方法。
- ◆ 熟练掌握使用历史记录来恢复与还原图像操作的方法。

实例效果

图 2-1 实例效果图

项目二

童年时光——老照片的修复

任务一 调整图像文件的尺寸

一、打开图像

打开素材中"素材与实例→project02→素材"目录下的"童年老照片.jpg"图片，如图 2-2 所示。照片上有一些白边和文字，需要对原图像进行剪裁。

二、裁剪图像

单击工具栏上的【裁剪工具】按钮，拖动鼠标选中裁剪后要留下的图像区域，出现如图 2-3 所示的裁剪框，拖动裁剪框四周的 8 个小方块可以调整剪裁区域大小（按住【Shift】键拖动 4 个角可以按比例调整裁剪框，按住【Ctrl】键拖动可以微调裁剪框），然后按【Enter】键确定裁剪操作，裁剪后的图像如图 2-4 所示。

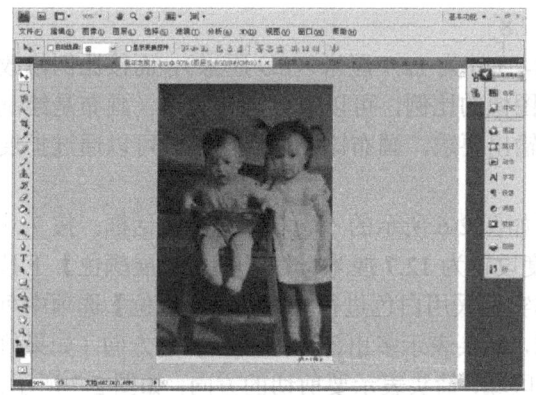

图 2-2 素材原图

图 2-3 裁剪框

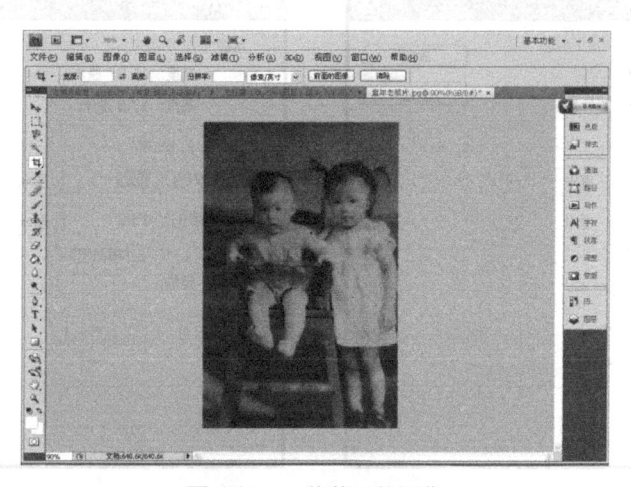

图 2-4 裁剪后的图像

图形图像处理（Photoshop CS4）

三、修改图像分辨率和大小

由于 Photoshop 默认打开的文件分辨率都是 72dpi，这不符合照片洗印输出的需要，为此要把它的分辨率设置为 300 dpi。与此同时，图像的大小也会随之变化，需要根据常规照片尺寸规格来修改图像大小。

单击【图像】→【图像大小】命令，弹出如图 2-5 所示的"图像大小"对话框。将分辨率设置为 300 像素/英寸，文档高度设置为 17.8 厘米，选中【约束比例】选项，就可以按比例设定文档宽度，而不会改变原图像比例关系（同时像素大小也会随之改变，不需要手动修改）。

四、修改画布大小

根据照片常规尺寸，7 寸照片的大小为 17.8 厘米×12.7 厘米（6 寸为 15.2 厘米×10.2 厘米，5 寸为 12.7 厘米×8.9 厘米），而按比例修改后的图像宽度仅有 11.57 厘米，为了不影响原图像的比例，可以修改画布大小（画布是绘制和编辑图像的工作区），使其符合 7 寸照片的输出要求。画布比图像多出部分可以通过扩展颜色来填充。

单击【图像】→【画布大小】命令，弹出如图 2-6 所示的"画布大小"对话框。按 7 寸照片尺寸将画布的高度设置为 17.8 厘米，宽度设置为 12.7 厘米。在【画布扩展颜色】下拉列表中可以设置画布多出部分的填充颜色，本实例采用白色进行填充。在【定位】选项中可以选择扩展方向，白色框表示原来的图像区域，箭头表示多出部分的扩展填充方向（如果修改后画布比图像小，则白色框表示留存的图像区域，箭头表示要剪切的方向，如图 2-7 所示，为图像向右下角剪切）。修改画布后的图像如图 2-8 所示。

图 2-5 "图像大小"对话框

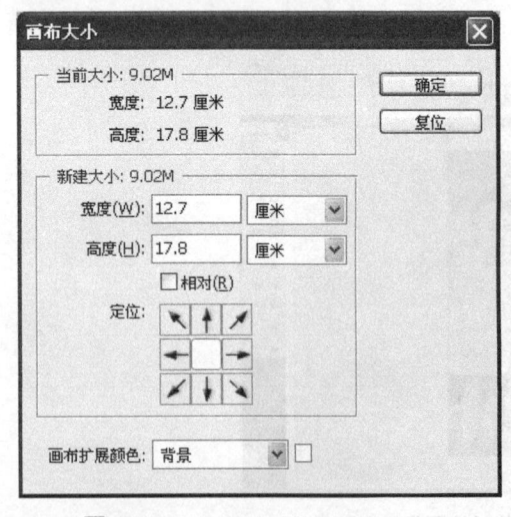

图 2-6 "画布大小"对话框

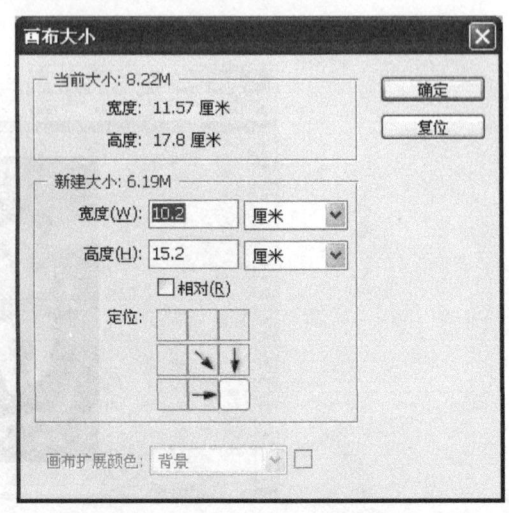

图 2-7 向右下角缩小画布

五、调整图像大小

打开图层面板，选中背景图层，按住鼠标将背景图层拖动到【创建新图层】按钮 上，复制一个新图层背景副本。选中背景副本图层，按【Ctrl+T】快捷键调整图像大小，按住【Shift】键成比例放大，遮住画布两侧的白边，调整效果如图 2-9 所示。

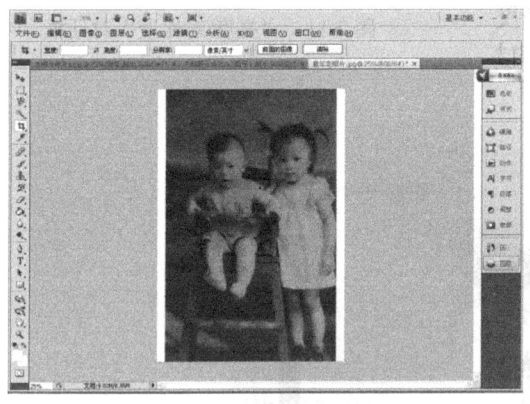

图 2-8　修改画布后的图像

图 2-9　图像调整效果

任务二　调整图像的颜色和亮度

一、去除老照片的杂色

珍藏了多年的老照片通常会发黄褪色，这时就需要对原图像进行去色处理。去色操作是将彩色图像转换为相同颜色模式下的灰度图像，它只对当前图层或图像中的选定区域进行转化，不改变图像的颜色模式。

单击【图像】→【调整】→【去色】命令，将原来已发黄的图像还原为灰度图像，如图 2-10 所示。

图 2-10　去色后的图像

二、调整图像的亮度和对比度

去色后的照片依旧比较灰暗,调整图像的亮度和对比度可以使照片明亮起来。单击【图像】→【调整】→【亮度/对比度】命令,弹出"亮度/对比度"对话框。参数设置如图 2-11 所示,亮度为 40,对比度为 5。调整后的图像效果如图 2-12 所示。

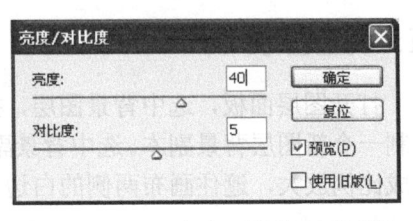

图 2-11 "亮度/对比度"对话框

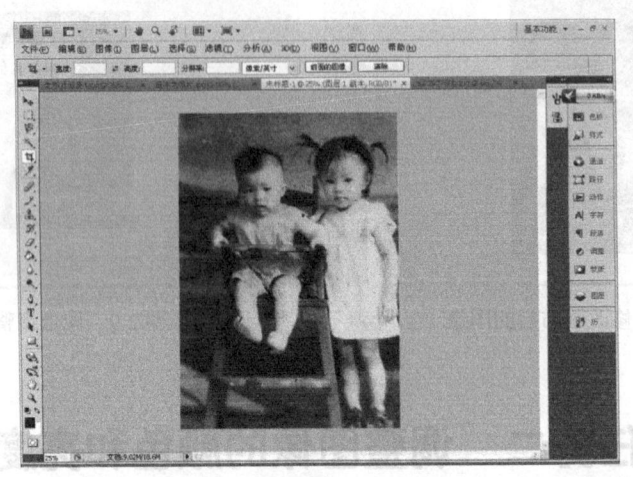

图 2-12 调整亮度/对比度后的图像

在"亮度/对比度"对话框中,选中【预览】选项,会在工作区域显示当前调整的效果,这样就可以边调整边观察,以达到最好的调整效果。Photoshop CS4 对亮度/对比度的调整算法进行了改进,在调整亮度和对比度的同时,能保留更多的细节(使对比度变得更加柔和)。如果选中【使用旧版】选项,会按照旧版本的算法来调整亮度和对比度,相较于新版算法,它会使图像丢失大量的高光和阴影细节。

任务三　去除图像上的细小污渍

一、放大图像

在修复图像上的污渍之前,为了取得更好的修复效果,应该将要修复的区域放大。由于我们使用的是位图图像,放大后会出现马赛克现象,即把每个像素都放大为小方格,这样在修复时就可以很精细,即使有一些瑕疵,当它还原到原图像大小时,我们的肉眼也感觉不到,从而得到更好的修复效果。

1. 缩放图像

单击视图控制栏上的【缩放工具】按钮,会出现如图 2-13 所示的工具选项,选中【放大】按钮,然后连续单击图像以放大到合适的大小。如果图像放大得太多,还可以选择【缩

项目二
童年时光——老照片的修复

小】按钮🔍，连续单击图像，以缩小到合适的尺寸（选择【放大】按钮🔍时，按住【Alt】键会临时转换为【缩小】按钮🔍，反之，选择【缩小】按钮🔍时，按住【Alt】键会临时转换为【放大】按钮）。

图 2-13　缩放工具选项

2. 显示局部图像

图像放大后，工作区内只能显示其中的一部分，要想在工作区内显示需要修复区域的图像，可以单击视图控制栏上的【抓手工具】按钮👋，或按住【Tab】键，此时鼠标显示为👋，拖动鼠标移动图像，使其显示所需修复的部分，如图 2-14 所示。

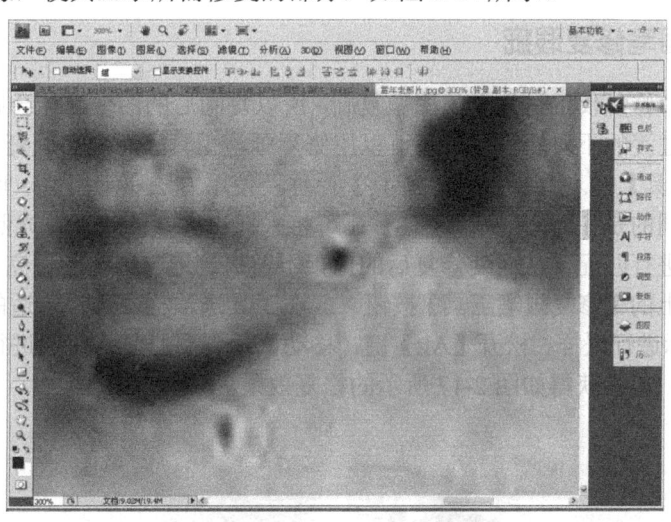

图 2-14　放大需要修复的图像

二、使用仿制图章去除污渍

图章工具是 Photoshop 常用的修饰工具之一，主要用于复制图像，以修补局部图像的不足，图章工具包括【仿制图章工具】🖃和【图案图章工具】🖃两种。【图案图章工具】将在知识加油站中讲解，此处主要介绍【仿制图章工具】的用法。

【仿制图章工具】主要用于局部图像的复制，首先要选择一个采样点，这个采样点的大小可以通过画笔大小来设置。然后系统就将采样点的图像记录下来，当鼠标选择要修复点的时候，系统就会将采样点的图像复制到鼠标所在位置。这样反复操作，就可以用污渍周围的图像替换污渍位置的图像，使其自然连成一片，从而达到去除污渍的效果。

1. 设置画笔

单击工具栏上的【仿制图章工具】按钮🖃，在工具选项栏中单击画笔下拉列表，弹出画笔设置面板，画笔大小、形状，如图 2-15 所示。

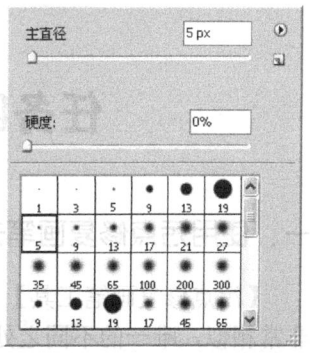

图 2-15　画笔设置

023

图形图像处理（Photoshop CS4）

2. 选取采样点

移动鼠标至工作区中要采样的位置，按住【Alt】键单击鼠标进行采样，此时光标显示为⊕形状。选择的采样点要尽量靠近修复点，这样复制后的图像才能自然连续。

3. 复制图像

松开【Alt】键，移动鼠标到要修复点位置，单击鼠标，图像被复制到当前位置。然后移动鼠标，同时采样点（以"十"字形状进行标记）也会发生移动，但取样点和复制图像位置的相对距离始终保持不变。如果想改变这个相对距离，可以重新采样。

根据实际修复情况不断采样，随时改变画笔大小，反复进行仿制图章的操作，最终得到修复后的效果如图2-16所示。

三、使用修复画笔修复瑕疵

使用仿制图章修复仅仅是简单的图像复制，所以复制后的图像可能会有一些瑕疵，修复部分的图像衔接过渡的不自然。这时就可以用修复画笔工具来对局部瑕疵进行修复。

【修复画笔工具】与【仿制图章工具】原理及使用方法非常相似，也通过图像采样点来复制图像。不同的是，【修复画笔工具】还可将采样点像素的纹理、光照、透明度和阴影与修复点的像素进行匹配，从而使修复后的像素不留痕迹地与周围图像完美地结合在一起。

单击工具栏上的【修复画笔工具】按钮，在工具选项栏中选择合适的画笔，然后按住【Alt】键单击鼠标进行采样，松开【Alt】键，移动鼠标到要修复点位置进行涂抹。反复进行采样、涂抹操作，最终获得如图2-17所示的修复效果。

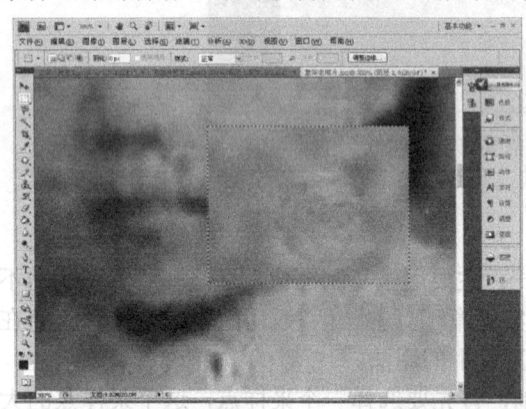

图2-16　用仿制图章修复后的效果　　　　图2-17　用修复画笔修复后的效果

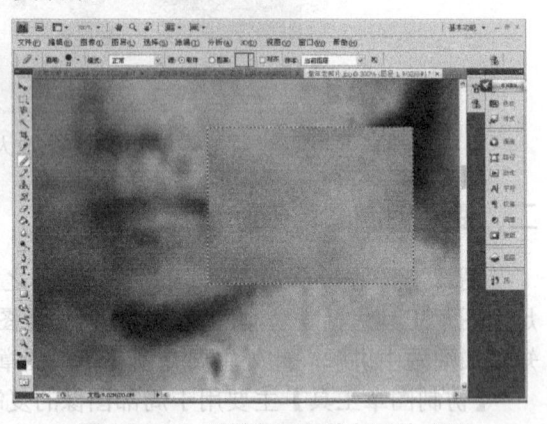

任务四　去除图像上的大片污渍

一、使用污点修复画笔去除污渍

【污点修复画笔工具】可用于自动去除照片中的杂色或者污斑。它与【修复画笔工具】非常相似，唯一的不同之处在于它不需要进行取样操作。这是由于Photoshop能够自动分析操作区域中图像的不透明度、颜色与质感等，从而进行自动取样，最终完美地去除杂色或者污斑。

单击工具栏上的【污点修复画笔工具】按钮，然后在图像中有污渍的地方单击鼠标即可去除该处的污渍。

二、使用修补工具去除大片污渍

【修补工具】与【修复画笔工具】类似，不同的是【修补工具】适合用于对图像中某一块较大区域进行修复。

单击工具栏上的【修补工具】按钮，在【修补工具】选项栏中选中⊙源选项，在图像上选择要修补的区域，如图 2-18 所示。然后用鼠标拖动该区域到周围皮肤质感较好的位置，如图 2-19 所示，释放鼠标即可获得较好的修复效果。

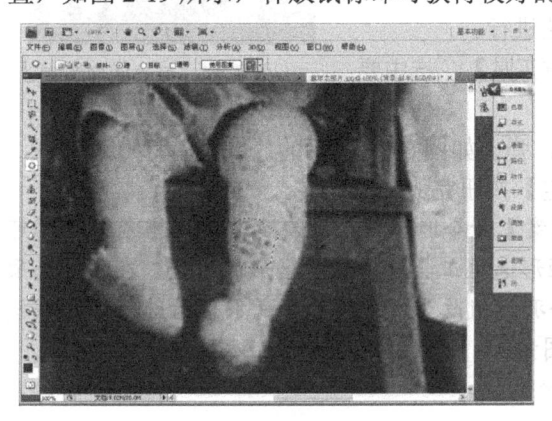

图 2-18　选择要修补的区域

图 2-19　选择皮肤质感好的位置

如果在【修补工具】选项栏中选中的是⊙目标选项，那么在图像上就应该选择皮肤质感较好的区域作为采样区，如图 2-20 所示。然后将其拖动到要修补的区域，得到如图 2-21 所示的修补效果。

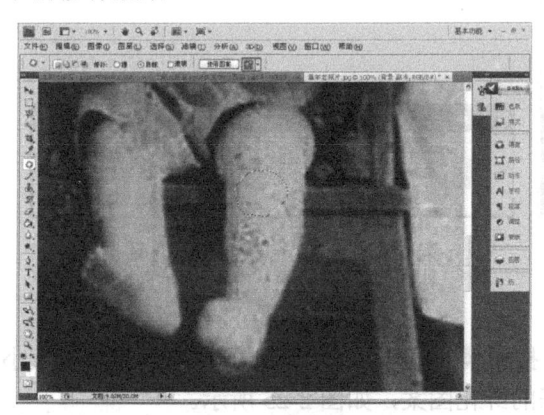

图 2-20　选择采样区

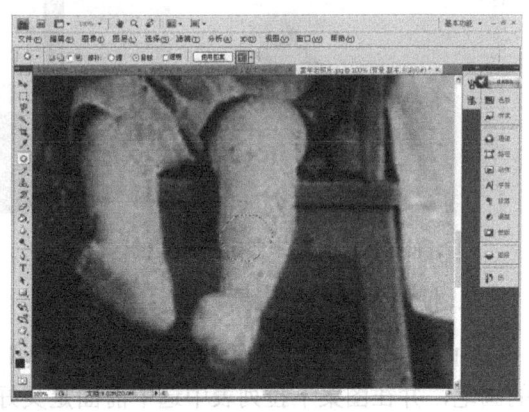

图 2-21　修补后的效果

通过上述修复方法，将图像中的污渍、划痕全部去除，得到最终的图像效果如图 2-22 所示。

图形图像处理（Photoshop CS4）

知识加油站

一、图案图章工具

【图案图章工具】是图章工具的一种，也用来复制图像，不同于【仿制图章工具】的是，它不复制某个采样点的图像（所以不需要采样点），而是复制预先定义好的图案。这个图案可以是 Photoshop 提供的预设图案，也可以是用户自定义的图案。

图 2-22　最终图像效果

1. 定义图案

用户要自定一个图案，可以按下面的方法进行。

（1）首先打开一个图像文件，用【矩形选框工具】选中要建立图案的区域，如图 2-23 所示。

（2）单击【编辑】→【定义图案】命令，弹出如图 2-24 所示的"图案名称"对话框，在名称文本框中输入图案的名称。单击【确定】按钮完成图案定义。

注意：如果在选择【编辑】→【定义图案】命令时该命令呈灰色，表明当前命令不可用，无法进行图案定义操作。这是因为在用矩形选框工具选择图案区域的时候，在工具选项栏中的羽化值选项没有设置为 0，只要将这个羽化值改为 0 就可以了（羽化后选择的区域就不是矩形了，而只有矩形的区域才能定义为图案）。

图 2-23　选中要定义图案的区域

图 2-24　"图案名称"对话框

2. 使用图案图章工具

（1）单击工具栏上的【图案图章工具】按钮 。然后在工具选项栏中选取合适大小的画笔，并在图案下拉列表中选中前面定义好的鲜花图案，如图 2-25 所示。

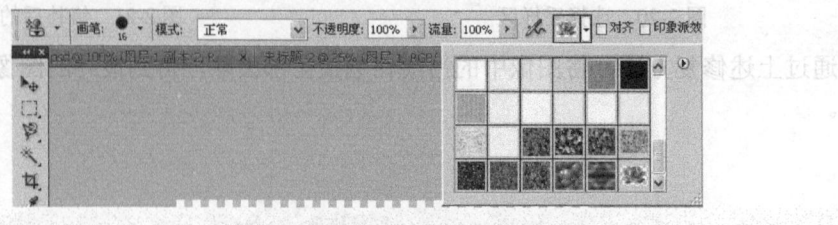

图 2-25　选择定义好的鲜花图案

项目二
童年时光——老照片的修复

（2）在当前工作区的图层上拖动鼠标，就可以复制鲜花图案了。复制时，图案将规则排列平铺到鼠标拖动的区域中，如图 2-26 所示。

（3）在【图案图章工具】选项栏中，【对齐】选项用来控制图案的重叠效果，如果选中【对齐】选项，那么图案只能按如图 2-26 所示进行规则排列，如果不选【对齐】选项，多次使用【图案图章工具】，就会产生如图 2-27 所示的重叠效果。

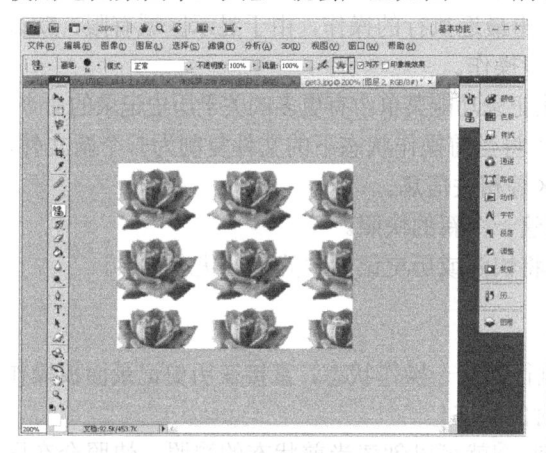

图 2-26　对齐方式复制图案　　　　　　图 2-27　多次使用图案图章工具

二、历史记录

在使用 Photoshop 进行图像处理或手动绘图的时候，常常会出现一些不适当的操作，因此一般难以一次就得到完美的效果，这时可以使用 Photoshop 中的历史记录功能来恢复前面的操作。Photoshop 的历史记录功能可以记录打开文件后的所有操作，以及每一步操作当时的通道、图层、蒙版等状态信息，因此可以返回到任何一个被记录的操作状态。

1. 历史记录面板

执行菜单栏中的【窗口】→【历史记录】命令，弹出如图 2-28 所示的"历史记录"面板，此面板中展示并记录了当前图像文件执行过的操作。

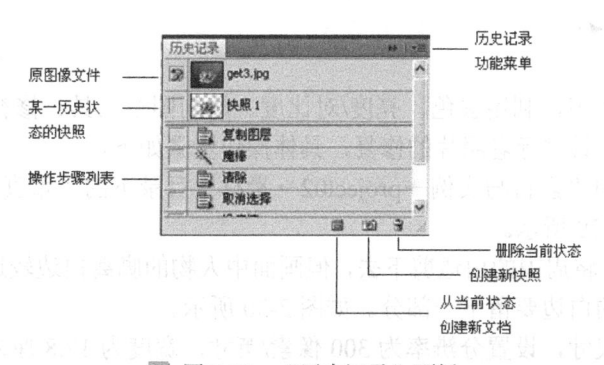

图 2-28　"历史记录"面板

（1）原图像文件：打开图像文件后就会出现这个图标，它记录文件的最初始状态，会在整个操作过程中一直存在，任何时候都能返回到文件打开时的最初状态。

（2）某一历史状态的快照：历史记录的操作步骤列表区能够显示的记录步骤是有限的，

如果超过了列表区能显示的个数，那些未显示的操作就无法恢复了。通过创建快照，可以将当前图像的状态（如图层、通道、选区等的状态）保存起来，并在历史记录面板的上半部分保存，因此任何时候都能返回到该状态。在做艺术合成和图像处理的时候，可以将多种处理方法或合成方式保存为多个快照，可以在不同的快照间相互比较，以观察不同处理方法或合成方式的优劣，从而获得最好的效果。

（3）操作步骤列表：操作步骤列表区会列出最近执行的操作，由于显示区域有限，默认情况下，历史记录面板只记录最近执行的 20 步操作。

（4）历史记录功能菜单：面板右上角的历史记录功能菜单中有更多的关于历史记录的命令。

（5）【从当前状态创建新文档】按钮：可以将当前操作状态下的文件复制为一个新文件，新文件具有当前操作文件的通道、图层、选区等相关信息。

（6）【创建新快照】按钮：该按钮用于创建一个新的快照。

（7）【删除当前状态】按钮：该按钮可以将快照或历史记录中的某一状态删除。

2. 历史记录基本操作

（1）回退至任意操作：要返回至以前所执行的某一操作状态，直接在历史记录面板操作步骤列表区单击该步骤，即可返回至该操作时的状态。

（2）创建快照：单击【创建新快照】按钮就可以创建当前状态的快照，快照会在面板的上半部分显示，默认名称为快照 1，双击快照名称就可以为快照重命名名字。在后面的操作中任何时候单击快照名称都可以返回到当时的状态。

（3）创建新文件：单击【从当前状态创建新文档】按钮，会以当前图像的当前状态为内容创建一个新的文件，这样可以更好保存中间过程。

（4）删除历史操作：选中快照或历史状态，然后拖动到【删除当前状态】按钮上，或直接单击【删除当前状态】按钮，就可以完成删除操作。

（5）清除历史记录：单击面板右上角的【历史记录功能菜单】→【清除历史记录】命令，可以清除历史记录面板中除当前选择栏以外的其他所有状态。

（6）修改历史记录步骤数：单击【编辑】→【首选项】→【性能】命令，在弹出对话框中的历史记录状态框中修改数值即可。

实训演练

根据前面所学知识，利用去色、亮度/对比度、仿制图章工具、修补工具、修复画笔工具、污点修复画笔工具进行老照片的修复，具体操作步骤如下。

（1）打开素材中"素材与实例→project02→素材"目录下的"童真.jpg"图片，保存为"童真.psd"，如图 2-29 所示。

（2）剪裁原图。将周围的白边剪下去，但画面中人物的脚离白边较近，为了不影响画面效果，左侧和下侧的白边要留下一部分。如图 2-30 所示。

（3）修改图像尺寸，设置分辨率为 300 像素/英寸，宽度为 17.8 厘米，高度不用设（选中【约束比例】选项，会根据宽度自动更改高度值）。

（4）修改画布尺寸，宽度为 17.8 厘米，高度为 12.7 厘米（此时画布高度要比图像高度小，为了保证画面效果，图像应向左下方缩小）。

（5）拖动"背景"图层到【创建新图层】按钮上，创建一个新图层——背景副本，选中

028

"背景副本"图层,单击菜单项【图像】→【调整】→【去色】命令,进行去色操作。

图 2-29 老照片原图

图 2-30 剪裁后的图像

(6)单击菜单项【图像】→【调整】→【亮度/对比度】命令,进行亮度/对比度调整操作。具体亮度和对比度的参数请根据具体情况自己设定。

(7)利用【仿制图章工具】、【修补工具】和【修复画笔工具】对照片中左侧、下侧白边进行处理,使其和周围的背景融合在一起(提示要先用仿制图章工具将白边添加上附近的背景图像,再用修补工具和修复画笔工具进行瑕疵修复,使其和周围的图像自然融合)。处理后的效果如图 2-31 所示。

(8)利用【仿制图章工具】、【修补工具】、【修复画笔】和【污点修复画笔工具】对照片中的污渍、折痕等进行处理,使其和周围的图像融合在一起。处理后的效果如图 2-32 所示。

图 2-31 边缘修复后的图像

图 2-32 修复后的图像效果

拓展与练习

一、填空题

1. 图章工具分为两种:_____和_____。
2. 使彩色图像变为灰度图像的命令是_____。
3. 仿制图章工具采样时应按住_____键。
4. 定义图案时必须用_____选框工具选中要定义图案的区域。
5. 利用_____可以恢复和还原对图像处理过的操作。
6. 图案图章工具的_____选项可以控制图案是否重叠排列。
7. _____工具可以同时改变图像和画布的大小。

二、拓展题

利用前面学过的图像修复和图案复制等知识来进行人物图像处理并制作鲜花相框,具体操作步骤提示如下。

1. 打开素材中"素材与实例→project02→素材"目录下的"美女.jpg"图片,保存为"鲜花美人.psd"文件,如图 2-33 所示。

2. 选择【剪裁工具】将原图像下边多余的部分剪掉,留下头部的图像,然后缩小图像,移动到合适的位置,在四周为制作鲜花相框留下空间,如图 2-34 所示。

3. 复制美女所在的"背景"图层,新建一个"背景副本"图层,综合利用【仿制图章工具】、【修补工具】、【修复画笔】和【污点修复画笔工具】对美女脸部和肩部的斑点、红印等进行处理。使其皮肤更加光滑细腻。

图 2-33　原图像　　　　　　　　图 2-34　裁剪、调整后的图像

4. 打开素材中"素材与实例→project02→素材"目录下的"鲜花.png"图片,单击工具栏中的【矩形选框工具】按钮,选择要定义图案的区域,如图 2-35 所示,然后选择【编辑】→【定义图案】命令,将上面的鲜花定义为图案。

5. 新建一个图层,命名为"相框"。然后选择【图案图章工具】,在工具选项栏中选择合适的画笔大小,不选中【对齐】选项(为了制作出重叠效果),在图案下拉列表中选择刚才定义的鲜花图案,然后在"相框"图层中的四边拖动鼠标,涂抹出鲜花相框,最终效果如图 2-36 所示。

图 2-35　选择要定义图案的区域　　　　图 2-36　鲜花美人效果图

项目三 五彩缤纷——黑白照片上色

黑白照片的上色是数码照片处理中非常基础和重要的一环。在大多数 Photoshop 学习教程中它是学习色彩处理功能的基础课程。它主要通过建立选区,并对选区进行色彩调节来达到对黑白照片完美上色的目的。

本项目主要通过对实例照片上色过程的讲解,向读者详细介绍如何运用选框、套索、魔棒等工具建立选区的方法,以及如何运用各种色彩调整方法改变图像的颜色。此外,在知识加油站中还介绍了一些其他建立选区的方法以及 Photoshop 中的色彩知识,使读者在黑白照片的上色操作中更加轻松。

能力目标

- ◆ 了解选区的相关知识,并掌握建立选区的常用方法。
- ◆ 能够熟练使用套索工具、选框工具、魔棒工具和快速选择工具建立选区。
- ◆ 了解 Photoshop 中常用的颜色模式,并熟练掌握调整图像色彩的方法。
- ◆ 学会使用加深、减淡等工具对图像局部进行调整。

实例效果

图3-1 实例效果图

任务一 为面部上色

一、打开图像

打开素材中"素材与实例→project03→素材"目录下的"男模特.jpg"图片。为了在上色过程中能建立精确的选区，需要对图像放大后进行操作，如果图像分辨率太小会出现马赛克，太大又会增加文件大小，为此可以根据需要调整合适的分辨率。本例不考虑输出，为此可以选择【图像】→【图像大小】命令，将图像分辨率设置为150像素/英寸。再选择【文件】→【存储】命令将文件命名为"黑白照片上色.psd"。

二、为面部皮肤上色

1. 建立面部选区

选区是Photoshop中的一个重要概念，它的功能在于准确限制图像的编辑范围，在选区内进行移动、复制、调整色彩、色调、执行滤镜等操作，而丝毫不影响选区外的图像。选区是Photoshop工作的第一步，也是最重要的一步，选区建立的精确性直接影响图像处理的效果。

Photoshop建立选区的方法灵活多样，这里首先介绍一种最常用的方法：根据对象的形状轮廓，运用【套索工具】建立选区。在后面的项目中我们会陆续介绍其他几种常用的选区建立方法。

首先将"背景"图层复制一个副本，所有的操作都在副本上进行。然后将图像放大至300%，这样能更精确地观察面部的外边缘。由于面部的轮廓线条清晰，变化较少，为此我们可以用多边形套索工具来建立选区。

单击工具栏上的【套索工具】下拉列表中的【多边形套索工具】按钮，然后在"背景副本"图层上的耳朵边缘单击确定起始点，沿着面部的边缘拖动鼠标，在需要变换路线的位置（拐点）单击，则绘制出一条直线段，继续拖动鼠标在下一个拐点处单击再绘制一段直线段，如此重复不断的绘制面部边缘路线，直到回到起始点形成闭合区域就可以完成面部选区的建立，如图3-2所示。注意由于面部的轮廓比较平滑，这就要求绘制时线段尽量短一些，把每一处细微的变化都体现出来。如果绘制过程中发现前面的线段画的不精确，还可以按【Delete】键删除，退回到满意的位置再重新绘制。若在选取的同时按下【Shift】键，还可按水平/垂直45°方向进行选取。

2. 羽化选区

下面对选区进行羽化操作。羽化功能用于柔化选区边缘，产生渐变过渡的效果。选择【选择】→【修改】→【羽化】命令，打开如图3-3所示的"羽化选区"对话框，将羽化半径设置为3像素，这样面部轮廓看起来就不那么生硬了。羽化值的大小要根据需要设置，值太小起不到柔化作用，太大又可能会失真，可以设置好后观察效果，反复修改直到满意为止。

此外还可以在应用【多边形套索工具】时，在工具选项栏的羽化选项中设置羽化半径（一般为0~250的整数），来定义羽化边缘的宽度。系统默认羽化半径为0，即不羽化。

项目三
五彩缤纷——黑白照片上色

图 3-2 建立面部选区

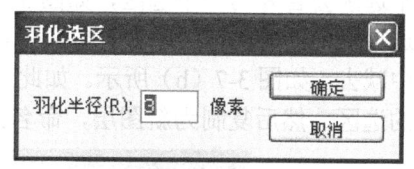

图 3-3 "羽化选区"对话框

羽化选区后，按【Ctrl+C】复制快捷键复制面部选区，再按【Ctrl+V】复制快捷键会新建一个粘贴了面部选区的图层，将其命名为"面部"。将其他图层都隐藏，可以看到如图 3-4 所示的柔化后的面部图像。

3. 调整面部皮肤颜色

要调整皮肤的颜色，需要对图像的色调进行调整。通过改变图像的色相、饱和度和明度（相关内容详见知识加油站）达到更改肤色的目的。

复制一个面部图层的图层副本，命名为"面部上色"，执行【图像】→【调整】→【色

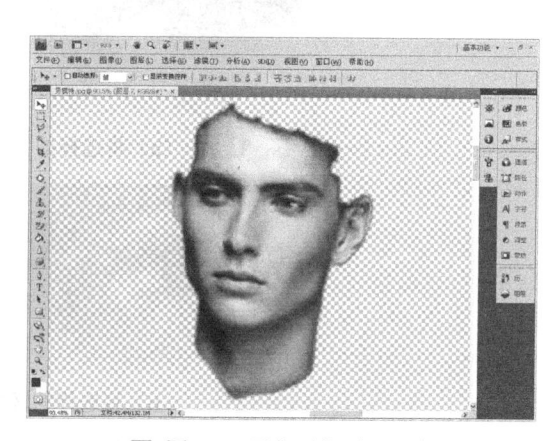

图 3-4 柔化后的面部图像

相/饱和度】命令，打开"色相/饱和度"对话框，选中【着色】选项，设置色相为 5，饱和度为 25，明度为+10，如图 3-5 所示。为脸部上色后的效果如图 3-6 所示。

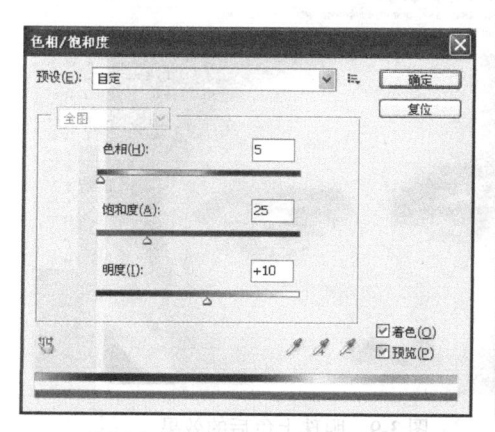

图 3-5 面部色相/饱和度参数设置

图 3-6 脸部上色后的效果

4. 为眼睛上色

为皮肤上色时眼睛也会被肤色覆盖，为此要对眼部重新处理，将眼珠部分换成蓝色。

（1）建立眼珠的选区。眼珠部分是比较规则的椭圆形，因此可以用【椭圆选框工具】建立选区。单击工具栏上选框工具下拉列表中的【椭圆选框工具】按钮，然后在工具选项栏中将羽化值设为3。再单击工具选项栏中的【添加到选区】按钮，这样每次用椭圆选框选择的区域就会添加进来。

用【椭圆选框工具】选择眼珠后如果发现选择区域小了，可以将旁边的选上，松开鼠标后两个选区会合并为一个选区，如图3-7（a）所示。如果发现选择的区域大了，还可以单击工具选项栏中的【从选区减去】按钮，将多余的区域选上，松开鼠标后该区域就会被从原选区中减去，如图3-7（b）所示。如此反复执行添加和减去选取操作，选择好正合适的两只眼珠的选区，然后复制为新图层，命名为"眼睛"。

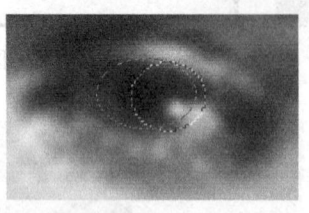

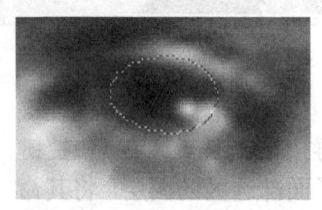

（a）将选择的区域添加进原选区

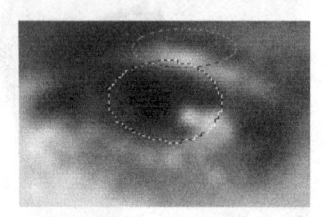

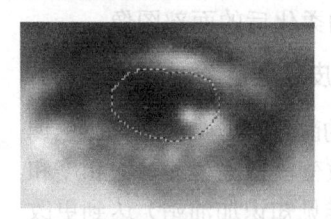

（b）将选择的区域从原选区删除

图3-7　改变选区大小的方法

（2）为眼珠上色。选中"眼睛"图层，执行【图像】→【调整】→【色相/饱和度】命令，在着色模式下设置参数为色相196，饱和度13，明度-6，如图3-8所示。为眼珠上色后的效果如图3-9所示。

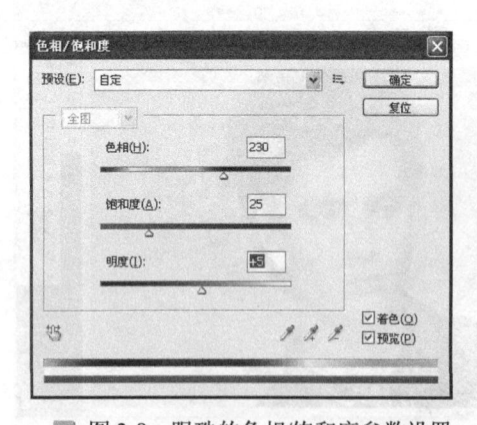

图3-8　眼珠的色相/饱和度参数设置　　　　图3-9　眼珠上色后的效果

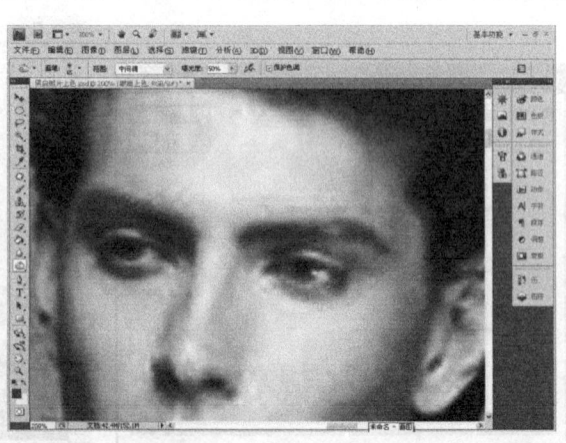

5. 为嘴上色

用【多边形套索工具】建立嘴的选区，然后复制为新图层，命名为"嘴"。执行【图像】

→【调整】→【色相/饱和度】命令，在着色模式下设置参数为色相 360，饱和度 30，明度 -5，如图 3-10 所示。为嘴上色后的效果如图 3-11 所示。

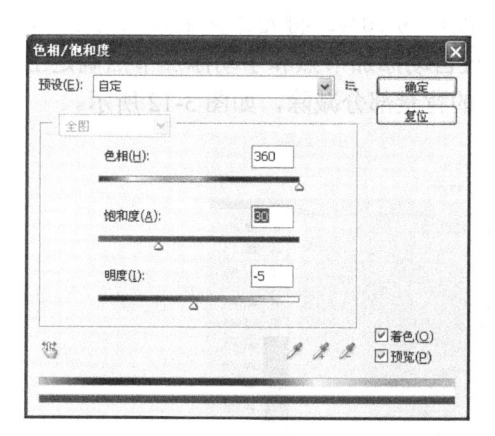

图 3-10 嘴的色相/饱和度参数设置

图 3-11 嘴上色后的效果

任务二　为衣服上色

一、为上衣上色

1. 建立上衣选区

在为上衣建立选区时，由于衣服的颜色与背景色反差很大，可以选择另外一种套索工具——【磁性套索工具】。【磁性套索工具】在通过鼠标的单击和移动制作选区的同时，还能自动根据颜色的反差来确定选区的边缘。这样就可以大大简化用户的操作，而且选择也更精确，这种方式非常适合对于边缘颜色反差大的对象的选取。

【磁性套索工具】的具体使用方法如下：将光标移至图像的边缘，单击确定起始点，然后沿着图像边缘移动光标，系统会根据颜色的反差在衣领边缘自动生成节点，同时也可以单击鼠标以增加节点。如果自动产生的节点不符合要求，可以按【Delete】键删除节点。最后将终点与起始点重合封闭选区（终点与起点未重合时，也可以直接双击鼠标封闭选区）。

在【磁性套索工具】选项栏中有设置颜色识别的精度、范围和节点添加频率等参数的选项，具体功能如下。

（1）宽度：用于设置【磁性套索工具】自动添加节点时光标两侧的检测宽度，取值范围在 0~256 像素之间，数值越小，所检测的范围就越小，选取也就越精确，但同时鼠标也会更难控制，稍有不慎就会移出图像边缘。

（2）对比度：用于控制【磁性套索工具】对颜色差的敏感度，范围在 1%~100%之间，数值越大，【磁性套索工具】对颜色反差的敏感程度越低，选择的范围就越大。

（3）频率：用于设置自动插入的节点数，取值范围在 0~100 之间，值越大，生成的节点数也就越多。

对于边缘非常清晰、色彩反差大的图像，可以使用较大的"宽度"和较高的"对比度"，然后大致跟踪边缘即可。对于边缘较柔和、色彩反差不大的图像，则要用较小的"宽度"和较低的"对比度"，以更精确地跟踪边缘，建立选区。

要建立上衣的选区，首先单击工具栏上套索工具下拉列表中的【磁性套索工具】按钮，在工具选项栏中设置羽化值为3，宽度值为10，对比度值为10%。将光标移至衣领的边缘，单击确定起始点，然后沿着上衣的边缘移动光标，通过自动添加节点和手动添加节点确定上衣的边缘，建立选区，然后再用同样的方法将两腋下的背景部分减除，如图3-12所示。

图 3-12　建立上衣的选区

2. 调整上衣颜色

在为衣服上色这一节中，我们采用调整色彩平衡的方式来实现上色的目的。色彩平衡命令根据颜色互补的原理，通过添加或减少互补色以改变图像的色彩平衡。例如，可以通过为图像的高光部分增加红色和黄色，同时为图像的阴影部分添加青色和蓝色，来加强图像的冷、暖效果对比。

选中"背景副本"图层，然后将选中的上衣选区复制建立新图层，命名为"上衣"。执行【图像】→【调整】→【色彩平衡】命令，选择中间调，为图像添加青色和蓝色。色阶值为-40、0、+100，如图3-13所示。为上衣上色后的效果如图3-14所示。

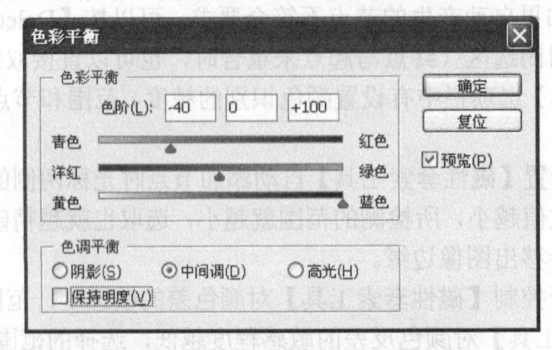

图 3-13　上衣色彩平衡的参数设置

图 3-14　上衣上色后的效果

二、为裤子上色

1. 建立裤子选区

选择工具栏中的【磁性套索工具】，由于裤子颜色与背景色比较接近，应采用更精确地选择方式，在工具选项栏中设置羽化值为 3，宽度值为 5，对比度值为 5%。将光标移至裤子的边缘处并沿着裤子的边缘移动光标，建立裤子选区，如图 3-15 所示。

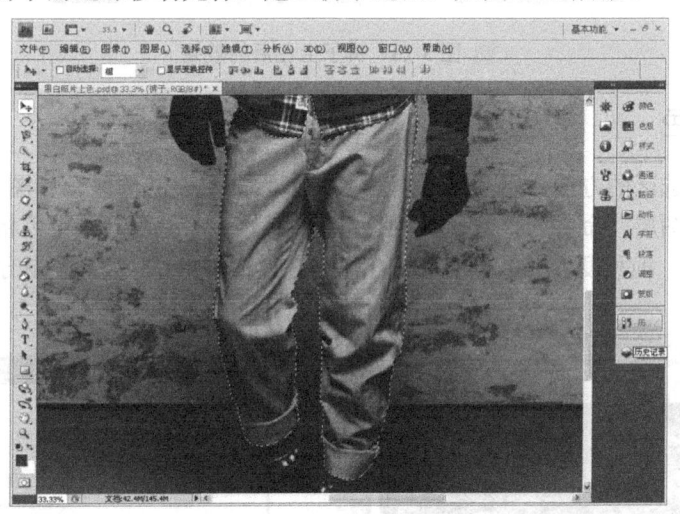

图 3-15　建立裤子的选区

2. 调整裤子颜色

选中背景副本图层，然后将选中的裤子选区复制建立新图层，命名为裤子。执行【图像】→【调整】→【色彩平衡】命令，选择中间调，为图像添加黄色，色阶值为 0、0、-100，如图 3-16 所示。然后再执行【图像】→【调整】→【亮度/对比度】命令，设置亮度为 -20，对比度为 30，如图 3-17 所示。最后为裤子上色后的效果如图 3-18 所示。

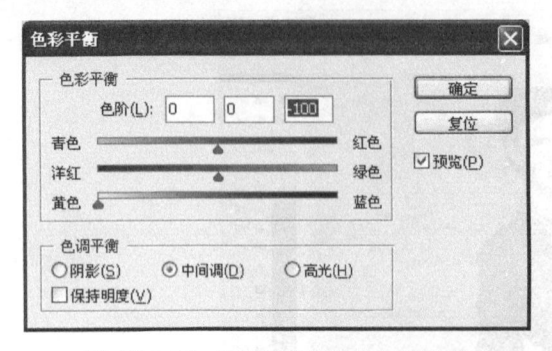

图 3-16 裤子色彩平衡的参数设置

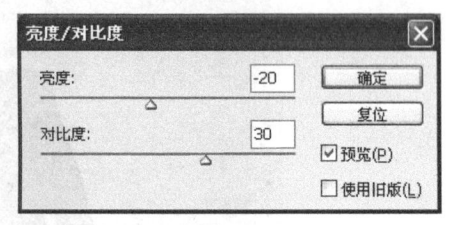

图 3-17 裤子亮度/对比度的参数设置

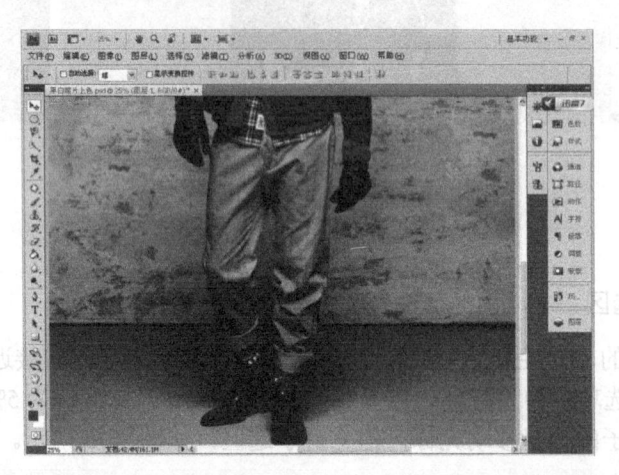

图 3-18 裤子上色后的效果

三、为袜子上色

按建立裤子选区的方法，用【磁性套索工具】为袜子建立选区，如图 3-19 所示。复制袜子选区建立新图层，命名为"袜子"。执行【图像】→【调整】→【色相/饱和度】命令，设置色相为 220、饱和度为 50、明度为 0，如图 3-20 所示。最后为袜子上色后的效果如图 3-21 所示。

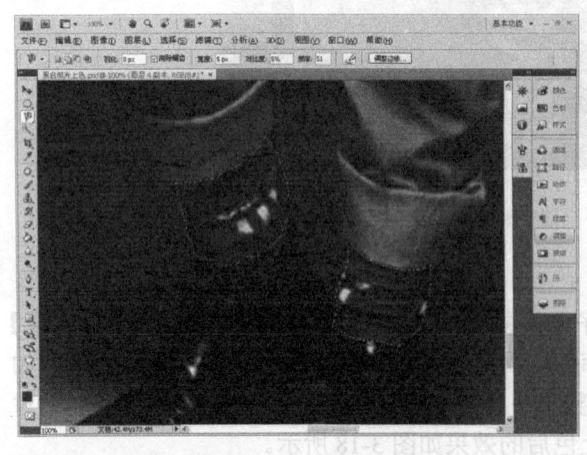

图 3-19 建立袜子选区

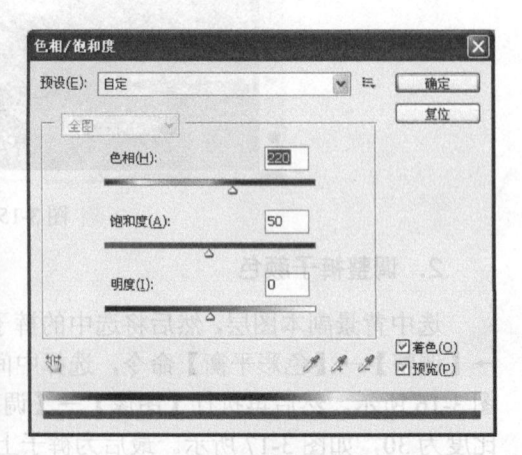

图 3-20 袜子色相/饱和度的参数设置

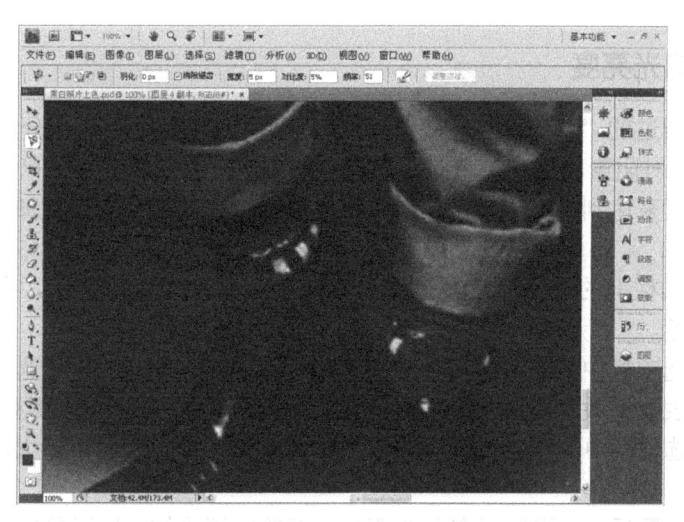

项目三

五彩缤纷——黑白照片上色

图 3-21　袜子上色后的效果

任务三　为手套、鞋和皮带上光

一、增加手套和鞋的光亮度

　　手套和鞋部分不必另外上色，只要在原色基础上增加光亮度即可。这时不能用亮度/对比度命令直接进行调整，否则高光区域会随着阴影区域同时增加亮度而出现曝光过度的效果。用阴影/高光命令可以分别对图像的阴影和高光区域进行调节，在加亮阴影区域时不会损失高光区域的细节，在调暗高光区域时也不会损失阴影区域的细节。按前面介绍的方法用合适的工具建立手套和鞋的选区，复制选区建立新图层，命名为"手套和鞋"。执行【图像】→【调整】→【阴影/高光】命令，设置阴影数量为 20%、高光数量为 0%，如图 3-22 所示。手套和鞋增亮后的效果如图 3-23 所示。

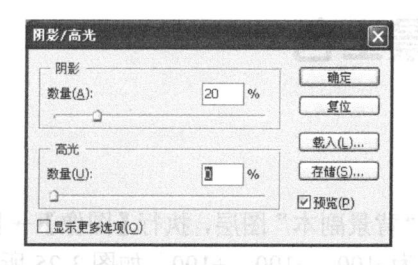

图 3-22　手套和鞋的"阴影/高光"参数设置 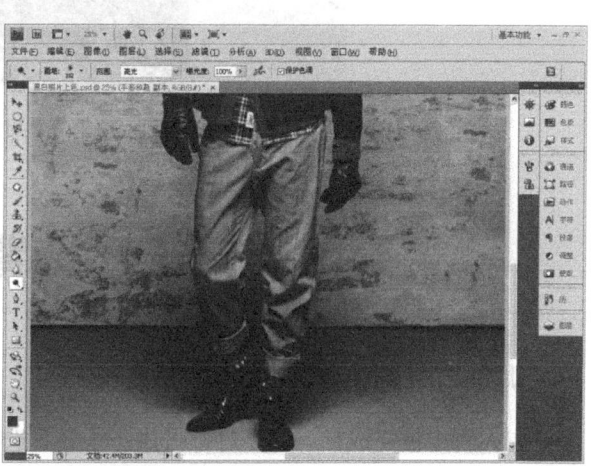　　　图 3-23　手套和鞋光增亮后的效果

039

二、增加皮带的光亮度

除了前面介绍过的"阴影/高光"命令能够分别调整阴影和高光部分的光感,还可以用"减淡/加深工具"对阴影和高光部分进行微调。"减淡/加深工具"通过鼠标拖动的方式调整局部图像的曝光度来达到光亮度调节,因而在处理图像局部细节方面更加灵活方便。它的具体用法如下。

(1)单击工具栏上的【减淡工具】按钮 或【加深工具】按钮 ,在工具选项栏中选择合适大小的画笔。

(2)在工具选项栏中的范围选项中选择要减淡或加深的范围,3 个选项分别为阴影、中间调和高光,代表要修改的是图像的高光区域、中间色调区域还是阴影区域。

(3)在工具选项栏中的曝光度选项中设置曝光度值,曝光度的值越大,减淡或加深时的效果就明显。

(4)设置好参数后,就用鼠标在要改变光亮度的区域涂抹,松开鼠标后一次减淡或加深的操作完成,如果感觉不满意还可以反复重复上述涂抹操作,直至效果满意为止。

为皮带上光的方法很简单,用【套索工具】建立好皮带的选区后,复制选区建立新图层并命名为皮带。选择【减淡工具】,并在工具选项栏中设置画笔大小为 200,范围为高光,曝光度为 50%,在皮带图层上拖动鼠标在皮带上涂抹,皮带光亮度增加后效果如图 3-24 所示。

图 3-24 皮带光亮度增加后的效果

任务四 为背景上色

一、调整背景颜色

在人物上色完成后,还要对背景进行上色。选择"背景副本"图层,执行【图像】→【调整】→【色彩平衡】命令,选择中间调,色阶值设置为-100、-100、+100,如图 3-25 所示。背景上色后的效果如图 3-26 所示。

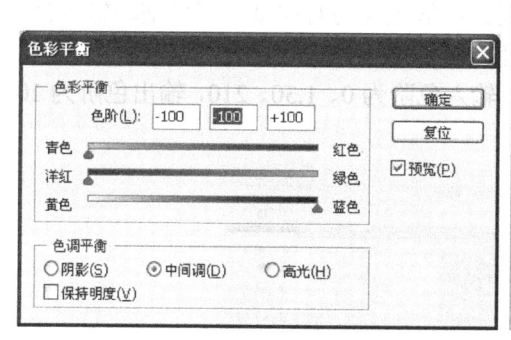

图 3-25　背景的"色彩平衡"参数设置　　　　　图 3-26　背景上色后的效果

二、调整背景色调

在 Photoshop 中有一个重要的概念就是色阶，色阶表现图像的明暗关系，图像色彩的丰满度和精细度也是由它决定的。色阶与亮度有关，与颜色无关，通过色阶命令可以调整图像中高光、阴影和中间色调的强度级别和分布比例，从而改变图像的对比度和颜色层次。

选择背景副本图层，执行【图像】→【调整】→【色阶】命令，打开如图 3-27 所示的"色阶"对话框。【预设】选项中存放着系统预定义好的色阶调整方式，【通道】选项可以选择需要调整色阶的通道（通道的内容将在后面的项目中具体学习）。

【输入色阶】部分的直方图显示了当前图像中各部分的像素分布。如果想要增加图像的对比度，可以拖动输入色阶下方的滑块。

（1）白色滑块表示高光部分，向左拖动白色滑块，则高光部分的像素增加，可以将图像加亮。

（2）黑色滑块表示阴影部分，向右拖动黑色滑块，可以使阴影部分的像素增加，将图像变暗。

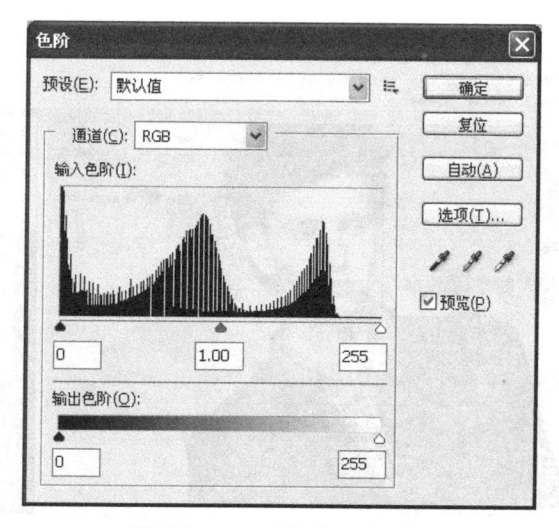

图 3-27　"色阶"对话框

（3）灰色滑块表示中间调，拖动灰色滑块可以使图像中的像素重新分布。若向左拖动滑块可以增加分布在亮调区域的像素,使图像变亮;反之,向右拖动滑块可以增加分布在暗调区域的像素,使图像变暗。

【输出色阶】表示图像输出时的亮度范围,要想降低图像的对比度,可以拖动输出色阶下方的滑块,改变输出时最高色阶和最低色阶的值。

"背景副本"图层的色阶设置如图3-27所示,输入色阶为0、1.30、210,输出色阶为10、238。调整色阶后的背景效果如图3-28所示。

图 3-28 调整背景色阶后的效果

三、擦除头发颜色

将"背景副本"图层上色后头发也变成蓝色了,为了还原模特原有的黑发,可以使用橡皮工具将"背景副本"图层中的头发部分擦除,透出底层背景的黑色头发即可。选择"背景副本"图层,将图像放大200%后,选择【橡皮擦工具】,设置画笔大小为5,沿头发边缘擦除,包括头发丝的部位。然后再选择大小为35的画笔将中间部位的颜色擦除,头发擦除后的效果如图3-29所示。

图 3-29 头发擦除后的效果

知识加油站

一、颜色模式简介

颜色模式是数字世界中表示颜色的一种算法。在数字世界中，为了表示各种颜色，人们通常将颜色划分为若干分量。由于成色原理的不同，决定了显示器、扫描仪这类靠色光直接合成颜色的设备和打印机、印刷机这类靠颜料合成颜色的印刷设备在生成颜色方式上的区别。在 Photoshop 中要定义一种颜色，必须通过颜色模式来实现，因此掌握各种颜色模式的原理和定义方法，可以根据应用目标和工作领域的不同更加准确地定义颜色。

1. HSB 模式

HSB 模式是基于人类对颜色的感觉来确立的，它描述了颜色的 3 个基本特征。这 3 个基本特征分别是色相、饱和度和亮度。

（1）色相：从物体反射或者透过物体传播的颜色，通常由颜色名称标记的，如红、橙、绿等。

（2）饱和度：有时也称"彩度"，是指颜色的强度或者纯度。饱和度表示色相中灰成分所占的比例，用 0%（灰色）～100%（完全饱和）的百分比来度量。

（3）亮度：颜色的相对明暗程度，通常用 0%（黑）～100%（白）的百分比来度量。

2. RGB 模式

基于红、绿、蓝 3 种基本色光的颜色模式被称为 RGB 模式。它是根据颜色发光的原理来设计的，通俗地说它的颜色混合方式就好像有红、绿、蓝 3 盏灯，通过 3 种光的变化以及它们相互之间的叠加来得到各式各样的颜色，因此它又被称为"加色模式"。这个标准几乎包括了人类视力所能感知的所有颜色，是目前运用最广的颜色系统之一。

目前的显示器大都是采用 RGB 颜色标准，计算机也正是通过调和这 3 种颜色来表现其他成千上万种颜色的。计算机屏幕上的最小单位是像素点，每个像素点的颜色都由这 3 种基色来决定。通过改变每个像素点上每个基色的亮度，就可以产生不同的颜色。

3. CMYK 模式

CMYK 模式以打印在纸张上油墨的光线吸收特性为基础，当白光照射到半透明的油墨上时，部分光谱被吸收，部分被反射回眼睛。理论上，青色（C）、洋红（M）和黄色（Y）色素能够合成吸收所有颜色并产生黑色，因此 CMYK 模式也被称为"减色模式"。但由于油墨会包含杂质，这 3 种油墨实际上产生的是一种土灰色，必须与黑色（K）油墨相混合才能产生真正的黑色，所以它的颜色定义是 C、M、Y、K，4 色决定的。

虽然 RGB 可表现几乎所有的颜色，但是由于成色原理和方式不同，很多颜色不能通过印刷呈现出来，所以说，CMYK 模式是最佳的打印模式，在实际工作中建议读者最好使用 RGB 模式在电脑上编辑、设计，最后印刷时再转换为 CMYK 模式。

4. 灰度模式

灰度模式可以使用多达 256 级灰度来表现图像，使图像的过渡更加平滑细腻。灰度图像的每个像素有一个 0（黑色）～255（白色）之间的亮度值。灰度值也可以用黑色油墨覆盖的百分比来表示（0%等于白色，100%等于黑色）。

二、颜色选择工具

颜色选择工具通过颜色的反差来创建选区，从而得到颜色一致或相似的图像区域。

1. 魔棒

【魔棒工具】是依据图像颜色进行选择的工具，它能够选取图像中颜色相同或相近的区域，选取时只需在颜色相近区域单击即可。使用【魔棒工具】时，通过工具选项栏可以控制选取的范围大小，如图 3-30 所示。

图 3-30　魔棒工具的工具选项栏

（1）【容差】：在文本框中可输入 0~255 之间的数值来确定选取的颜色范围。其值越小，选取的颜色范围与鼠标单击位置的颜色越相近，同时选取的范围也越小；反之选取的范围就越广。

（2）【消除锯齿】：选中该选项，可消除选取区域的边缘锯齿，使其更光滑。

（3）【连续】：选中该选项，在选取时仅选择位置邻近且颜色相近的区域。否则，会将整幅图像中所有颜色相近的区域选择，而不管这些区域是否相连。

（4）【边缘调整】：单击该按钮，可以打开如图 3-31 所示的"调整边缘"对话框，对现有的选区进行更加精确、更加深入地修改，得到更为精确的选区。它与菜单栏中【选择】→【调整边缘】命令的功能是相同的，几乎所有选区工具的工具选项栏中都增加了该按钮。调整边缘对话框中的参数含义：【半径】用于微调选区与图像边缘之间的距离，数值越大则选区越靠近图像边缘；【对比度】用于调整边缘的虚化程度，数值越大则边缘越锐化，通常可以帮助制作比较精确的选区；【平滑】用于对选区边缘进行柔化处理，使选区的边缘不再生硬，与菜单栏中【选择】→【修改】→【平滑】命令的功能相同。【羽化】用于制作选区边缘的过渡效果，与【选择】→【修改】→【羽化】命令的功能相同。【收缩/扩展】用于缩小或扩大选区，向左侧拖动滑块可以收缩选区，向右侧拖动滑块可以扩展选区，与【选择】→【修改】→【收缩/扩展】命令的功能相同。

2. 快速选择工具

【快速选择工具】属于颜色选择工具，是 Photoshop CS4 新增的工具，与魔棒不同的是在移动鼠标的过程中，它能够快速选择多个颜色相似的区域，相当于按住【Shift】和【Alt】键不断使用魔棒工具单击。使用快速选择工具可以简单、轻松地创建复杂的选区。

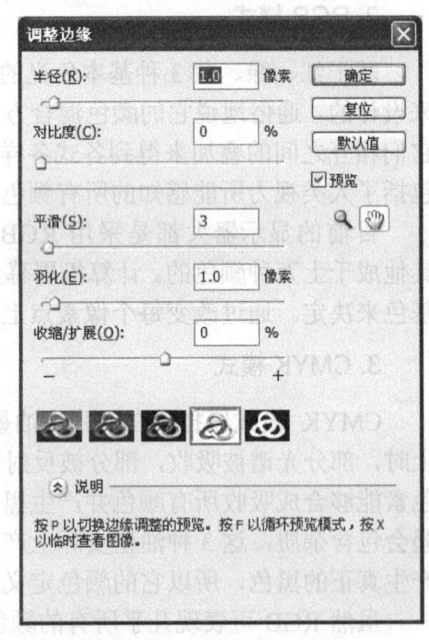

图 3-31　"调整边缘"对话框

快速选择工具的使用非常简单，单击工具栏中的【快速选择工具】按钮，光标变为⊕字状，然后在工具选项栏中选择画笔大小，画笔的大小决定着选取的范围，因此必须要进行合适的设置。接下来在要选择的位置周围按下鼠标并拖动，与光标范围内颜色相似的图像即被

项目三

五彩缤纷——黑白照片上色

选择。

实训演练

根据前面所学知识，综合利用套索工具、选框工具、颜色选择工具和各种色彩调整命令进行黑白照片的上色，具体操作步骤如下。

（1）打开素材中"素材与实例→project03→素材"目录下的"时尚.jpg"图片，保存为"时尚.psd"，如图3-32所示。

（2）用【色相/饱和度】命令对皮肤部分进行上色，再用【椭圆选框工具】选中眼珠，为眼珠上色后还可以用加深或渐淡工具进行微调。此外还要为嘴唇上色。面部上色后的效果如图3-33所示。

图 3-32　打开原图

图 3-33　面部上色后的效果

（3）利用【快速选择工具】建立大衣的选区，利用色彩平衡命令为其上色。再用【磁性套索工具】建立帽子选区，用【魔棒工具】制作裙子选区，分别为其上色。然后选择皮鞋部分，利用【阴影/高光】命令为其上光，服装上色后的效果如图3-34所示。

（4）为背景上色，用【橡皮擦工具】擦除袜子部分的颜色，最后利用【色阶命令】调整图像的输入、输出色阶，整幅图像的上色效果如图3-35所示。

图 3-34　服装上色后的效果

图 3-35　整幅图像上色后的效果

045

图形图像处理（Photoshop CS4）

> 拓展与练习

一、填空题

1. 在 Photoshop 的颜色模式中，_____是最佳打印模式，_____是应用最广泛的模式。
2. 在 Photoshop 中，_____功能可以使选区的边缘柔化平滑，并产生渐变过渡的效果。
3. 使用快速选择工具制作选区时，要设置_____的大小来决定着选取的范围。
4. 魔棒工具是根据_____来建立选区的。
5. 通过调整"色阶"对话框中直方图下方的小三角，可控制图像中的_____、_____和_____的对比度。
6. 在磁性套索工具选项栏中设置颜色识别范围的参数是_____。
7. 在 HSB 模式中，H、S、B 分别代表_____、_____和_____。

二、拓展题

利用前面学过的制作选区方法、选区羽化功能和后面要学到的图层混合模式等知识来制作人像艺术效果，具体操作步骤提示如下。

1. 打开素材中"素材与实例→project03→素材"目录下的"背景.jpg"图片，另存为"捧花的少女.psd"文件，并将文档的大小设置为宽 21 厘米，高 15 厘米，如图 3-36 所示。

2. 打开素材中"素材与实例→project03→素材"目录下的捧花的"少女.jpg"图片，利用【磁性套索工具】或【快速选择工具】建立少女选区，并将它粘贴到捧花的少女.psd 文件中，命名图层为"少女"。用自由变换命令调整少女的大小和位置，调整后的结果如图 3-37 所示。

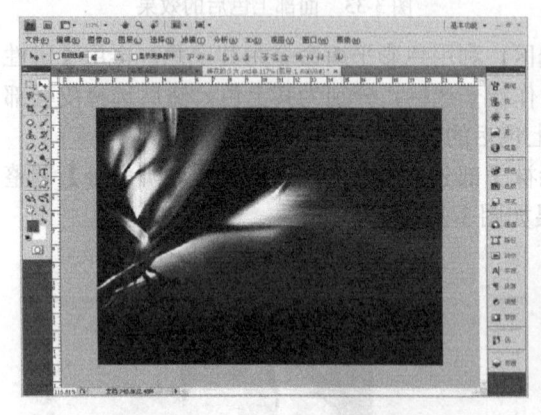

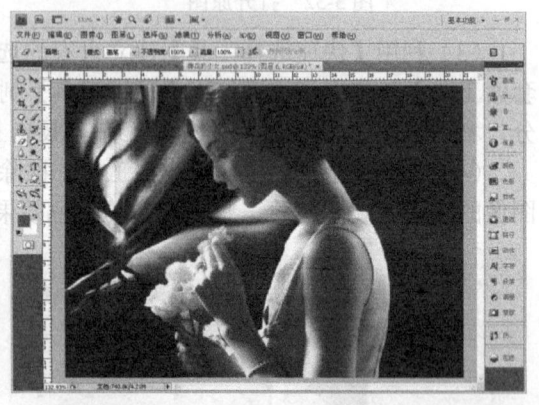

■ 图 3-36　打开背景图片　　　　　　　■ 图 3-37　调整少女的大小和位置后的图像

3. 调出"色彩平衡"对话框选项，改变人物颜色至与背景相近，具体参数如图 3-38 所示，改变色彩后的图层效果如图 3-39 所示。

4. 选中"少女"图层，用【椭圆选框工具】作一个椭圆，罩住大部分的人物，选择【选择】→【修改】→【羽化】命令，将羽化半径设置为 25 像素（读者可根据自己的需要设置参数）。按【Ctrl+J】快捷键新建图层，命名为"柔化后的少女"，隐藏"少女"图层，得到如图 3-40 所示图像。

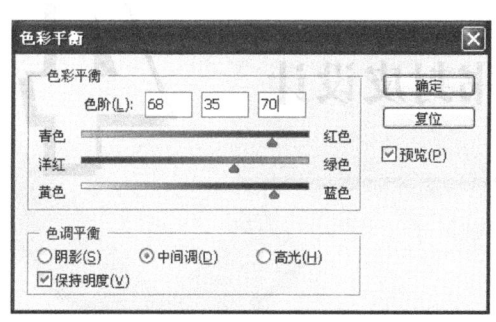

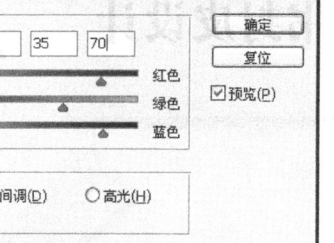

图 3-38　"色彩平衡"对话框 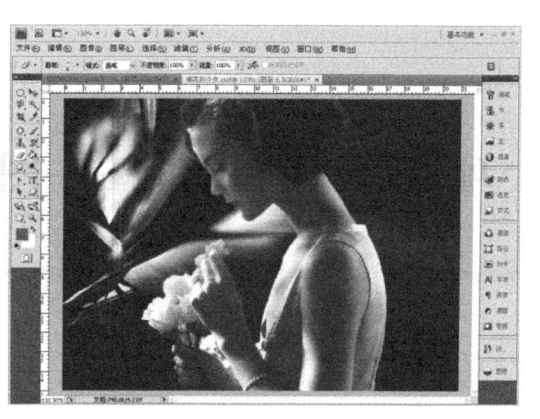　　　　　图 3-39　调整颜色后的少女图层效果

5．新建一个图层，命名为"光圈"。在图层面板中选择混合模式为【滤色】，不透明度设置为 15%。单击工具栏中的【画笔工具】按钮，在工具选项栏中选择柔角 300 像素的画笔，并将前景色调为 R：48，G：140，B：205，单击并拖动鼠标在人物周围进行涂抹，通过多次反复地涂抹，使人物身上带有淡淡的光圈。如果感觉不能掌握涂抹的力度，可以将不透明度调为 10%或更小，再反复、细致地涂抹，以达到更好的光圈效果。处理后的最终效果如图 3-41 所示。

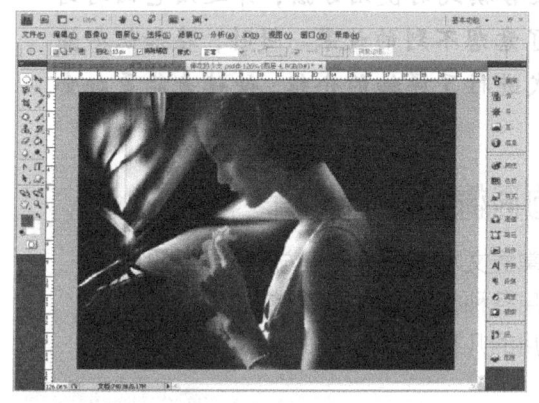

图 3-40　柔化后的少女图层效果 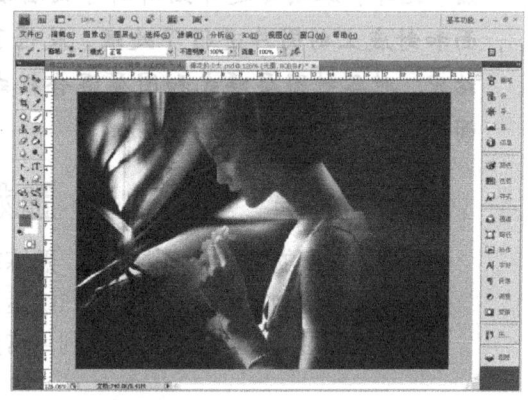　　　　　图 3-41　捧花的少女最终效果

项目四　书香幽幽——图书封皮设计

在 Photoshop 中处理与合成图像时，要想获得一些特殊的视觉效果，就需要为图层添加图层样式或改变图层的混合模式。为此掌握图层样式和混合模式的用法就成为学习 Photoshop 必须具备的基本技能。

本项目主要通过讲解书籍封皮的制作过程，向读者重点介绍了 Photoshop 中文字的编辑方法，以及利用图层样式对文字进行特效制作的方法。此外，本项目还详细讲解了图层混合模式的使用方法，并运用它们对封面和封底上的图片进行了处理，获得了意想不到的效果。同时，在知识加油站中，对各种图层样式和图层混合模式进行了详细的介绍，使读者能更加全面地了解它们的特点与应用。

能力目标

◆ 了解文字的输入和编辑方式，熟练掌握文本工具的使用方法和参数设置。
◆ 掌握图层的常用样式，能够熟练运用各种样式制作文字特效。
◆ 了解图层的混合模式，并能利用常用的几种模式合成图像。

实例效果

图 4-1　实例效果图

任务一　制作图书封面图案

一、新建空白文件

执行【文件】→【新建】命令，设置文件名称为"封皮设计"，宽度为11厘米，高度为7.6厘米；分辨率为300像素/英寸。颜色模式为RGB颜色8位，背景内容为白色，如图4-2所示。

为了方便图书封皮的设计，可以利用参考线来规划版面整体布局。执行【视图】→【标尺】命令，显示水平和垂直标尺。选中水平标尺刻度上方，右击，弹出标尺单位快捷菜单，设置尺标单位为"厘米"。选择移动工具，单击垂直标尺刻度线，出现默认蓝色参考线，拖曳垂直参考线至水平标尺刻度5.2和5.8厘米处，创建两条垂直参考线，如图4-3所示。右侧参考线的右侧是图书的封面区，左侧参考线的左侧是图书的封底区，两条参考线之间是书脊部分。最后为避免不小心移动参考线，可执行【视图】→【锁定参考线】命令锁定参考线。

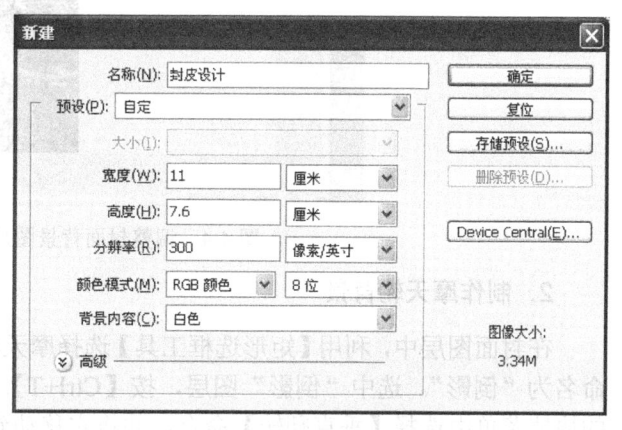

图4-2　文件参数设置

图4-3　垂直参考线位置

二、制作摩天轮背景

1. 导入与调整摩天轮图片

打开素材中"素材与实例→project04→素材"目录下的"天津之眼.jpg"图片，将图像全部复制到新建文件中，建立的新图层命名为"封面"。再按【Ctrl+T】快捷键变换图像大小，使其放置在封面图层的右下角，其左边缘要与右侧参考线重合，如图4-4所示。

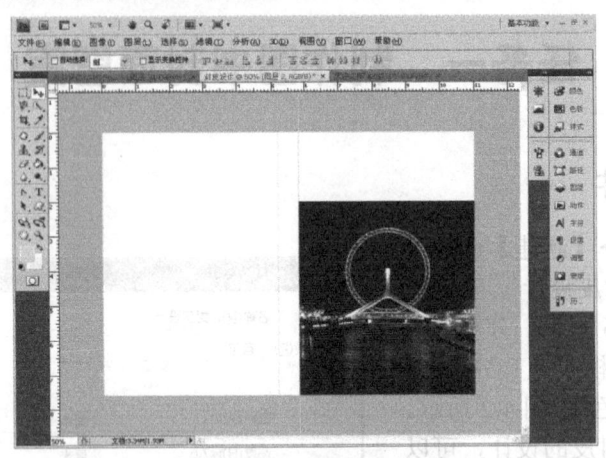

图4-4　调整封面背景图片的位置与大小

2．制作摩天轮背景

在封面图层中，利用【矩形选框工具】选择摩天轮部分图像，然后复制粘贴形成新图层，命名为"倒影"。选中"倒影"图层，按【Ctrl+T】快捷键变换图像大小，再右击，在弹出的快捷菜单中选择【垂直翻转】命令，并将它移动到如图4-5所示位置。

然后在图层面板中将它的图层混合模式设置为【变亮】，不透明度为40%，形成如图4-6所示的倒影效果。

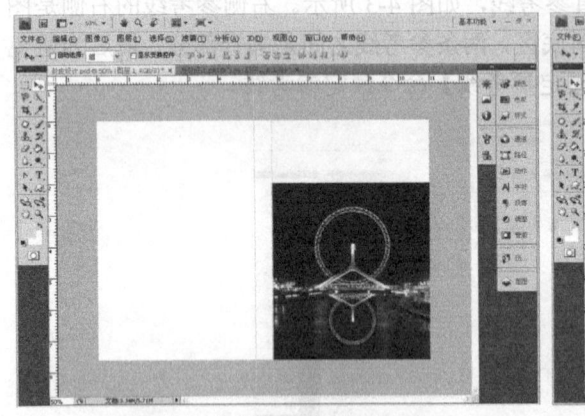

图4-5　调整倒影图像的位置与大小　　　　图4-6　制作倒影图层效果

三、制作封面底图

打开素材中"素材与实例→project04→素材"目录下的"底图.png"图片，将图像全部复制到新建文件中，建立的新图层命名为"封面底图"，并将该图层移动到"封面"图层下方。然后使用自由变换命令调整底图的大小，使其覆盖封面的白色部分，并将图层的透明度设置为10%，制作出底图效果如图4-7所示。

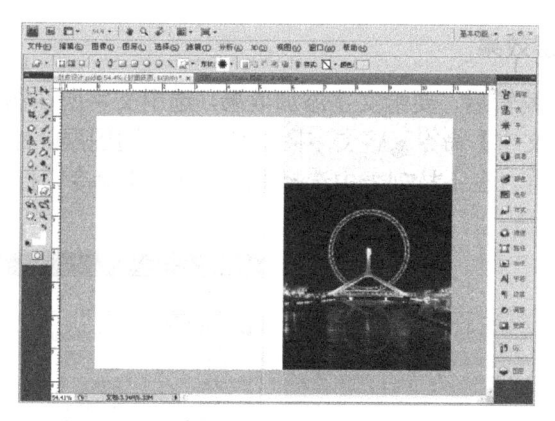

图 4-7　底图效果

任务二　制作图书封面文字

在 Photoshop 的设计作品中，文字是一个非常重要的设计元素，它不但能说明主题，还能衬托画面。利用文字工具组中的工具输入文字后，文字就以文字图层的形式独立存在。文字图层中的文字是矢量图形，用户可以利用文字工具选项栏中的选项和字符与段落面板对文字进行编辑和变换。此外，文字图层还能应用图层样式来增加特殊效果，但是无法使用【画笔工具】、【渐变工具】和滤镜等制作更复杂的艺术效果，如果想制作更复杂的艺术效果需要对其进行栅格化，将图像转换为位图图像，然后就可以像普通图层那样操作了。下面我们就来学习 Photoshop 中文字效果的制作。

一、制作图书主标题文字

1. 编辑主标题文字

单击工具栏上文字工具下拉列表中的【横排文字工具】按钮 T，然后在封面部分的右上角单击，在光标闪动出现后输入"天津"两个字。并在工具选项栏中设置字体为方正剪纸简体，字号为 33，锯齿消除方法设置为平滑，颜色为红色，具体参数如图 4-8 所示，编辑后的文字如图 4-9 所示。

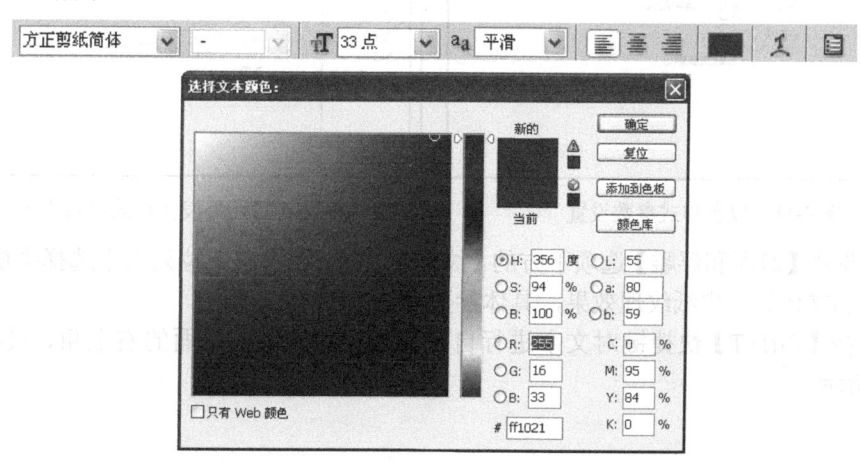

图 4-8　"天津"两字的参数设置

2. 添加主标题图层效果

完成文字的输入和编辑后，要给文字添加效果，选中文字所在图层，右击，在弹出的快捷菜单中选择【栅格化文字】命令，将文字图层转换为普通图层。然后单击图层面板底部的【添加图层样式】按钮 fx，在下拉列表中选择【混合选项】命令，打开如图 4-10 所示的"图层样式"对话框。

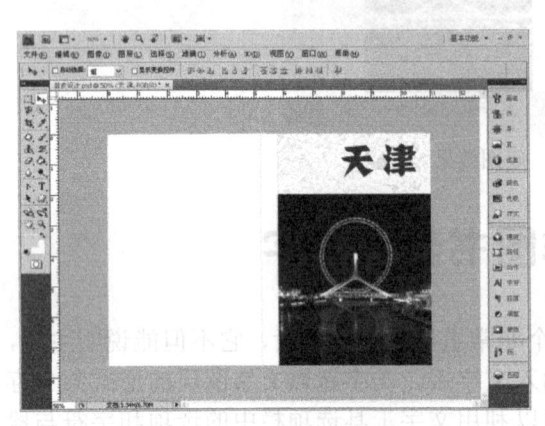

图 4-9　编辑后的文字　　　　　　　　　图 4-10　"图层样式"对话框

选中【投影】选项，设置图层的投影样式，混合模式为正片叠底，不透明度为 70%，角度为 141 度，距离为 5 像素，扩展为 10%，大小为 10 像素，具体设置如图 4-11 所示。

接下来制作发光效果，选中【外发光】选项，参数全部使用默认参数，如图 4-12 所示。

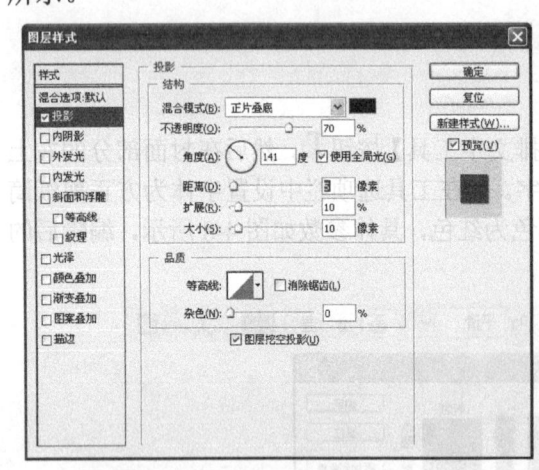

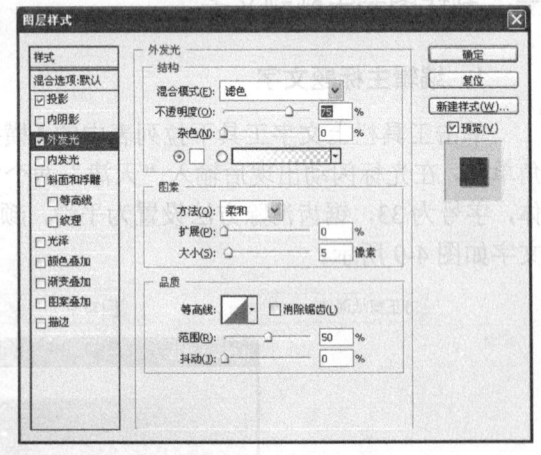

图 4-11　投影样式参数设置　　　　　　　图 4-12　外发光样式参数设置

然后选中【斜面和浮雕】选项下方的【纹理】选项，在图案下拉列表中选择牛皮纸图案，为文字添加立体的牛皮纸纹理效果，具体参数设置如图 4-13 所示。

最后按【Ctrl+T】快捷键对文字进行自由变换，并放置在封面的右上角，最终效果如图 4-14 所示。

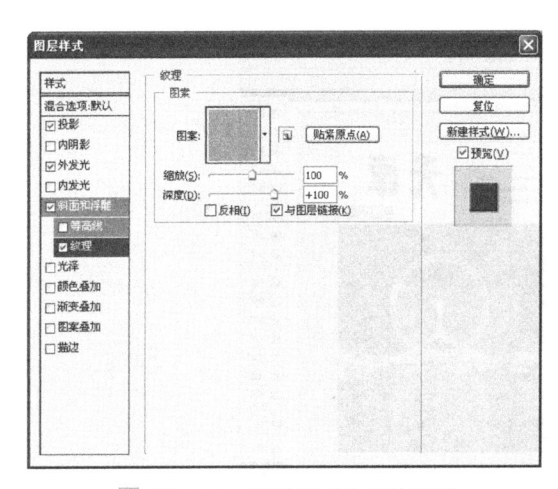

图 4-13　纹理样式的参数设置 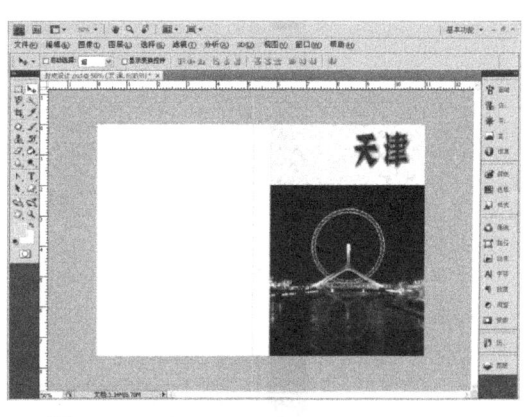　　　　图 4-14　添加图层样式后的文字最终效果

二、制作图书副标题文字

单击【横排文字工具】按钮，在天津两字的下方输入"自助游指南"5 个字，并在工具选项栏中设置字体为时尚中黑简体，字号为 12，锯齿消除方法设置为平滑，颜色为黑色。再按【Ctrl+T】快捷键，用自由变换命令将文字调整到合适的大小，编辑后的效果如图 4-15 所示。

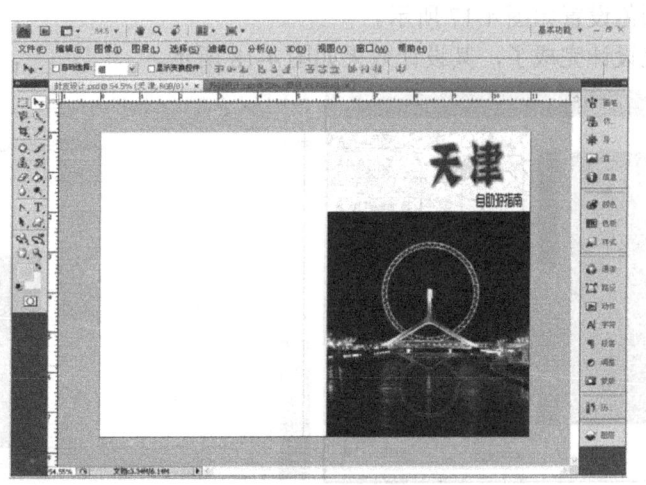

图 4-15　副标题文字效果

三、制作封面宣传文字

打开素材中"素材与实例→project04→素材"目录下的"爪印.png"图片，将图像全部复制到新建文件中，建立新图层，命名为"爪印 1"，用自由变换命令对其进行旋转和缩放操作，然后再用文本工具输入文字"超多美图！全彩印刷！"，并设置文字的字体为迷你简秀英，字号为 4。用同样的方法制作图层"爪印 2"和"爪印 3"，并输入文字"驴友实地探线，最新！最全！"和"独家奉献省钱攻略！"，得到的宣传文字效果如图 4-16 所示。

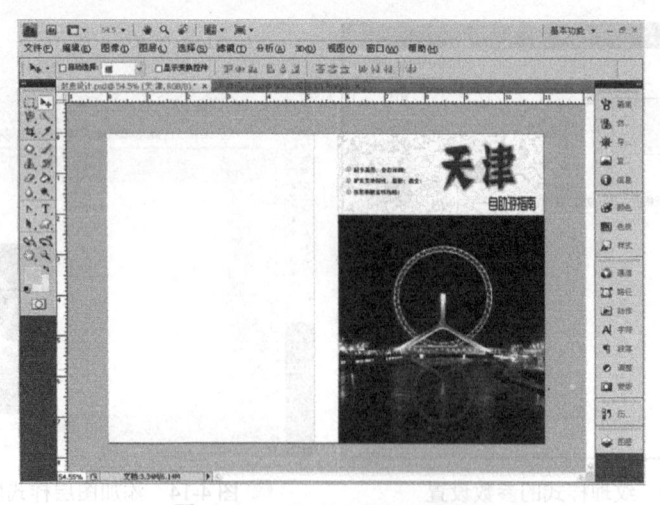

图形图像处理（Photoshop CS4）

图 4-16　制作宣传文字效果

四、制作封面其他文字

接下来要编辑封面上的其他文字。首先在封面底部的中间用文本工具输入出版社信息"天津人民出版社"，字体为华文行楷，字号为 4，锯齿消除方法设置为浑厚，颜色为白色。然后再输入编著信息"《驴友》杂志 主编"，字体设置为华文行楷，字号为 6，锯齿消除方法设置为浑厚，颜色设置如图 4-17 所示。

至此，封面就设计完成了，其设计效果如图 4-18 所示。

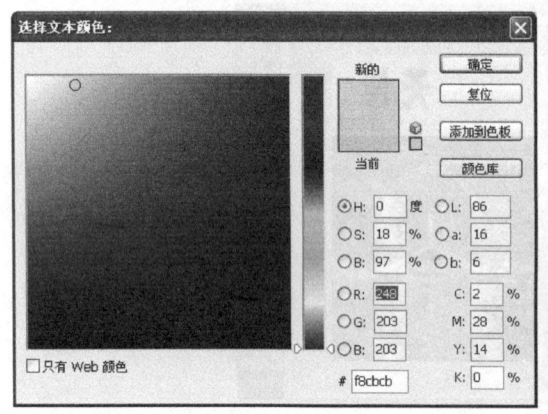

图 4-17　编著信息文字颜色设置　　　图 4-18　封面设计效果

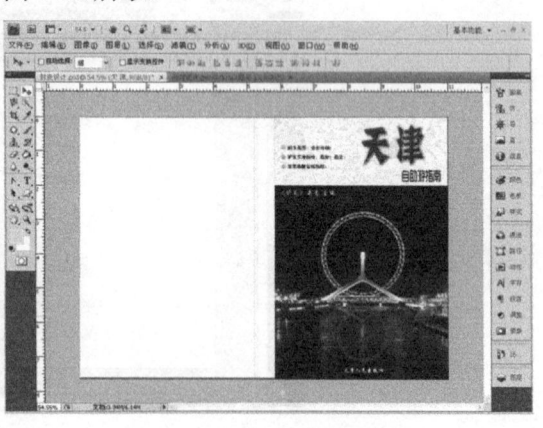

任务三　制作图书封底图案

一、为封底和书脊填充颜色

用【矩形选框工具】将封底和书脊部分的空白处全部选中，建立矩形选区，再选中背景图层，按【Ctrl+J】快捷键建立新图层，命名为"封底与书脊"。然后再单击工具栏中的【油漆桶工具】按钮 ，按如图 4-19 所示设置前景色的颜色。

在封底与书脊图层上单击，就能够用设置好的前景色填充该图层，填充后的效果如图 4-20 所示。

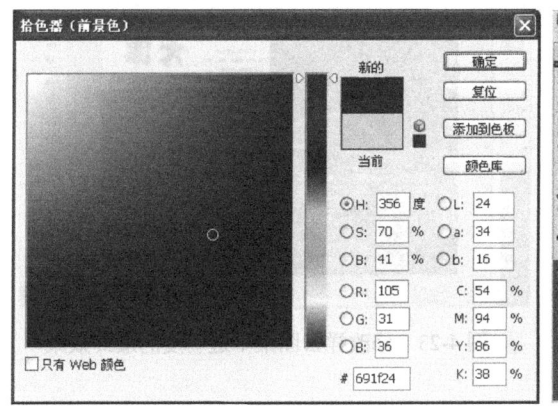

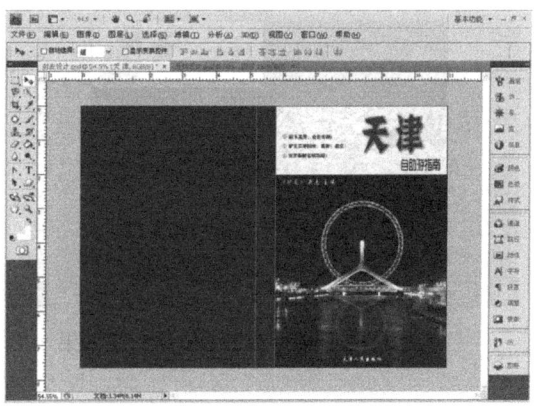

图 4-19　设置前景色颜色　　　　　图 4-20　填充前景色效果

二、制作桥背景图案

打开素材中"素材与实例→project04→素材"目录下的"桥.jpg"图片，将图像全部复制到文件中，建立的新图层命名为"桥"。执行自由变换命令改变图像大小，并在图层面板中设置图层混合模式为滤色，不透明度为 70%，调整后的封底如图 4-21 所示。

图 4-21　调整后的封底

三、制作封底祥云图案

打开素材中"素材与实例→project04→素材"目录下的"祥云.png"图片，将图像全部复制到文件中，建立的新图层命名为"祥云"。执行自由变换命令改变祥云图案的大小和旋转方向，调整后的效果如图 4-22 所示。

再复制祥云图层生成新图层"祥云副本"，选中"祥云副本"中的祥云图案，执行水平翻转操作，并移动到右侧对称位置，生成一幅对称的祥云图案，最后再把"祥云"图层和"祥云副本"图层的不透明度修改为20%，修改后的效果如图4-23所示。

图4-22 祥云图案自由变换后的效果

图4-23 修改祥云图案不透明度的最终效果

任务四 制作图书封底与书脊文字

一、制作封底的炫彩文字

用【横排文字工具】编辑文字"渤海明珠"，字体为叶根友行书繁，字号为16，浑厚，白色。然后栅格化文字，生成名为"渤海明珠"的图层，在图层面板上双击该图层，弹出"图层样式"对话框。选择【投影】、【斜面和浮雕】及【渐变叠加】3种图层样式选项，其中前两种采用系统默认参数，不用设置，只需要双击【渐变叠加】选项，设置渐变叠加参数即可。单击渐变下拉列表，在预设好的渐变色中选择橙黄橙渐变，并将角度设置为100度，混合模式设置为线性加深，具体如图4-24所示。制作完成后的炫彩文字效果如图4-25所示。

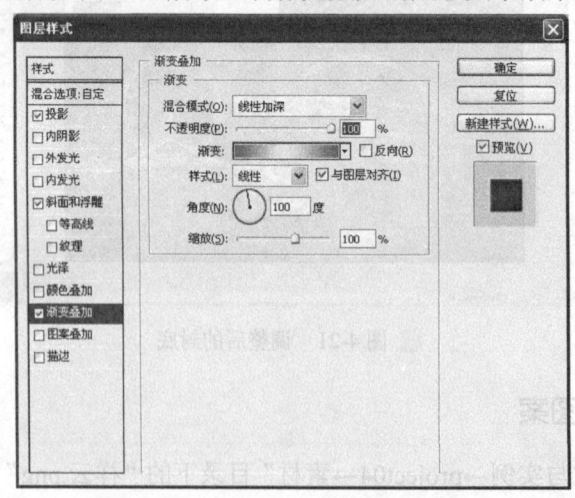

图4-24 炫彩文字渐变叠加参数设置

采用相同的方式制作"最美天津"炫彩文字效果，并放置在"渤海明珠"图层下方，如图4-26所示。

图 4-25 "渤海明珠"炫彩文字效果 　　　　图 4-26 "最美天津"炫彩文字效果

二、制作封底的宣传文字

用文本工具编辑文字"吃在天津——津门三绝，让你齿颊留香、回味无穷"，字体为华文行楷，转折号之前的文字字号为 7，之后的字号为 5，浑厚，白色。

再按照相同的方式编辑文字"玩在天津——津门十景，令人心醉神驰、流连忘返"和"逛在天津——鼓楼洋货，珍品荟萃、释放购物激情"。

编辑好 3 行文字后将它们按如图 4-27 所示方式错落排列。

图 4-27　封底宣传文字

三、制作书脊文字

首先按封面制作添加爪印图案的方法制作一个爪印标识，放在书脊的上方，如图 4-28 所示。

单击工具栏上的【竖排文本工具】按钮，在爪印图案下编辑文字"天津自助游指南"，字体为宋体，字号为 8 点，浑厚，白色。栅格化文字后，打开"图层样式"对话框，双击【描边】选项，按如图 4-29 所示设置描边参数，其中颜色的具体参数如图 4-30 所示，描边后的文字效果如图 4-31 所示。

图形图像处理（Photoshop CS4）

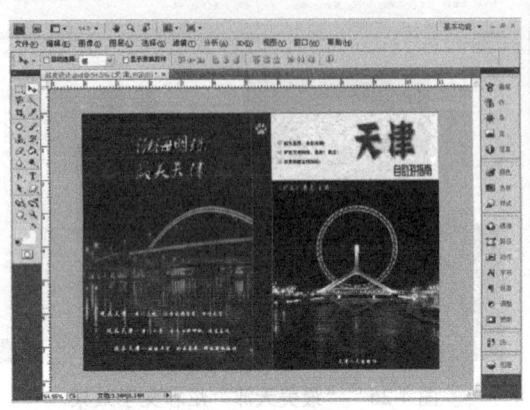

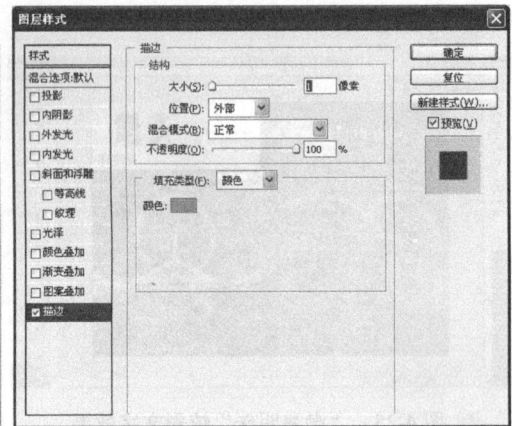

图 4-28　添加爪印标识

图 4-29　描边样式参数设置

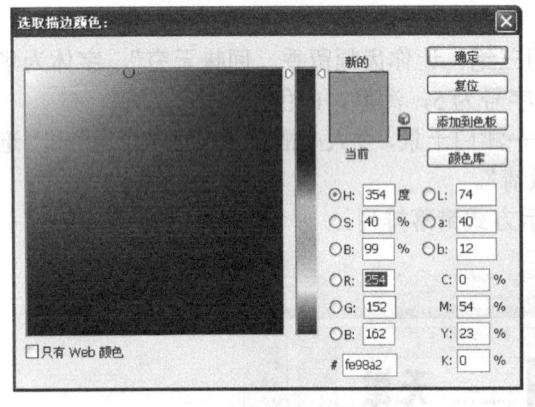

图 4-30　描边颜色参数设置

图 4-31　描边文字效果

最后在书脊下方编辑文字"天津人民出版社"，字体为黑体，字号为 6 点，浑厚，白色。图书封皮最终设计效果如图 4-32 所示。

图 4-32　图书封皮最终设计效果

知识加油站

一、图层混合模式

图像中的各个图层由上到下叠加在一起，并不仅仅是简单的图像堆积，而是通过设置各个图层的混合模式，控制各个图层之间像素颜色的相互作用，从而将图像完美地融合在一起。Photoshop 可使用的图层混合模式有正常、溶解、叠加、正片叠底等二十几种，不同的混合模式会得到不同的效果。

1. 正常模式

Photoshop 默认的混合模式，图层间颜色不会发生相互作用，上方图层的图像会完全覆盖下方的所有图层。只有当上方图层的不透明度小于 100%时，下方图层的内容才会显示出来。

2. 溶解模式

图层不透明时溶解模式与正常模式效果相同，当图层透明时，图层像素不是逐渐透明化，而是某些像素透明，某些像素不透明，从而得到颗粒化效果。不透明度越低，消失的像素越多。

3. 正片叠底

将要混合图层对应像素的颜色值相乘，然后再除以 255，所得到的结果就是最终效果，因而总得到较暗的颜色。正片叠底模式可用于添加图像的阴影与细节，而不会完全消除下方图层阴影区域的颜色。

4. 变暗、颜色加深和线性加深

将要混合的图层对应像素的各颜色通道分别进行比较，通过选取暗色、增加对比度或调整颜色的亮度来使叠加后的整体图像变暗。

5. 滤色

与正片叠底模式相反，滤色模式将上方图层像素的互补色与底色相乘，因此结果颜色比原有颜色更浅，具有漂白效果。使用滤色模式除了能够得到加亮的图像合成效果外，还可以获得其他调整命令无法得到的效果。

6. 变亮、颜色减淡、线性减淡

与前面介绍的变暗、颜色加深和线性加深的模式相反，通过相同的方式来使叠加后的整体图像变亮。

7. 叠加、柔光、强光、亮光、线性光、点光、实色混合

这 7 种混合模式主要通过改变图像的对比度来使图像变亮或变暗。

8. 色相、饱和度、明度、颜色、深色和浅色

这 6 种混合模式主要是用上方图层的色相、饱和度或亮度作为最终值，从而更改下面图层的颜色或色调。

二、图层样式

图层样式是 Photoshop 中用于制作各种效果的强大功能，利用图层样式功能，可以简单快捷地制作出各种立体投影、各种质感以及光景效果的图像特效。下面就来介绍一下 Photoshop 的十大图层样式。

1. 投影

【投影】是图层样式中较为常用的效果，用于模拟光源照射生成的阴影，添加投影效果可给平面的图形增加立体感。通过下面的参数设置可以改变投影的效果。

（1）【混合模式】：用于设置阴影与下方图层的色彩混合模式，系统默认为正片叠底模式，这样可得到较暗的阴影颜色，其右侧的颜色块用于设置阴影的颜色。

（2）【不透明度】：用于设置阴影的不透明度，该数值越大，阴影颜色越深。

（3）【角度】：用于设置模拟光源的照射角度来确定阴影的位置。

（4）【距离】：用于设置阴影与图层间的距离，取值范围为 0~30000 像素。

（5）【扩展】：Photoshop 预设的阴影大小与图层相当，增大扩展可加粗阴影。

（6）【大小】：用于设置阴影边缘软化程度。

（7）【等高线】：用于产生光环形状的阴影效果。

（8）【杂色】：在生成的投影中加入杂点，从而产生特殊的效果。

（9）【图层挖空投影】：当图层的"填充"不透明度小于 100%时，用于设置是否显示阴影与图层的重叠区域。

2. 内阴影

【内阴影】是在图层内部边缘位置产生柔滑的阴影效果，让图层产生一种凹陷外观，常用于立体图形的制作。内阴影效果参数的设置与"投影"效果基本相同，其中"阻塞"选项用于设定阴影内缩的大小。

3. 外发光

【外发光】效果可以在图像边缘产生光晕，将对象从背景中分离出来，从而达到醒目、突出主题的作用，常用于制作标题文字。在制作发光时，可以使用某种颜色，也可以使用渐变作为光晕。在设置发光颜色时，应选择与发光文字或图形反差较大的颜色，这样才能得到较好的发光效果，系统默认发光的颜色为淡黄色。

4. 内发光

【内发光】效果是在文本或图像的内部产生光晕的效果，其参数选项与外发光基本相同，其中，"源"选项用于选择内发光的位置是居中还是边缘。

5. 斜面和浮雕

【斜面和浮雕】是 Photoshop 中最复杂的，也是非常实用的一种图层效果，通过在图层上应用高光和阴影效果，创建出立体感或制作出各种凹陷和凸出的浮雕效果。斜面和浮雕效果的主要设置参数如下。

（1）【样式】：在样式下拉列表中选择一种斜面和浮雕样式。其中【外斜面】是在图层的外边缘上创建三维斜面；【内斜面】是在图层的内边缘上创建三维斜面；【浮雕效果】创建出外斜面和内斜面组合的浮雕效果；【枕状浮雕】创建出将图层边缘压入下方图层的凹陷效果；【描边浮雕】将浮雕效果限于应用了描边的图层边界，如果图层没有应用描边，则效果不可见。

（2）【方法】：在方法下拉列表中选择一种表现浮雕斜面的方法。其中【平滑】得到过渡较为柔和的平滑斜面；【雕刻清晰】得到较为清晰、精确的生硬斜面；【雕刻柔和】也得到生硬斜面，虽然不如"雕刻清晰"的精确，但对较大范围的杂边更有用。

（3）【深度】、【方向】、【大小】及【软化】：【深度】与【大小】配合使用调整高台的高度与斜边的光滑程度，【方向】则设置亮面是在上方还是在下方，【软化】则用来设置斜面边界的柔和程度。

（4）【阴影】：选项组中的选项用来设置光源的角度、高度、光泽等高线、高光的颜色、混合模式和不透明度，以及暗面的颜色、混合模式和不透明度。系统默认高光的颜色为白色，混合模式为"滤色"模式，暗面的颜色为黑色，混合模式为"叠加"模式。

（5）【等高线】：添加等高线可以制作出特殊的浮雕效果。

（6）【纹理】：选择纹理可以利用自选的图案，为图层表面添加凹凸材质纹理效果。

6. 光泽

【光泽】用来在图层的上方添加一个波浪形效果，产生光滑的磨光及金属效果。它的选项虽然不多，但是很难准确把握，有时候设置值微小的差别都会使效果产生很大的区别。

7. 叠加

颜色叠加、渐变叠加和图案叠加效果分别用于在图层上方叠加单种颜色、渐变和图案。它们可同时使用，只要注意它们之间的叠加关系即可，颜色叠加处于最上方，渐变叠加处于中间，图案叠加位于最下方。如果要得到三者叠加的效果，那么各种叠加效果的不透明度必须小于 100%。

8. 描边

【描边】主要用颜色、渐变色或图案描绘当前图层上的对象轮廓，对于边缘清晰的形状（如文本），这种效果尤其明显。在结构选项组中可设置描边的大小、位置、混合模式和不透明度。在填充类型列表框中可以选择用颜色、渐变或图案来描边，当选择不同的填充类型时，其选项组就会发生相应的变化。

实训演练

根据前面所学知识，综合利用文字工具、图层样式和图层混合模式制作一个儿童图书的封皮，具体操作步骤如下。

（1）新建文件，命名为"图图说天气.psd"，文件参数设置为宽 15 厘米，高 10 厘米，分辨率 300 像素/英寸。

（2）打开素材中"素材与实例→project04→素材"目录下的"背景.jpg"图片，复制到新建文件中，调整为画布大小，并将新图层命名为"背景"。

（3）利用【Ctrl+R】快捷键，调出标尺，做 3 条参考线（书脊宽度为 0.8 厘米），如图 4-33 所示。

（4）设计图书封面。将光盘中"素材与实例→project04→素材→封面"目录下的素材图片导入文件，并调节大小以及图层间的上下关系，合理安排版式布局。排版完成后，为了使图层面板清晰简洁，在图层面板底部单击【新建文件夹】按钮，新建名为"封面设计"的文件夹，将封面上的元素放入，如图 4-34 所示。

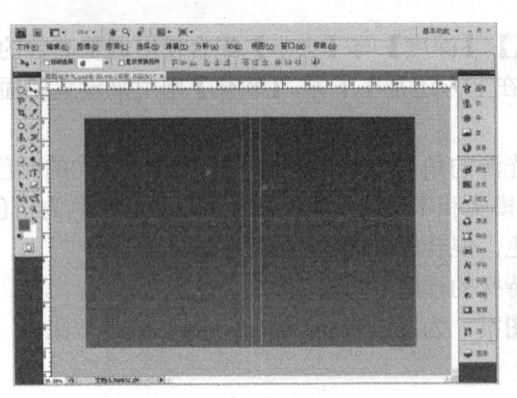

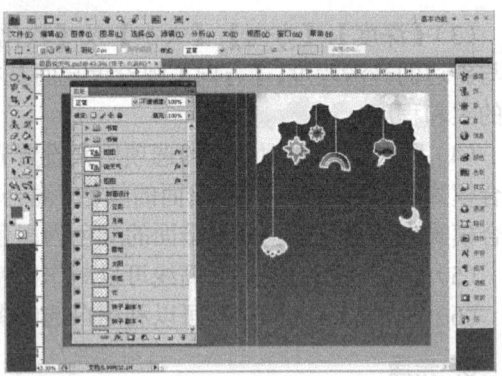

图 4-33 制作参考线　　　　　　　　　图 4-34 制作"封面设计"图层组

（5）导入光盘中"素材与实例→project04→素材"目录下的"图图.png"图片，放在封面的中下部，并添加图层样式的描边效果，图层样式参数如图 4-35 所示。

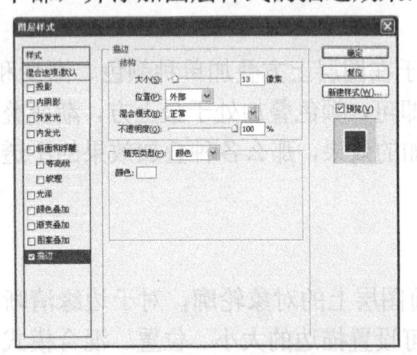

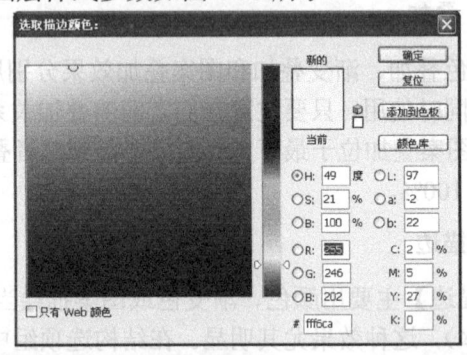

图 4-35 描边样式的参数设置

（6）输入文字"图图"，字体为华康海报体，字号为 40。栅格化文字后，为图层分别添加投影、内阴影、斜面和浮雕以及描边 4 种样式，各种样式的参数根据实际的需要自行决定。再输入文字"说天气"，字体为华康少女文字，字号为 30。栅格化文字后，选择"图图"层，右击，在弹出的快捷菜单中选择【拷贝图层样式】命令，然后选择"说天气"层，用快捷菜单中的【粘贴图层样式】命令复制"图图"层的图层样式，修改描边的颜色及距离。封面设计后的效果如图 4-36 所示。

（7）制作书脊。导入光盘中"素材与实例→project04→素材"目录下的"笑脸.png"素材，并输入文字"图图讲故事系列画册"和"少年儿童出版社"，选择合适的字体、颜色和大小。书脊的设计效果如图 4-37 所示。

图 4-36 封面设计后的效果　　　　　　　　图 4-37 书脊设计效果

（8）制作封底。导入光盘中"素材与实例→project04→素材"目录下的"图图超人.png"图片，放在封底的中间。输入文字"大耳朵图图系列故事画册"，并把图书封面"说天气"的图层样式粘贴到该层上。

（9）新建一个图层，命名为"圆角矩形"。选择【圆角矩形工具】，设置半径为60像素，在书背底部绘制一个蓝色圆角矩形，修改图层混合模式为柔光。在圆角矩形框内分别输入文字"图图说英语"、"图图说笑话"和"图图说天气"。再复制3个笑脸图案，分别放在3行文字前。最后导入光盘中"素材与实例→project04→素材→封底"目录下的素材，将其放置在圆角矩形框周围。最后完成如图4-38所示的儿童图书封皮设计。

图 4-38　儿童图书封皮设计

拓展与练习

一、填空题

1．在Photoshop中混合模式控制图层之间_____的相互作用。

2．在Photoshop中，利用_____操作可以将文字转换为图像。

3．_____模式可用于添加图像阴影与细节，而不会完全消除下方图层阴影区域的颜色。

4．_____图层样式可以在图像边缘产生光晕，从而将对象从背景中分离出来，来达到醒目、突出主题的作用，常用于制作标题文字。

5．在Photoshop中，文字是在_____层中输入和编辑的。

6．_____是一个非常实用的图层效果，可用于制作各种凹陷和凸出的浮雕图像或文字。

二、拓展题

利用前面学过的文字编辑与处理方法，运用合适的图层样式制作玉石文字艺术效果，具体操作步骤提示如下。

1．打开素材中"素材与实例→project04→素材"目录下的"竹子.jpg"图片，另存为"玉石文字.psd"文件，并将图像的大小按照图4-39所示设置，导入图片，如图4-40所示。

图形图像处理（Photoshop CS4）

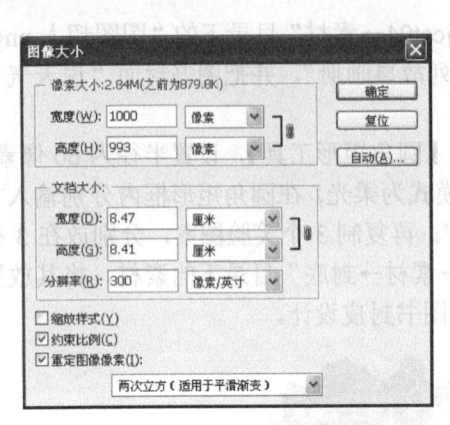

图 4-39　图像大小参数设置　　　　　图 4-40　导入竹子背景图片

2．在工具栏单击【竖排文字工具】按钮，输入文字"玉竹"，设置字体为华文行楷，大小为60，浑厚，黑色，输入文字后的效果如图 4-41 所示。

图 4-41　输入文字

3．用【栅格化文字】命令将"玉竹"文字层转换为普通图层。设置前景色为如图 4-42 所示的墨绿色。按【Ctrl】键并选择玉竹图层，建立文字选区，再按【Alt+Delete】组合键填充前景色，填充后的效果如图 4-43 所示。

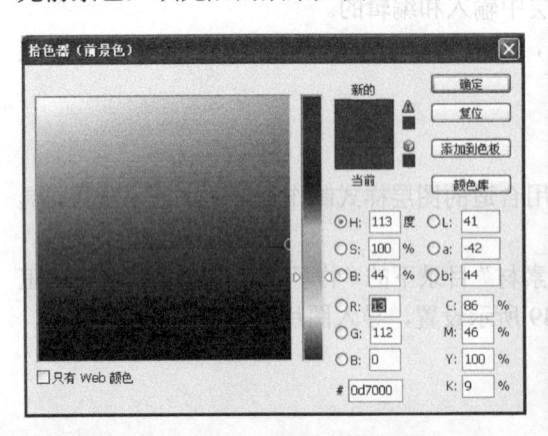

图 4-42　前景色颜色设置　　　　　图 4-43　用前景色填充文字

064

4．选择【减淡工具】，画笔选择柔角 13 像素，在文字上涂抹，擦出一点亮部。再用【加深工具】，擦出暗部，涂抹后的效果如图 4-44 所示。

图 4-44　用减淡和加深工具涂抹后的文字

5．为玉竹图层添加图层样式制造玉石的效果。首先为文字添加投影，参数如图 4-45 所示，距离为 12 像素，大小 13 像素，其他采用默认参数。

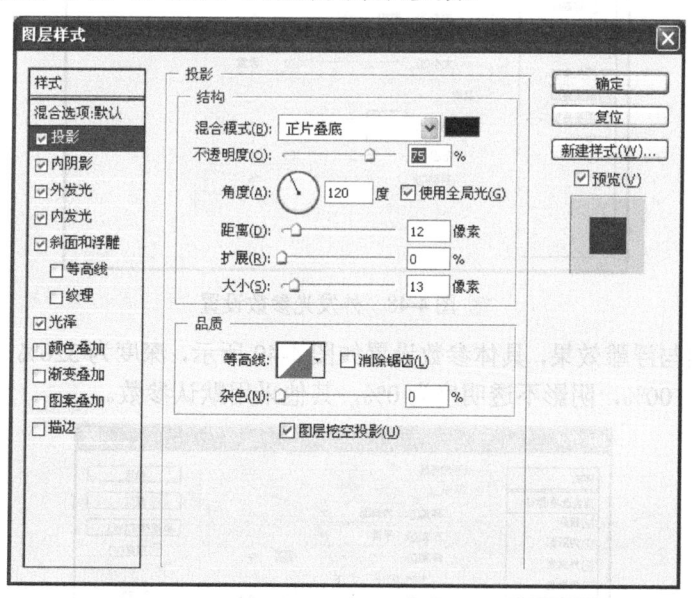

图 4-45　投影参数设置

6．添加内阴影效果，具体参数设置如图 4-46 所示，颜色选择如图 4-47 所示的翠绿色，大小为 50 像素，其他采用默认参数。

7．添加外发光效果，具体参数设置如图 4-48 所示，颜色为翠绿色，不透明度为 40%，大小 70 像素，其他采用默认参数。

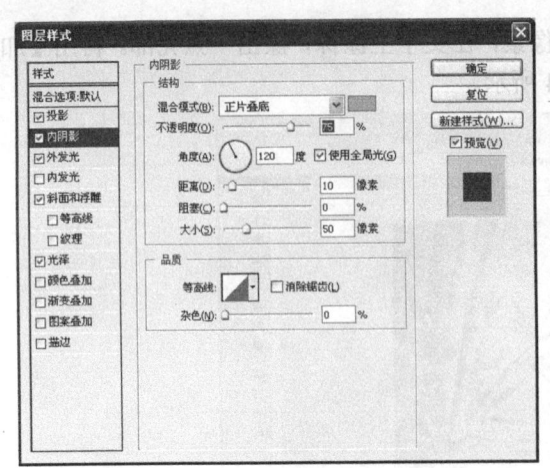

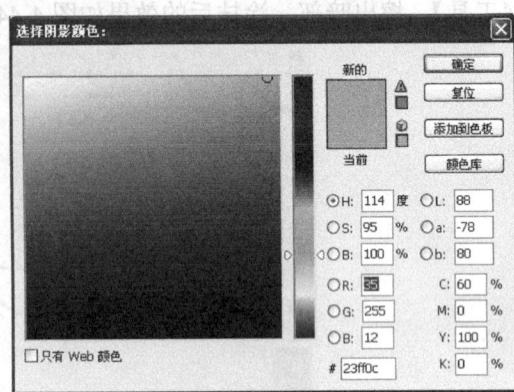

图 4-46 内阴影参数设置　　　图 4-47 内阴影颜色设置

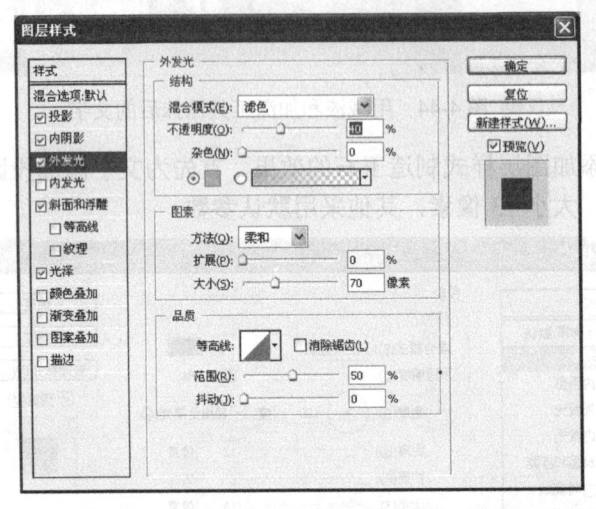

图 4-48 外发光参数设置

8. 添加斜面与浮雕效果，具体参数设置如图 4-49 所示，深度为 320%，大小为 15 像素，高光不透明度为 100%，阴影不透明度为 0%，其他采用默认参数。

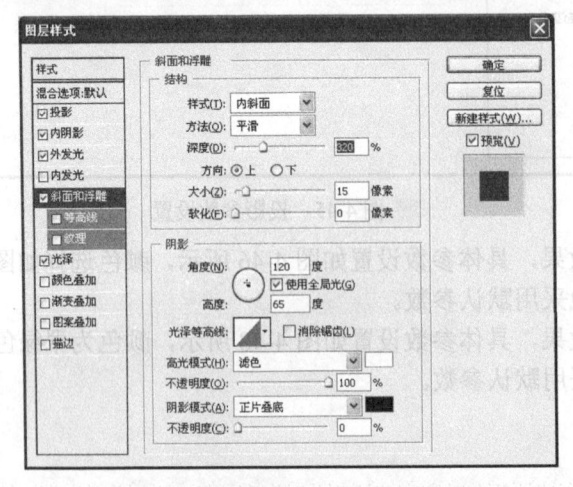

图 4-49 斜面与浮雕效果参数设置

9. 添加光泽效果，具体参数设置如图 4-50 所示，颜色为翠绿色，距离、大小均为 88 像素，其他采用默认参数。

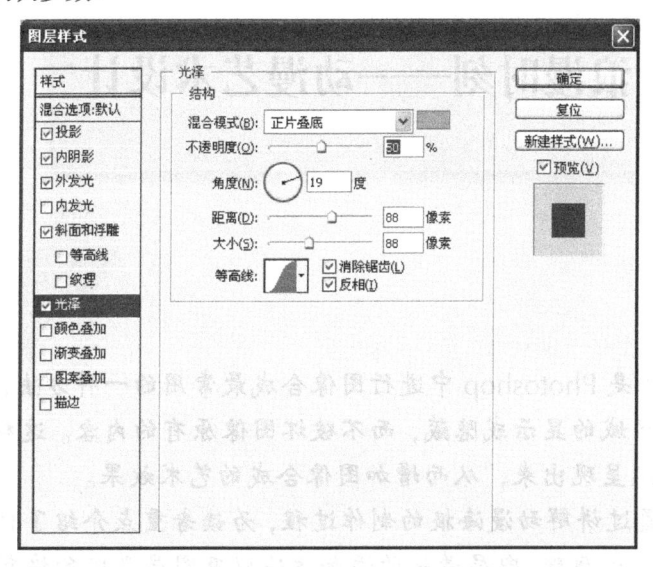

图 4-50　光泽效果参数设置

10. 最终完成的玉石文字艺术效果如图 4-51 所示。

图 4-51　玉石文字艺术效果

项目五　浪漫时刻——动漫艺术设计

　　图层蒙版是 Photoshop 中进行图像合成最常用的一种方法，它可以轻松地控制图层区域的显示或隐藏，而不破坏图像原有的内容。这样，图像就能够以任何形态呈现出来，从而增加图像合成的艺术效果。

　　本项目通过讲解动漫海报的制作过程，为读者重点介绍了 Photoshop 中图层蒙版的工作原理、图层蒙版的添加方法以及图层蒙版的编辑方法。此外，还详细介绍了快速蒙版和剪贴蒙版的使用方式，使读者更加全面、更加灵活地掌握 Photoshop 中蒙版的使用技巧。

能力目标

- ◆ 了解图层蒙版的工作原理，熟练掌握图层蒙版的添加方法和编辑方法。
- ◆ 了解剪贴蒙版的工作原理，熟练掌握不同类型剪贴蒙版的使用方法。
- ◆ 掌握快速蒙版的制作方法和使用技巧。

实例效果

图 5-1　实例效果图

任务一　认识图层蒙版与剪贴蒙版

一、图层蒙版

图层蒙版是 Photoshop 图层高级应用的核心，它可以有选择地显示当前图层中的图像，从而得到特殊的显示效果。简单地说，图层蒙版就相当于一层特殊的胶片，胶片上有透明、完全不透明和半透明 3 种区域。将胶片放在图层上面，就能根据胶片上设置好的区域，显示出图层中需要的图像。在图层蒙版上，黑色的区域为完全不透明区域，它盖住的图像是完全不显示的；白色的区域为透明区域，它可以完全透出图层上的图像；灰色的区域为半透明区域，它可以朦胧地透出图层上的图像，而这个朦胧的透明程度则由灰色的深浅度决定。

用户通过改变图层蒙版中不同区域的黑色、白色或灰色，就可以控制对应图像区域的显示、半透明显示或不显示的状态，为图像增加许多特殊效果。此外，使用图层蒙版还有一个好处，就是对蒙版的编辑不影响图层的图像，这样用户就可以在不破坏图像的情况下反复编辑、修改图层蒙版上的显示形式，直至得到满意的效果。

在 Photoshop 中有多种创建图层蒙版的方法，用户可以根据不同的情况和需要选择最为合适方法。下面就来详细介绍图层蒙版的几种创建方法。

1. 直接添加图层蒙版

选中需要添加图层蒙版的图层，然后执行【图层】→【图层蒙版】→【显示全部】命令，或直接在图层面板中单击【添加图层蒙版】按钮 ，即可为当前图层添加一个默认填充为白色的图层蒙版，此时整个图层的图像全部显示，如图 5-2 所示。

图 5-2　添加全部显示图层蒙版

如果只想显示部分区域，可以使用【画笔工具】修改，将前景色设置为黑色，然后选择合适的笔头形状与大小，在图层蒙版上涂抹，将不想显示的部分涂黑即可，如图 5-3 所示。

如果在添加图层蒙版时，执行的是【图层】→【图层蒙版】→【隐藏全部】命令，或按住【Alt】键单击【添加图层蒙版】按钮，会为图层添加一个默认填充为黑色的图层蒙版，那么整个图层的图像全部隐藏，用白色画笔涂抹才能将需要显示的部分显示出来。

■ 图5-3 用黑色抹去人物背景

2. 依据选区添加图层蒙版

如果在当前图层中已存在选区，可以利用该选区添加图层蒙版，并决定选区内的图像是显示还是隐藏。如果图层中选区内的图像要显示出来，那么选中该图层后，执行【图层】→【图层蒙版】→【显示选区】命令，或单击【添加图层蒙版】按钮，即可为当前图层添加一个只显示选区内容的图层蒙版，如图5-4所示。

■ 图5-4 利用选区添加的图层蒙版

如果在选中图层后，执行的是【图层】→【图层蒙版】→【隐藏选区】命令，或按住【Alt】键单击【添加图层蒙版】按钮，则会为当前图层添加一个显示选区之外内容的图层蒙版。

3. 通过贴入命令添加图层蒙版

在当前图层存在选区的情况下，可以先复制图像，然后执行【编辑】→【贴入】命令，在新生成的图层中，除了有粘贴进来的图像外，还生成了一个只显示选区内容的图层蒙版。新图层显示的内容也仅仅是选区部分的内容，如图5-5所示。

■ 图5-5 用贴入命令添加的图层蒙版

二、剪贴蒙版

剪贴蒙版是 Photoshop 中的特殊图层，它利用下方图层中的形状对上方图层图像进行剪切，从而控制上方图层的显示区域和范围，最终得到特殊的合成效果，常用于文字、形状与图像的混合。

剪贴蒙版由两个以上图层构成，下方的图层称为基层，上方的图层称为内容层。在每一个剪贴蒙版中，基层都只有一个，用于控制显示的形状，而内容层可以有若干个，用来显示要表现的内容。

创建剪贴蒙版的操作非常简单，首先确定好剪贴蒙版中的基层和内容层，并将基层放在下面，内容层放在上面，然后执行【图层】→【创建剪贴蒙版】命令，或者按下【Ctrl+Alt+G】快捷键，即可创建剪贴蒙版。要取消剪贴蒙版，则执行【图层】→【释放剪贴蒙版】命令或按【Ctrl+Alt+G】快捷键即可。

如图 5-6 是一个文字剪贴蒙版的例子，文字层为基层，图像层为内容层，创建剪贴蒙版后，在文字中即可显示出内容层中的图像，再结合一些图层样式和混合模式，即可制作出各种文字艺术效果。

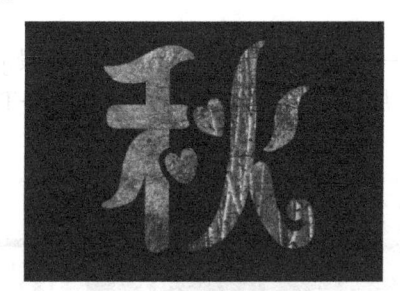

图 5-6 文字剪贴蒙版

三、快速蒙版

快速蒙版是为了更好选取区域，按【Q】键是标准模式和快速蒙版模式之间的切换。在快速蒙版模式下，Photoshop 自动转换成灰阶模式，前景色为黑色，背景色为白色（可按【X】键交换前景色和背景色）。使用画笔、铅笔、历史笔刷、橡皮擦、渐变等绘图和编辑工具来增加和减少蒙版面积来确定选区。

用黑色绘制时，显示为红"膜"，该区域不被选中，即增加蒙版的面积被保护。用白色绘制时，红"膜"被减少，该区域被选中，即减小蒙版的面积。用灰色绘制，该区域被羽化，有部分被选中。

注意：在快速蒙版模式下，编辑蒙版区域，自动创建"快速蒙版"临时蒙版（在通道中可以查看），切换至标准模式，快速蒙版自动取消。

任务二 制作背景图案

一、新建空白文件

执行【文件】→【新建】命令，设置文件名称为"浪漫时刻"，宽度为 900 像素，高度为600像素，背景内容为白色，其余不变，如图5-7所示。

图 5-7　新建文件参数设置

二、导入背景图片

打开素材中"素材与实例→project05→素材→正文"目录下的"背景.jpg"图片，将图像全部复制到新建文件中，把建立的新图层命名为"背景图"，按【Ctrl+T】快捷键变换图像的大小和位置，如图5-8所示。

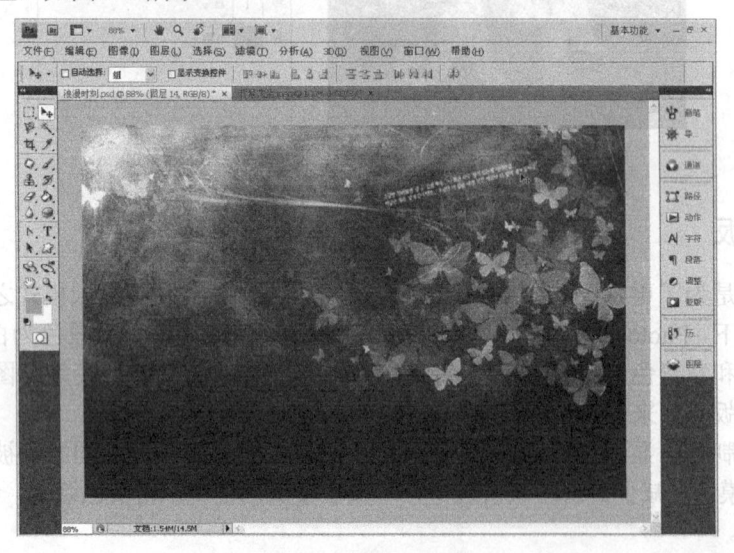

图 5-8　导入背景图

三、制作花朵图案

1. 导入花朵素材

打开素材中"素材与实例→project05→素材→正文"目录下的"背景花朵.jpg"图片，将图像全部复制到新建文件中，把建立的新图层命名为"背景花朵"。

2. 制作花朵蒙版

选择"背景花朵"图层,单击图层面板上的【添加图层蒙版】按钮,会为图层添加一个默认填充为白色的图层蒙版,此时显示花朵的全部图像,如图5-9所示。

选中"背景花朵"图层的图层蒙版,再选择【画笔工具】,将前景色设置为黑色,画笔大小设置为柔角100像素,在花朵周围的背景部分进行反复涂抹,得到如图5-10所示效果。

■ 图5-9 添加背景花朵的图层蒙版　　■ 图5-10 制作花朵显示区域

在图层面板中,将"背景花朵"图层的混合模式改为浅色,并将它移动到如图5-11所示的位置。

■ 图5-11 图层混合后的背景花朵

任务三 制作人物合成效果

一、制作合影艺术效果

1. 导入合影素材

打开素材中"素材与实例→project05→素材→正文"目录下的"合影.jpg"图片,复制"背景"图层生成一个新的图层,名为"背景副本"。隐藏"背景"图层,选择"背景副本"图层,单击工具栏中的【魔棒工具】按钮,在工具选项栏中将容差值设为5,然后按住【Shift】键同时使用【魔棒工具】选择背景中白色区域,如图5-12所示。

按【Delete】键将选中的白色背景删除,再用【橡皮擦工具】将右上角的图标擦除,去除背景后的合影图像如图5-13所示。

图5-12 选择白色背景　　　图5-13 去除背景后的合影图像

按住【Ctrl】键的同时单击"背景副本"图层,建立合影图像的选区,按【Ctrl+C】快捷键复制图像并将它粘贴到"浪漫时刻.psd"文件中,生成一个新图层,命名为"合影",如图5-14所示。

2. 制作合影图层效果

选择"合影"图层,按【Ctrl+T】快捷键变换图像大小使其与画布高度相同,再选择【编辑】→【变换】→【水平翻转】命令将图像水平翻转,并将它移动到如图5-15所示位置。

图5-14 导入合影图像　　　图5-15 变换后的合影图像

打开图层面板,将"合影"图层的混合模式改为强光。并为它添加投影图层样式,参数如图5-16所示,角度为132度,距离为6像素,大小为1像素,其他设置采用默认参数。添加完图层样式与混合模式后的"合影"图层如图5-17所示。

项目五
浪漫时刻——动漫艺术设计

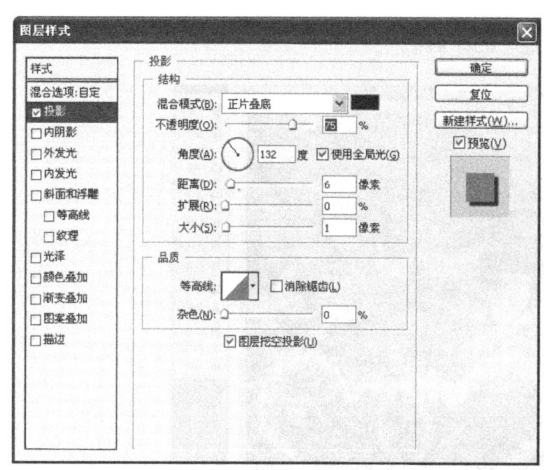

图 5-16　"合影"图层的投影参数设置　　　　图 5-17　添加效果后的"合影"图层

二、制作心形烟花边框

1. 导入心形烟花素材

打开素材中"素材与实例→project05→素材→正文"目录下的"心形烟花.jpg"图片，将图像全部复制到新建文件中，把建立的新图层命名为"心形烟花边框"，如图 5-18 所示。

2. 添加烟花图层混合效果

选择"心形烟花边框"图层，在图层面板中将图层混合模式改为线性减淡（添加），得到如图 5-19 所示的混合效果。

图 5-18　导入心形烟花图片　　　　图 5-19　添加混合模式后的心形烟花

3. 调整心形烟花的大小和位置

按【Ctrl+T】快捷键变换心形烟花图像的大小，并将它移动到画布的右下角，同时调整"背景花朵"图层的位置，如图 5-20 所示。

图形图像处理（Photoshop CS4）

■ 图 5-20 变换调整后的心形烟花

三、制作碓冰头像

1. 导入碓冰图像

打开素材中"素材与实例→project05→素材→正文"目录下的"碓冰.jpg"图片，将图像全部复制到文件中，将建立的新图层命名为"碓冰"，利用自由变换命令改变图像的大小和位置，并将它放在右侧心形图案上方，如图 5-21 所示。

■ 图 5-21 导入碓冰图像

2. 建立右侧心形选区

隐藏"碓冰"图层，用【磁性套索工具】沿右侧心形建立一个心形选区，然后再显示"碓冰"图层，如图 5-22 所示。

图 5-22 建立右侧心形选区

3. 建立碓冰图层蒙版

选中"碓冰"图层，单击图层面板上的【添加图层蒙版】按钮，利用已建立的心形选区为"碓冰"图层添加一个图层蒙版，制作出心形相框的效果，如图 5-23 所示。

图 5-23 心形相框的效果

四、制作鲇泽头像

1. 建立左侧心形选区

隐藏"碓冰"图层，选择"心形烟花边框"图层，用【磁性套索工具】沿左侧心形建立一个心形选区，如图 5-24 所示。

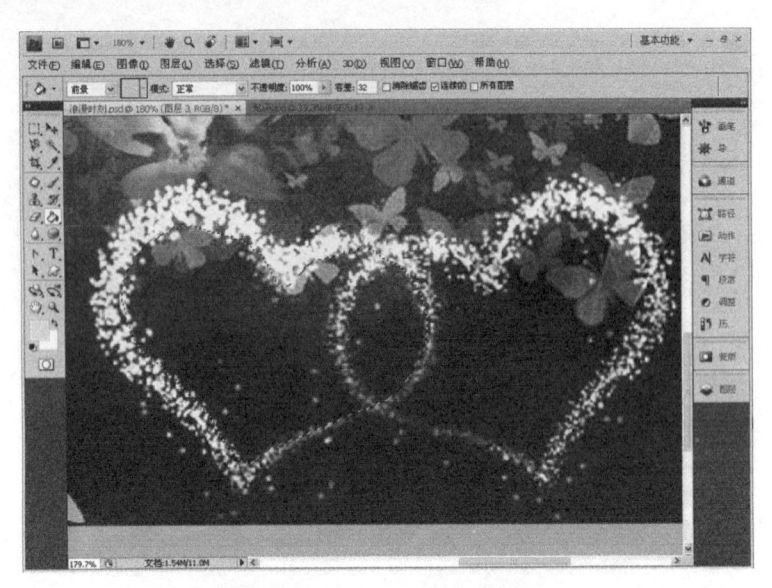

图形图像处理（Photoshop CS4）

图 5-24　建立左侧心形选区

2. 通过贴入命令创建蒙版

打开素材中"素材与实例→project05→素材→正文"目录下的"鲇泽.jpg"图片，选择图像的头像部分，按【Ctrl+C】快捷键，然后在文件中执行【编辑】→【贴入】命令，此时建立一个带有图层蒙版的新图层，将其命名为"鲇泽"，图层蒙版显示的区域就是刚刚建立的左侧心形选区。此时鲇泽的图像比较大，通过蒙版只能看到图像的一部分，如图 5-25 所示。

图 5-25　通过贴入命令建立图层蒙版

3. 调整鲇泽图像

通过贴入命令建立的图层蒙版与图层图像之间默认是非链接状态，因此可以对图像单独做调整。单击"鲇泽"图层中图像的缩览图，利用自由变换命令改变图像的大小和位置，使它正好放在左侧心形图案的中央，如图 5-26 所示。

项目五

浪漫时刻——动漫艺术设计

图 5-26　调整鲇泽图像

最后取消"碓冰"图层的隐藏，得到如图 5-27 所示的人物图像合成效果。

图 5-27　人物图像效果

任务四　制作文字艺术效果

一、输入编辑文字

使用【横排文字工具】输入文字"碓冰&鲇泽"，参数设置为粗倩体，白色，56 号字体，效果如图 5-28 所示。

图 5-28 输入文字效果

二、制作文字背景

打开素材中"素材与实例→project05→素材→正文"目录下的"文字背景.jpg"图片，将图像全部复制到文件中，把建立的新图层命名为"文字背景"，将"文字背景"图层放在文字图层下方，并设置图层混合模式为点光。然后按照如图 5-29 所示的参数为"文字背景"图层添加描边样式，制作好的"文字背景"图层效果如图 5-30 所示。

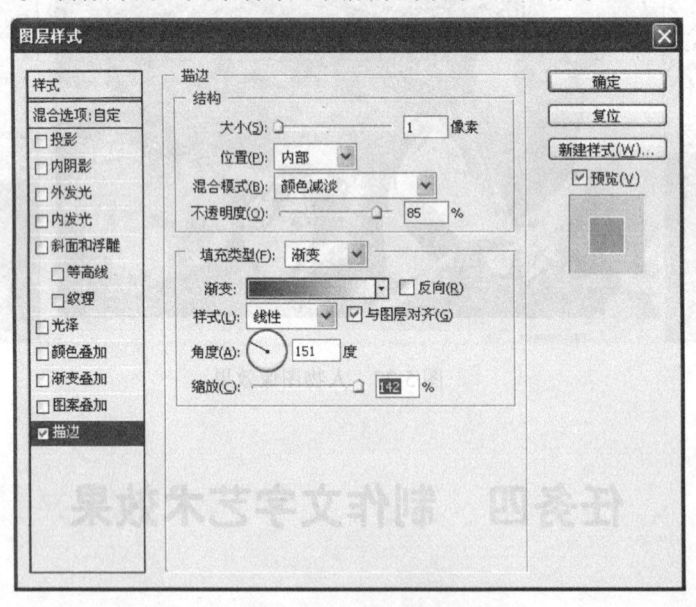

图 5-29 描边样式参数设置

图 5-30　"文字背景"图层效果

三、制作花朵剪贴蒙版

打开素材中"素材与实例→project05→素材→正文"目录下的"剪贴花朵.jpg"图片，将图像复制到文件中，把新建图层命名为"剪贴花朵"，利用自由变换命令改变其大小和位置，使花朵正好在鲇泽文字上方。设置图层混合模式为差值，执行【图层】→【创建剪贴蒙版】命令，为文字创建剪贴蒙版，如图 5-31 所示。

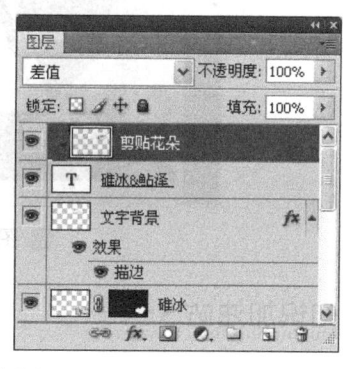

图 5-31　制作花朵剪贴蒙版

四、制作底图剪贴蒙版

打开素材中"素材与实例→project05→素材→正文"目录下的"剪贴底图.jpg"图片，将图像复制到文件中，把新建图层命名为"剪贴底图"，利用自由变换命令改变其大小和位置，放在文字上方，并设置图层混合模式为柔光，在该图层上右击打开快捷菜单，执行【创建剪贴蒙版】命令，为文字的剪贴蒙版再添加一个图层，如图 5-32 所示。

图 5-32　制作底图剪贴蒙版

五、变换文字方向

按住【Shift】键后选择"文字背景"图层，再选择"剪贴底图"图层，可以将这两层之间的图层全部选中，单击图层面板下方的【链接图层】按钮将这4个图层链接在一起，再用自由变换命令进行旋转、移动，最后完成如图5-33所示的最终效果。

图 5-33　文字最终艺术效果

知识加油站

图层蒙版具有非常良好的可编辑性，它可以使用图像调整命令、绘图工具以及滤镜命令等对蒙版进行调整，从而得到其他方法不能企及的艺术特效。下面就来简单介绍图层蒙版的常用操作方法。

1. 选择图层蒙版

单击图层面板中图层蒙版的缩览图，即可选中图层蒙版，进入蒙版的编辑状态。此时，缩览图周围会显示一个白色边框，对它进行的任何编辑操作，将只对蒙版有效。单击图层缩览图，又可以返回至图像编辑状态，其缩览图同样会显示白色边框。

2. 编辑图层蒙版

为图层添加图层蒙版后，为了得到满意的效果，往往还要对图层蒙版进行编辑。在

Photoshop 中，使用绘图工具如画笔工具、图章工具、渐变工具、加深/减淡工具等可以很灵活地编辑图层蒙版。此外，还可以利用滤镜为图层蒙版添加一些特效，以取得更加丰富的图层效果。

3．停用或启用图层蒙版

（1）停用图层蒙版：暂时使图层蒙版失效，恢复图层原来的显示。选中图层蒙版，右击，在弹出的快捷菜单中选择【停用图层蒙版】命令，或直接按住【Shift】键单击图层蒙版，可以实现停用图层蒙版，此时图层蒙版上有一个红色的叉。

（2）启用图层蒙版：恢复图层蒙版的显示控制。可以直接单击图层蒙版上红色的叉，或使用快捷菜单中的【启用图层蒙版】命令，启用图层蒙版中的控制显示效果，此时红色的叉消除。

4．删除和应用图层蒙版

（1）删除图层蒙版：对于那些未达到设计需要、不满意的图层蒙版，可以在快捷菜单中选择【删除图层蒙版】命令进行删除。

（2）应用图层蒙版：添加图层蒙版会增加文件大小，如果某些蒙版已达到要求，无需再改动了，则可以应用蒙版至图层，以减少图像的文件大小。所谓应用图层蒙版，实际上就是将图层蒙版删除，并将图层蒙版中黑色对应的图像删除，白色对应的图像保留，灰色对应的图像部分删除以得到一定的透明效果，从而保证图层的效果与应用图层蒙版前一致。

5．图层与图层蒙版的链接

系统默认图层与图层蒙版之间以 标记相互链接，当对其中的一方进行移动、缩放或变形等操作时，另一方也会发生相应的改变。如果单击 标记，可取消两者的链接状态，从而单独操作图层或图层蒙版。要重新建立链接，只需再次单击链接标志的位置，出现 标记即可。

6．蒙版面板

在 Photoshop CS4 中，新增了一个蒙版面板用于对蒙版进行更好的管理。在蒙版面板中可以对蒙版进行各种操作，如添加蒙版、删除蒙版、应用蒙版、修改蒙版属性等，非常方便、快捷。蒙版面板如图 5-34 所示。

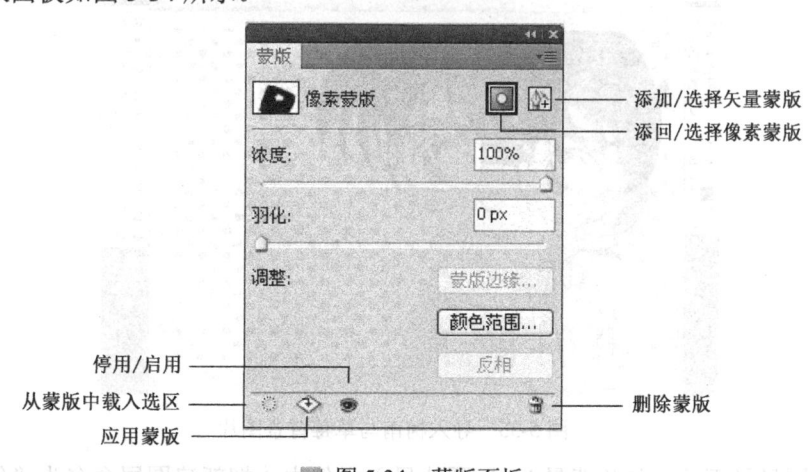

图 5-34 蒙版面板

（1）【添加/选择像素蒙版】按钮：该按钮上有加号图案时，表示为图层添加一个新的像素蒙版；无加号图案时，表示选择已创建的像素蒙版进行编辑。

图形图像处理（Photoshop CS4）

（2）【添加/选择矢量蒙版】按钮：该按钮上有加号图案时，表示为图层添加一个新的矢量蒙版；无加号图案时，表示选择已创建的矢量蒙版进行编辑。

（3）【浓度】：用于设置图层蒙版的透明度，100%表示完全不透明，此数值越低，则图层蒙版中可见的区域就越多。

（4）【羽化】：用于控制图层蒙版的边缘柔化程度。

（5）【蒙版边缘】按钮：用于对蒙版边缘进行调整，进行平滑、扩展、羽化等操作，与选区的调整边缘功能相似。

（6）【颜色范围】按钮：可以使用参数在图层蒙版中更好地进行选择操作，调整得到满意的选区，并将调整的结果直接应用于当前的图层蒙版。

（7）【反相】按钮：可以反转当前区域的显示属性，显示的区域变为隐藏，隐藏的区域显示出来。

（8）【从蒙版中载入选区】按钮：将蒙版中显示的区域建立为选区。

（9）【应用蒙版】按钮：与菜单和快捷菜单中的应用蒙版命令相同。

（10）【停用/启用蒙版】按钮：与菜单和快捷菜单中的停用/启用蒙版命令相同。

（11）【删除蒙版】按钮：与菜单和快捷菜单中的删除蒙版命令相同。

实训演练

根据前面所学知识，综合利用图层蒙版、剪贴蒙版、文字工具、图层样式和图层混合模式制作一个卡通海报，具体操作步骤如下。

（1）新建文件，命名为"柯南.psd"，文件参数设置为宽 900 像素，高 600 像素，背景为白色。将光盘中"素材与实例→project05→素材→实战演练"目录下的"草莓背景.jpg"图片导入文件，把新建图层为"草莓背景"，调整图像至画布大小。再将同目录下的"柯南大图.jpg"图片导入到文件中，把新建图层命名为"柯南大图"，调整图像大小后放在左侧，如图 5-35 所示。

图 5-35 导入柯南与草莓背景图片

（2）将同目录下的"红色背景.jpg"图片导入文件中，把新建图层命名为"红色背景"，调整图像大小后放在柯南右边，再用【椭圆工具】建立一个选区，并利用该选区为"红色背景"图层添加图层蒙版，如图 5-36 所示。

■ 图 5-36　添加"红色背景"图层的图层蒙版

（3）将同目录下的"柯南小图.jpg"图片导入文件中，把新建图层命名为"柯南小图"，调整图像大小后放在画布右上角，在图像上的合适部位用【矩形选框工具】建立一个矩形选区，将羽化半径设置为 3 像素，然后利用这个选区为图层添加蒙版，如图 5-37 所示。

■ 图 5-37　添加"柯南小图"图层的图层蒙版

（4）选中"柯南小图"图层，为图层分别添加外发光、斜面和浮雕（等高线）以及描边样式。其中，外发光与斜面和浮雕（等高线）两种样式采用系统默认参数，描边样式的参数和制作完成的效果如图 5-38 所示，添加完样式的图层效果如图 5-39 所示。

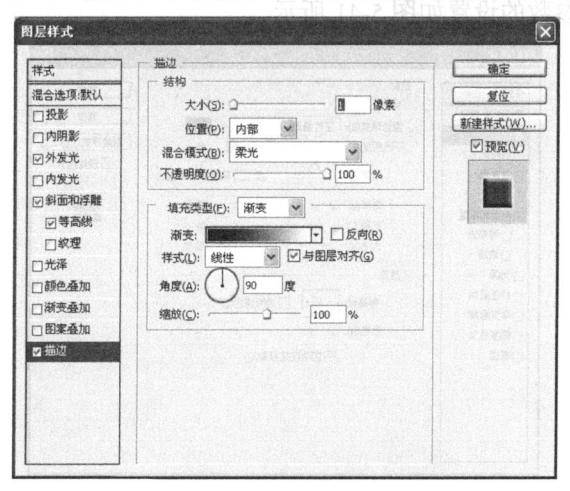

■ 图 5-38　描边样式参数设置

图形图像处理（Photoshop CS4）

■ 图 5-39　添加了图层样式的柯南小图

（5）将同目录下的"柯南合影.jpg"图片导入文件中，把新建图层命名为"柯南合影"，调整图像大小后放在画布右下角。隐藏"柯南合影"图层，单击【椭圆选框工具】按钮，再单击工具选项栏中的【添加到选区】按钮，画两个椭圆合并为建立一个不规则选区，将羽化半径设置为 3 像素，利用这个选区为图层添加蒙版，然后再显示柯南合影，得到的效果如图 5-40 所示。

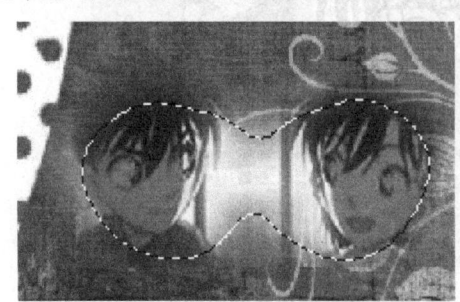

■ 图 5-40　柯南合影效果图

（6）用文字工具分别输入文字"conan"和"柯南"，设置为字体为方正粗倩简体，字号为 58 号，白色，浑厚。分别为两个文字图层添加斜面和浮雕样式，参数用系统默认值，再添加投影样式，具体参数的设置如图 5-41 所示。

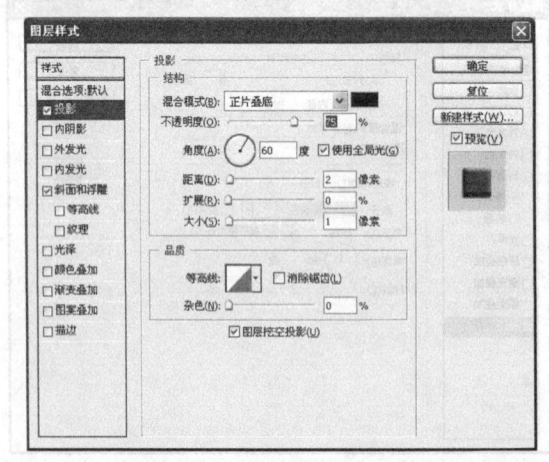

■ 图 5-41　投影样式参数设置

086

（7）用自由变换命令分别调整两个文字图层的大小和位置，最后得到如图 5-42 所示的合成效果。

图 5-42　最终合成效果

拓展与练习

一、填空题

1. 图层蒙版中_____区域是完全不透明的，_____区域是完全透明。
2. 图层蒙版中_____区域是半透明的，其透明程度由_____决定。
3. 剪贴蒙版中_____层决定显示的形状，_____层决定显示的内容。
4. 通过_____命令添加的图层蒙版默认为非链接状态。
5. _____操作可以将蒙版的效果应用于图层，并减少图像的文件大小。
6. 按住_____键单击图层蒙版，可以实现停用图层蒙版的操作。
7. 蒙版面板中的_____用于设置图层蒙版的透明度。
8. 图层与图层蒙版之间是_____状态时两者可以共同进行移动、缩放或变形等操作。

二、拓展题

利用前面学过的文字编辑与处理方法，运用合适的图层蒙版制作动漫展海报，具体操作步骤提示如下。

1. 新建文件，命名为"漫展.psd"，文件参数设置为宽 900 像素，高 600 像素，背景为白色。将光盘中"素材与实例→project05→素材→拓展题"目录下的"背景图案.jpg"图片，复制到文件中，把新建图层命名为"背景图案"，调整图像至画布大小，并设置图层模式为点光，如图 5-43 所示。

2. 在"背景图案"图层上新建一个图层命名为"底色"，用【油漆桶工具】将图层填充为浅黄色（#f9ffc3），隐藏该图层。选择"背景图案"图层，用【魔棒工具】单击空白处，右击打开快捷菜单，执行【选取相似】命令建立选区。选择底色图层，利用刚才建立的选区，添加图层蒙版，如图 5-44 所示。

图形图像处理（Photoshop CS4）

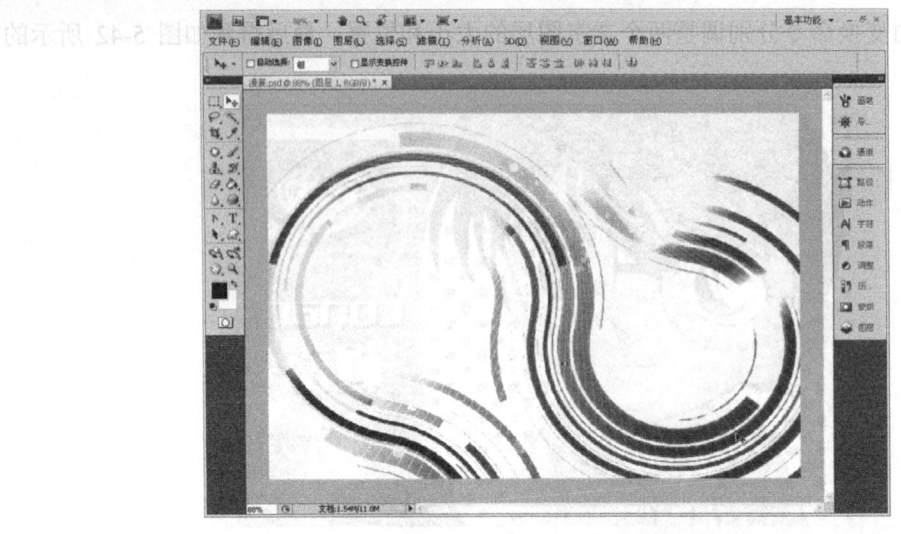

图 5-43 添加背景图案

图 5-44 添加"底色"图层的图层蒙版

3. 将光盘中"素材与实例→project05→素材→拓展题"目录下的"人物 1.jpg"图片，复制到文件中，把新建图层命名为"人物 1"，使用自由变换命令调整大小及位置，然后隐藏图层。用【椭圆形选框工具】选择左边圆环中间空白处，显示"人物 1"图层，用圆形选区建立图层蒙版，可使用橡皮擦工具擦去图片边框部分，并设置图层混合模式为正片叠底，如图 5-45 所示。

图 5-45 添加"人物 1"图层的图层蒙版

4. 按同样的方法制作"人物 2"图层，并建立图层蒙版，如图 5-46 所示。

5. 使用【横排文字工具】分别输入"漫"和"展"两个字，参数设置为方正粗倩简体，93 号，浑厚，颜色分别为紫色（#860386）和绿色（#014620）。为这两个文本图层分别添加投影、外发光以及斜面和浮雕（等高线）图层样式，图层样式的参数都用系统默认值，放置在如图 5-47 所示的位置。

图 5-46　添加"人物 2"图层的图层蒙版

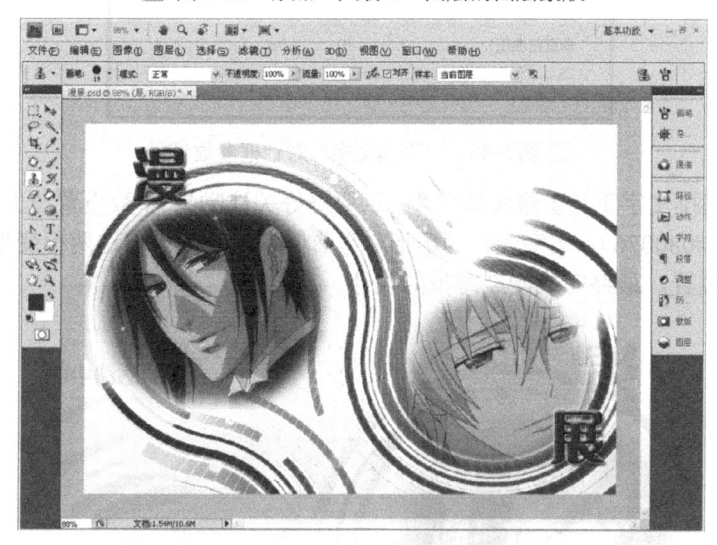

图 5-47　添加漫展文字图层

6. 使用【横排文字工具】分别输入"2012.12.06"和"大学城活动中心"两行字，参数设置为方正粗倩简体，31 号，浑厚，红棕色（#801111），放置在如图 5-48 所示的位置。

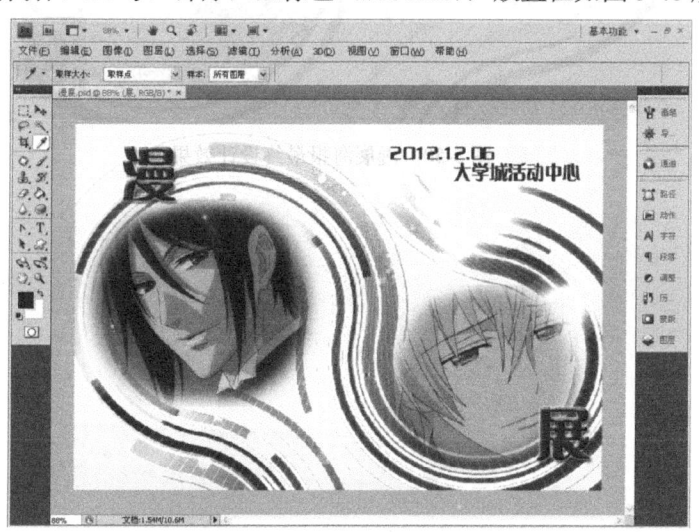

图 5-48　添加时间、地点文字图层

7. 使用【横排文字工具】输入文字"诶，好像很好玩的样子"，参数设置为方正粗倩简

089

体，20号，浑厚，蓝色（#2500e3）。单击工具选项栏上的创建文字变形按钮，在打开的"变形文字"对话框中，按照如图5-49所示的参数进行设置。

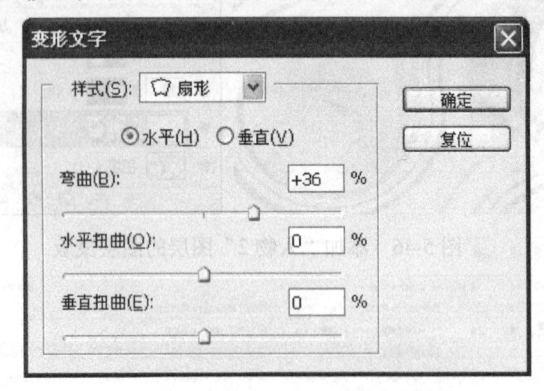

■ 图5-49 "变形文字"对话框参数设置

8. 使用【横排文字工具】输入文字"所以要好好关注哟"，参数设置与上面的文字相似，颜色为深蓝色（#080076），文字变形为扇形，弯曲值设为36%。将这两行变形的文字放在如图5-50所示的位置，最终完成漫展海报的设计。

■ 图5-50 漫展海报最终设计效果

项目六 活力青春——个人艺术写真设计

在数码产品流行的今天，每个人都有大量的数码照片，将这些照片制作成个性十足、风格各异的艺术写真，成为目前 Photoshop 软件最广泛的应用之一。制作写真时首先要把人物图像从原图各种复杂的背景中抠取出来，采用前面介绍的快速建立选区的方法往往很难精确地获得人物选区，为此这里将介绍一种能够灵活、准确地建立选区的方法——利用路径建立选区。

本项目通过讲解个人艺术写真的制作过程，为读者重点介绍了 Photoshop 中钢笔工具的使用方法，利用钢笔工具绘制和调整路径的方法，以及将路径转换为选区从而抠出人物图像的方法等。此外，在知识加油站中还介绍了画笔工具的使用方法和画笔属性的设置方法，使读者可以利用画笔自由的绘画，为写真添加更为丰富的艺术效果。

能力目标

- ◆ 了解路径的概念和组成，掌握使用钢笔工具和自由钢笔工具绘制路径的方法。
- ◆ 熟练掌握几种路径调整工具以及调整路径的方法。
- ◆ 熟练掌握将路径转换为选区的方法，并利用选区实现人物图像的抠取功能。
- ◆ 掌握画笔工具的使用方法和画笔属性的设置，能够利用画笔制作各种艺术效果。

实例效果

图 6-1 实例效果图

任务一　绘制路径和建立选区

一、路径与路径的组成

路径是基于贝赛尔曲线建立的矢量图形，许多软件中利用矢量绘图工具制作的线条都被称为路径。路径可以是一个点、两点间的一条直线或曲线段，以及多个点和线段组成的图形。路径中的点称为锚点，锚点间的线段称为路径线。当锚点间的线段是曲线时，锚点的两侧还有两个方向线，用于控制锚点两侧路径线的形状。

二、使用钢笔工具创建路径

在 Photoshop 中【钢笔工具】和【自由钢笔工具】是绘制路径的主要工具，【添加锚点工具】、【删除锚点工具】和【转换点工具】是调整路径的主要工具。掌握了这 5 种工具的使用方法后就能自由的创建各种路径了。

1. 绘制直线路径

单击工具栏上的【钢笔工具】按钮，然后单击工具选项栏中的【路径】按钮，在画布上单击确定起始锚点，在终点位置单击确定锚点后，两锚点之间将自动创建一条直线型路径线，按此方法依次在画布上的不同位置单击，就会绘制出需要的直线路径，如图 6-2 所示。

在绘制路径的过程中，按【Delete】键可删除上一个添加的锚点，按两次【Delete】键删除整条路径，按 3 次则删除所有显示路径。按住【Shift】键绘制锚点，可以与上一个锚点保持 45°角或其整数倍夹角（如 90°夹角）。

2. 绘制曲线路径

绘制曲线路径与绘制直线路径的方法相似，只要在单击第 2 个锚点的同时拖动鼠标，这样路径线就会随着鼠标的拖动改变曲线形状，而且还会生成两条方向线，方向线的长度和方向决定了曲线段的形状。按此方法继续创建锚点，即可绘制出任意曲线路径，如图 6-3 所示。

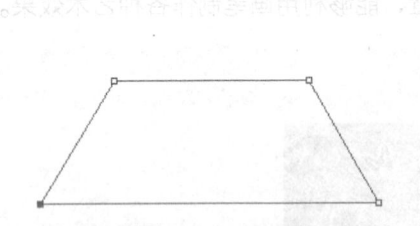

图 6-2　钢笔工具绘制的直线路径 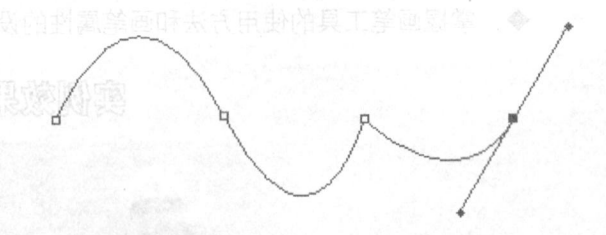　　　　图 6-3　钢笔工具绘制的曲线路径

3. 绘制闭合路径

在绘制路径时，如果将光标放于路径的第一个锚点处，光标的右下角会显示一个小圆圈标记，此时单击即可使路径闭合，得到如图 6-2 所示的闭合路径，否则得到如图 6-3 所示的开放路径。

项目六

活力青春——个人艺术写真设计

三、使用自由钢笔工具创建路径

【自由钢笔工具】创建路径的方法与【钢笔工具】不同，它以鼠标在画布中拖动的轨迹为路径，系统会根据曲线的走向自动添加所需的锚点，并设置合适的曲线平滑度。

单击工具栏钢笔工具组中的【自由钢笔工具】按钮，在工具选项栏中按下【路径】按钮，然后将鼠标在画布上自由拖动，松开鼠标后即可得到一条自由绘制的路径，如图6-4所示。

图6-4　自由钢笔工具绘制的路径

如果在工具选项栏中勾选"磁性的"选项，则【自由钢笔工具】也具有了和【磁性套索工具】一样的磁性功能，在单击确定路径起始点后，沿着图像边缘移动鼠标，系统会自动根据颜色反差建立路径，如图6-5所示。

图6-5　勾选"磁性的"选项绘制的路径

四、编辑和调整路径

使用【钢笔工具】和【自由钢笔工具】创建的路径很难符合实际的要求，一般需要对路径进一步编辑和调整。路径由多个锚点组成，分别调整各个锚点的位置和方向线，即可调整路径的形状。

1. 选择和移动锚点及路径

Photoshop提供了两个与路径相关的选择工具：【路径选择工具】和【直接选择工具】。

（1）【路径选择工具】用于选择整条路径。移动鼠标在路径区域内任意位置单击，路径所有锚点被全部选中（以黑色实心显示），此时拖动鼠标可移动整个路径。如果有多条子路径，可按住【Shift】键点选，也可以拖动鼠标框选。选择多条子路径后，可利用工具选项栏中功能按钮对子路径进行对齐、分布、组合等操作。

（2）【直接选择工具】用于选择路径中的锚点。移动鼠标在路径上单击会激活整条路径，（所有锚点以空心方框显示）。然后再单击某个锚点，即可选择该锚点，此时若拖动鼠标即可移动该锚点，若拖动方向线则可改变曲线的形状。如果想选择多个锚点，可以按住【Shift】键点选或拖动鼠标框选。如果用【直接选择工具】按住某一段路径线拖动，也可以移动路径中的线段，按下【Delete】键则可以删除该线段。

无论是【路径选择工具】还是【直接选择工具】，按住【Alt】键移动路径，都可以在当

093

前路径内复制子路径。而按住【Ctrl】键则可以在【直接选择工具】与【路径选择工具】间切换。

2．添加和删除锚点

在调整路径时会发现有些锚点多余，会影响曲线的走向，而有些位置又缺少锚点，不利于曲线的调整。为此可以使用【添加锚点工具】和【删除锚点工具】来添加和删除锚点。

选择工具栏钢笔工具组中的【添加锚点工具】，移动鼠标在路径的某一段路径线上单击，即可在路径线上添加一个锚点。选择【删除锚点工具】，移动鼠标在某一个锚点上单击，即可删除这个锚点，如图6-6所示。

（a）原路径　　　　　　　　（b）添加锚点　　　　　　　　（c）删除锚点

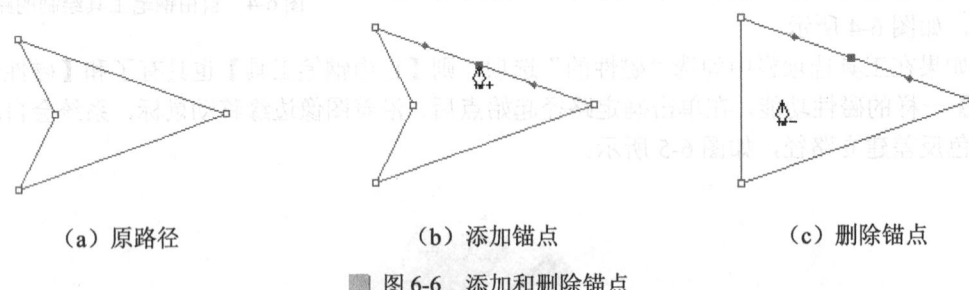

图6-6　添加和删除锚点

使用【钢笔工具】创建路径时，当鼠标移动到路径线上，【钢笔工具】会自动切换为【添加锚点工具】，光标显示为　；若移动鼠标至锚点上方，【钢笔工具】则自动切换为【删除锚点工具】，光标显示为　。

3．调整曲线形状

使用【直接选择工具】选中锚点之后，该锚点及相邻锚点的方向线就会显示出来，用鼠标拖动方向线，改变它的方向和长短即可修改曲线路径线的形状。用【直接选择工具】移动锚点或路径线也能改变相应曲线的形状，如图6-7所示。

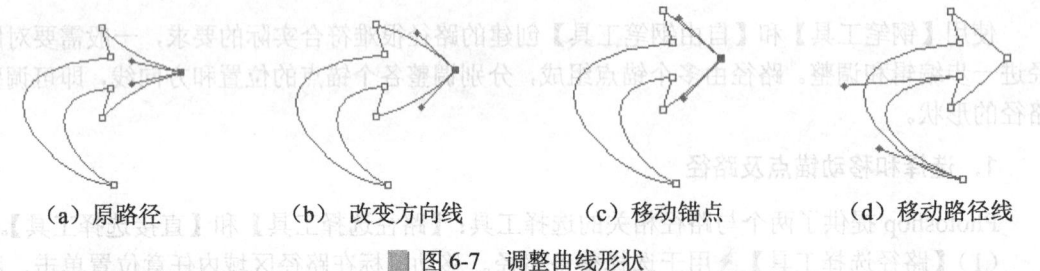

（a）原路径　　　（b）改变方向线　　　（c）移动锚点　　　（d）移动路径线

图6-7　调整曲线形状

4．转换锚点类型

路径中的锚点有两种类型：平滑点和角点。平滑曲线由平滑锚点组成，其锚点上的方向线在同一条直线上，角点则组成带有拐角的曲线或直线。使用【转换点工具】可轻松完成平滑点和角点之间的相互转换。

选择工具栏钢笔工具组中的【转换点工具】，用鼠标单击平滑点即可将平滑点转换为角点，两侧的曲线段也会相应拉直。若要将角点转换为平滑点，只需用鼠标单击角点并同时拖动，出现方向线，此时角点转换为平滑点，它两侧的路径线也会随着方向线的拖动而改变曲线形状，如图6-8所示。

（a）原路径　　　　　　　（b）将平滑点转换为角点　　　　　（c）将角点转换为平滑点

■ 图6-8　锚点类型的转换

使用【转换点工具】时，如果按住【Ctrl】键可以切换为【直接选择工具】，拖动锚点改变位置。在将角点转换为平滑点时，拖动鼠标两条方向线是同时变化的，要想只修改一条方向线，则需要按住【Alt】键。

五、将路径转换为选区

调整好路径后就要实际应用路径了。在 Photoshop 中路径有两种应用方式，一种是建立选区，另一种是绘制图形。本章中我们重点讲解建立选区的应用，在下一章中则重点介绍如何利用路径进行绘图。

前面介绍过多种建立选区的方法，有选框工具、套索工具、魔棒工具等，这些工具都无法建立光滑的选区边缘，且一旦建立选区就很难再进行调整。而路径则不同，它由各个锚点组成，可以根据图像的实际边缘情况进行灵活地调整，锚点上的方向线还可以生成和控制曲线。在制作复杂、精细且边缘清晰的图像选区时，使用路径是最好的选择。

要将当前选择的路径转换为选区，可以在路径区域内部右击，在弹出的快捷菜单中执行【建立选区】命令，此时会弹出如图6-9所示的"建立选区"对话框，在【羽化半径】文本框中输入合适的羽化值，可以柔化选区边缘，使其过渡更为自然。而勾选【消除锯齿】选项则会使选区更为平滑。如果按【Ctrl+Enter】快捷键，则会根据预设的参数快速建立选区。

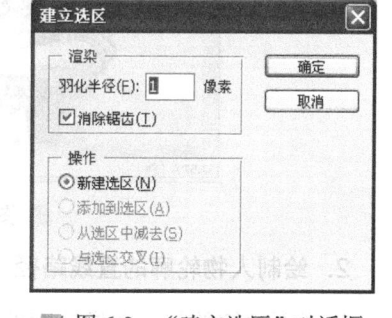

■ 图6-9　"建立选区"对话框

建立好选区后，再选择要抠取图像的图层，执行【选择】→【反向】命令或按【Ctrl+Shift+I】快捷键，进行反向选择，即选中选区之外的图像部分，然后按【Delete】键将选中的背景图像删除，这样就实现了图像抠取的功能，如图6-10所示。

（a）创建人物边缘路径　　　　　　（b）利用路径建立的选区抠出人物图像

■ 图6-10　图像抠取

任务二　用路径抠取人物图像

一、创建人物图像的工作路径

1. 打开人物图像素材

打开素材中"素材与实例→project06→素材"目录下的"少女正面.jpg"图片，按【Ctrl+J】快捷键再复制一个"背景"图层副本，如图6-11所示。

图6-11　复制"背景"图层副本

2. 绘制人物轮廓的直线路径

为了更精细的制作图像轮廓的路径，首先要放大图片，然后在工具栏中选择【钢笔工具】，在左侧帽子与头发的交接处建立第一个锚点，顺着女孩轮廓线的位置，在轮廓起伏的地方单击鼠标添加锚点，绘制人物轮廓的直线路径。绘制路径时要有耐心，由于图片放大后只能显示部分图像，所以绘制锚点时可以按住【Tab】键，将鼠标暂时转换为【抓手工具】，移动图片在窗口中的位置，松开鼠标后可以接着使用【钢笔工具】绘制路径。人物轮廓的直线路径如图6-12所示。

3. 转换角点为平滑点

选择【转换点工具】，在有弧度的地方单击锚点并向外拖曳，将角点转换为平滑点，并拖动方向线调整曲线形状。再按住【Alt】键单独调节两侧的方向线，分别修改锚点两侧的弧线呈不同的弧度，如图6-13所示。

项目六
活力青春——个人艺术写真设计

图 6-12　绘制人物轮廓的直线路径

图 6-13　转换角点为平滑点并调整曲线

4．调整直线路径为曲线路径

通过将角点转换为平滑点的操作，可以将直线路径调整为曲线路径。细心调节每一个锚点，使路径与人物完全贴合。然后再使用【添加锚点工具】，在变换较多、较复杂的部分添加锚点，使用【删除锚点工具】删除多余锚点，还可以使用【直接选择工具】对个别不精确的锚点进行调整，通过移动锚点的位置，调节平滑点的方向线，来使曲线更贴近轮廓边缘，制作出准确、精细、平滑顺畅的轮廓路径。调整后的人物轮廓曲线路径如图6-14所示。

二、抠出人物图像

1．将路径转换为选区

打开路径面板，选中人物轮廓的工作路径，单击路径面板下方的【将路径作为选区载入】按钮，将路径转换为选区，此时在人物的轮廓上出现一圈蚂蚁线，如图6-15所示。

图 6-14　人物轮廓的曲线路径

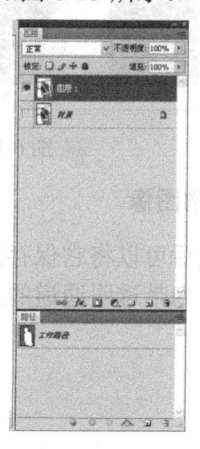

图 6-15　将路径转换为选区

097

2. 删除人物背景

回到图层面板，隐藏"背景"图层并选择"图层"1，按【Ctrl+Shift+I】快捷键反向选择背景部分，再按【Delete】键将背景删除，最后按【Ctrl+D】快捷键取消选取，抠取人物图像，如图6-16所示。

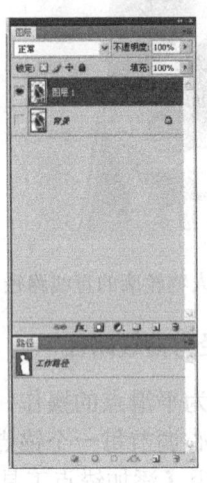

图6-16 抠取人物图像

3. 删除人物腋下的背景

观察图像，人物腋下还有一部分背景图像，需要把这部分也删除。选择【钢笔工具】，在人物腋下部分绘制路径，将路径转换为选区，然后将背景删除，如图6-17所示。

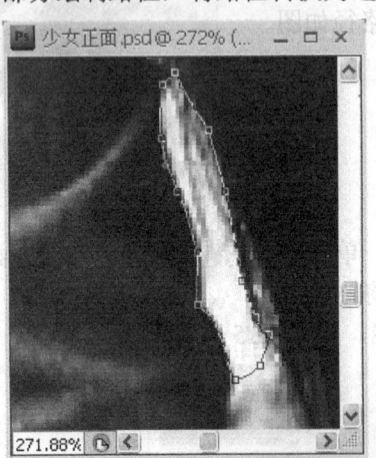

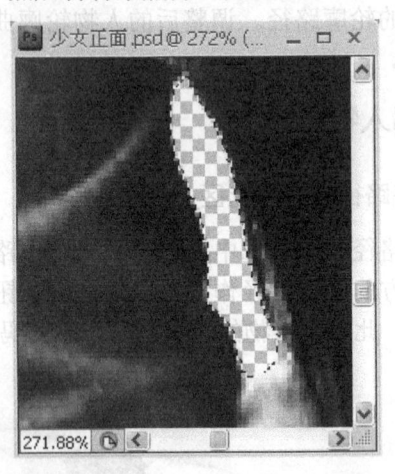

图6-17 删除人物腋下背景

4. 保存抠出的人物图像

完全抠出人物图像后可以将它保存为一个单独的文件，供以后使用。执行【文件】→【存储为】命令将图片保存为带透明通道的.png格式，命名为"抠出的人物"。完全抠出的人物图像如图6-18所示。

项 目 六

活力青春——个人艺术写真设计

图 6-18　完全抠出的人物图像

任务三　制作写真背景图案

一、新建文件

新建一个"少女写真.psd"文件，文件参数设置为宽度 36 厘米，高度 24 厘米，分辨率为 160 像素/英寸，背景内容为白色，如图 6-19 所示。

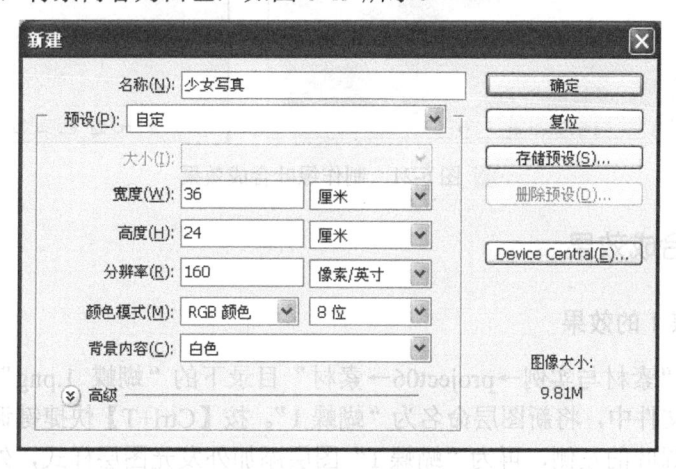

图 6-19　文件参数设置

二、导入背景图像

打开素材中"素材与实例→project06→素材"目录下的"天空背景.jpg"图片，复制全部图像到"少女写真"文件中，将新图层命名为"天空"，按【Ctrl+T】快捷键变换图像大小，使它铺满画布，如图 6-20 所示。

099

图 6-20 导入天空背景图像

三、制作绿叶合成效果

打开素材中"素材与实例→project06→素材"目录下的"绿叶.png"图片，复制全部图像到"少女写真"文件中，将新图层命名为"绿叶"。按【Ctrl+T】快捷键执行自由变换命令，然后右击，在弹出的快捷菜单中执行【旋转 90 度（逆时针）】命令将图像转为垂直状态，最后调整图像的大小，放在画布的右上角，如图 6-21 所示。

图 6-21 制作绿叶合成效果

四、制作蝴蝶合成效果

1. 合成蝴蝶 1 的效果

打开素材中"素材与实例→project06→素材"目录下的"蝴蝶 1.png"图片，复制图像到"少女写真"文件中，将新图层命名为"蝴蝶 1"。按【Ctrl+T】快捷键调整图像的大小和旋转方向，放在绿叶的左侧，再为"蝴蝶 1"图层添加外发光图层样式，外发光的参数设置如图 6-22 所示，"蝴蝶 1"图层的效果如图 6-23 所示。

2. 合成蝴蝶 2 的效果

打开素材中"素材与实例→project06→素材"目录下的"蝴蝶 2.png"图片，复制图像到文件中并命名新图层为"蝴蝶 2"。按【Ctrl+T】快捷键调整蝴蝶 2 的大小和旋转方向，放在绿叶上。选择"蝴蝶 1"图层，在单击鼠标右键弹出的快捷菜单中执行【拷贝图层样式】

命令，然后在"蝴蝶2"图层的快捷菜单中执行【粘贴图层样式】命令，复制"蝴蝶1"图层的外发光图层样式，"蝴蝶2"图层的效果如图6-24所示。

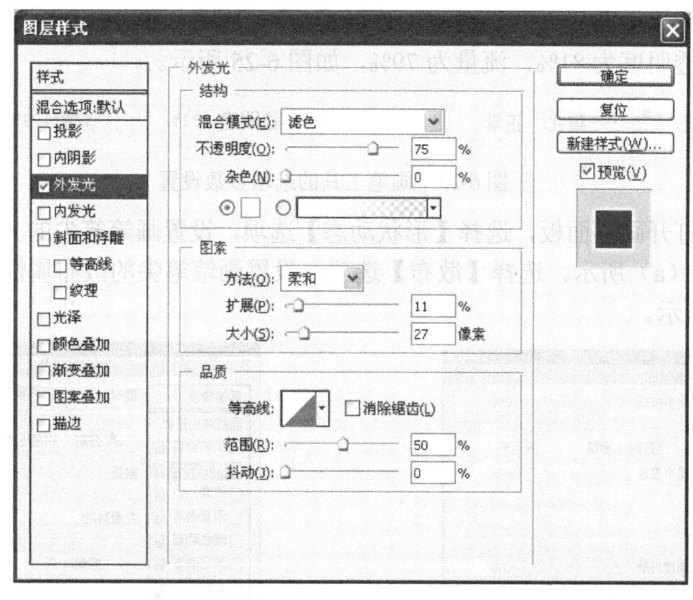

▇ 图6-22 外发光样式的参数设置

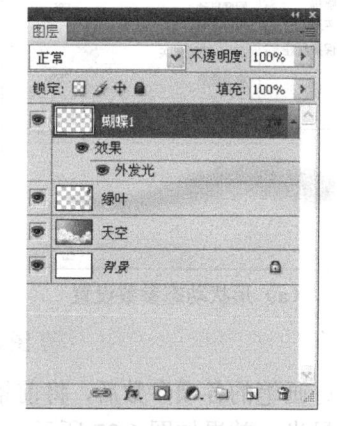

▇ 图6-23 "蝴蝶1"图层的合成效果

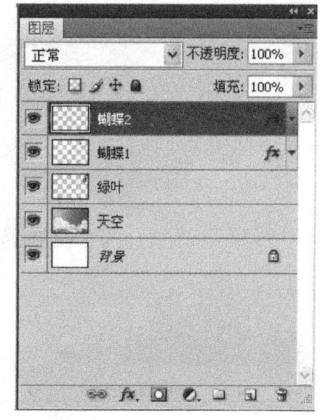

▇ 图6-24 "蝴蝶2"图层的合成效果

五、制作星光合成效果

新建一个名为"散布星光"的图层，选择【画笔工具】，在工具选项栏中选择画笔为柔角 200 像素，不透明度为 81%，流量为 79%，如图 6-25 所示。

图 6-25　画笔工具的选项参数设置

按【F5】键打开画笔面板，选择【形状动态】选项，设置画笔笔尖的大小抖动，具体参数设置如图 6-26（a）所示。选择【散布】选项，设置画笔笔尖的散布属性，具体参数设置如图 6-26（b）所示。

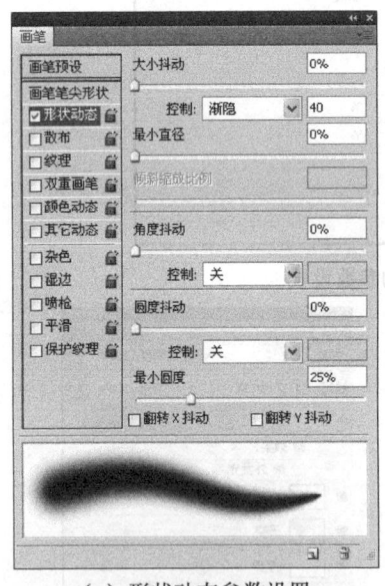

（a）形状动态参数设置　　　　（b）散布参数设置

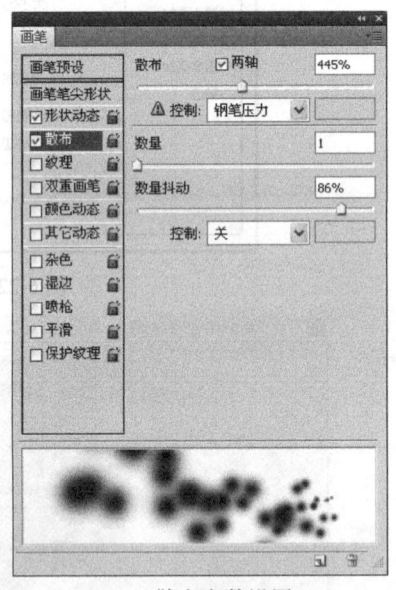

图 6-26　画笔属性参数设置

设置好画笔的各项参数后，将前景色改为白色，用鼠标从画布中心向绿色植物拖动，形成拖尾状星光，效果如图 6-27 所示。

图 6-27　星光效果

任务四 制作人物合成效果

一、制作少女正面的合成效果

1. 导入少女正面图像

打开前面保存的"抠出的人物.png"图片，复制图像到文件中，将新图层命名为"少女"。按【Ctrl+T】快捷键调整图像的大小，右击调整框，在弹出的快捷菜单中执行【水平翻转】命令翻转图像，放在如图 6-28 所示的位置。

图 6-28　导入少女图像

2. 添加图层蒙版

选择"少女"图层，在图层面板下方单击【添加图层蒙版】按钮，为图层添加一个全部显示的图层蒙版。选择【画笔工具】，选择画笔为柔角 200 像素，不透明度和流量设置为 100%，然后打开画笔面板将形状动态和散布两个选项取消，将前景色改为黑色，在少女的腿部涂抹，将腿部图像擦除，制作一个比较自然的过渡效果，如图 6-29 所示。

3. 添加藤蔓合成效果

打开素材中"素材与实例→project06→素材"目录下的"藤蔓.png"图片，复制图像到文件中并命名新图层为"藤蔓"。按【Ctrl+T】快捷键调整图像的大小，放在少女的下方，如图 6-30 所示。

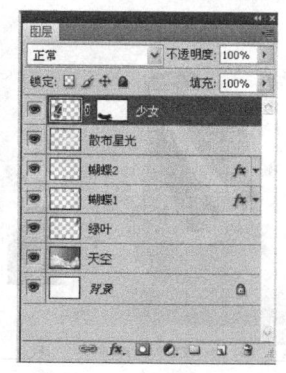

图 6-29　添加蒙版擦除腿部图像

图形图像处理（Photoshop CS4）

图 6-30　添加藤蔓效果

二、制作少女侧面的合成效果

1. 制作侧面 1 的白色描边效果

打开素材中"素材与实例→project06→素材"目录下的"侧面 1.jpg"图片，复制图像到文件中并命名新图层为"侧面 1"。按【Ctrl+T】快捷键调整图像的大小，放在少女的右下方，然后为图层添加描边样式，参数设置如图 6-31 所示，描边效果如图 6-32 所示。

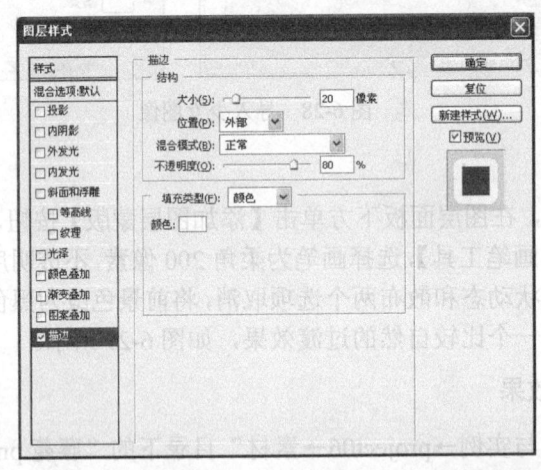

图 6-31　"侧面 1"图层描边样式的参数设置

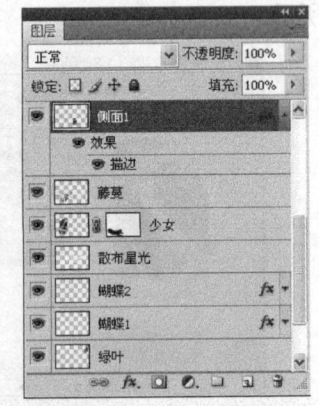

图 6-32　"侧面 1"的描边效果

104

2. 制作侧面 1 的灰色描边效果

复制"侧面 1"图层生成"侧面 1"副本图层，然后修改描边样式的参数，具体参数设置如图 6-33 所示，其中颜色为灰色（#5b5b5b），描边后的效果如图 6-34 所示。

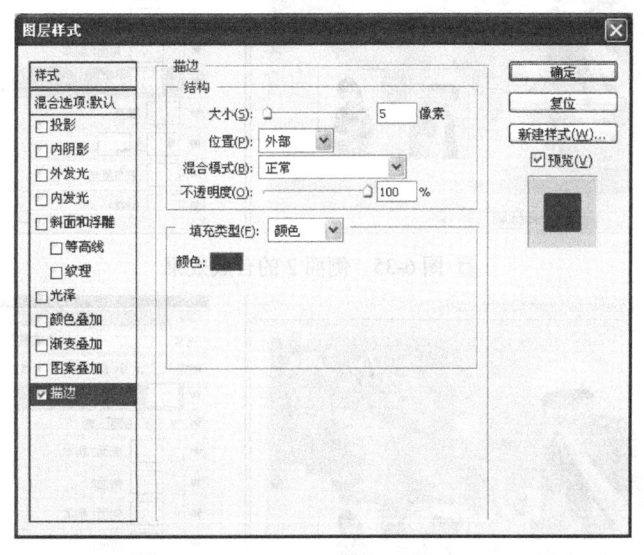

■ 图 6-33 "侧面副本"图层描边样式的参数设置

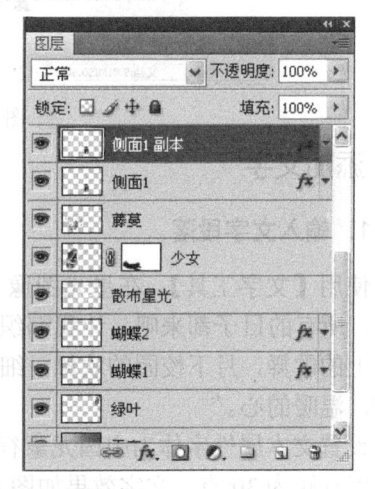

■ 图 6-34 "侧面 1 副本"的描边效果

3. 制作侧面 2 的合成效果

按照"侧面 1"图层的制作方法完成"侧面 2"图层的合成效果，然后新建一个名为"侧面人物"的图层组，将 4 个侧面图层放入图层组中。完成的效果如图 6-35 所示。

4. 添加蝴蝶图像

复制"蝴蝶 2"图层生成一个"蝴蝶 2 副本"图层，按【Ctrl+T】快捷键调整蝴蝶的大小和方向，放在侧面 1 图像的右上角处，如图 6-36 所示。

图形图像处理（Photoshop CS4）

图 6-35 侧面 2 的合成效果

图 6-36 添加蝴蝶的合成效果

三、添加文字

1．输入文字段落

使用【文字工具】，在星光图像上拖动鼠标，生成一个文字框，输入一段文本"所有的日子，所有的日子都来吧，让我编织你们，用青春的金线，和幸福的璎珞，编织你们。在那小船上的歌舞，月下校园的欢舞，细雨蒙蒙里踏青，初雪的早晨行军，还有热烈的讨论，跃动的，温暖的心。"

设置文本属性字体为中国龙豪行书，大小为 20 点，浑厚，左对齐，白色。打开字符面板设置行距为 30 点。文字效果如图 6-37 所示。

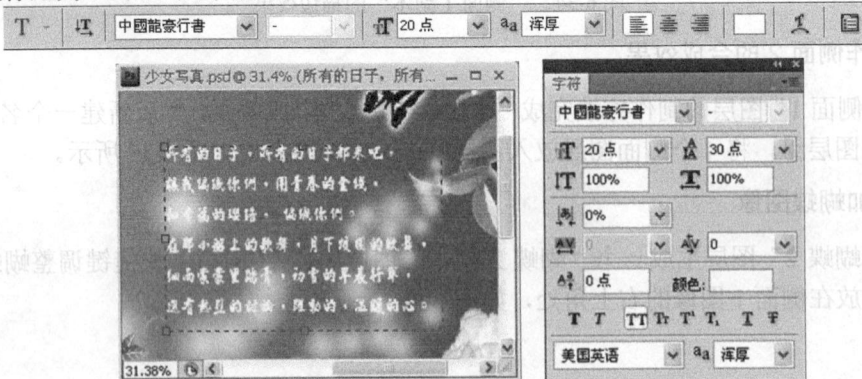

图 6-37 文字效果

106

项 目 六

活力青春——个人艺术写真设计

2. 制作文字效果

为文本图层添加投影图层样式，投影参数使用默认参数。文本添加投影后写真的最终效果如图 6-38 所示。

图 6-38　写真最终效果

知识加油站

【画笔工具】是 Photoshop 中用于自由绘画的重要工具，它可以绘制出边缘柔和的线条。【画笔工具】的使用比较简单，但其产生的效果却非常丰富与奇妙。下面我们就来介绍一下【画笔工具】的使用。

1. 设置画笔颜色

在 Photoshop 中，前景色又称为作图色，任何绘画工具都以前景色进行绘画。背景色又称画布色，它是画布默认的颜色。因此在使用【画笔工具】前，应先设置所需的前景色。

Photoshop 工具栏中的前景色默认为黑色，背景色默认为白色，如果需要设置其他颜色，可以单击工具栏中前景色的图标，在打开的"拾色器"对话框中选择所需的颜色。此外，使用【吸管工具】也可以快速从图像中直接选取颜色。

2. 设置画笔工具的选项参数

单击工具栏中的【画笔工具】按钮，打开如图 6-39 所示的画笔工具选项栏，对画笔的各选项进行设置。

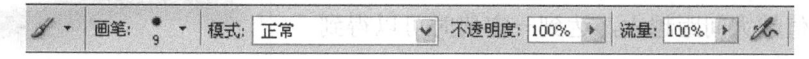

图 6-39　画笔工具选项设置

（1）选择预设画笔。画笔的属性参数众多，如果每次绘画前都要重新设置这些参数会很麻烦，因此 Photoshop 提供了预设画笔功能，将画笔的属性参数存储定义为一种画笔笔尖，用户可以根据自己的需要选择画笔，也可以将自己常用的画笔存储为画笔预设。

在工具选项栏中单击画笔预设下拉按钮，在打开的画笔预设列表框中可以浏览、选择所需的预设画笔，如图 6-40 所示。

（2）设置画笔大小和硬度。在选择一种画笔预设之后，还可以在【主直径】选项中改变

107

画笔的大小；在【硬度】选项中改变画笔边缘的柔和程度。

（3）设置模式。模式选项用于设置画笔绘画颜色与底图的混合方式。一般采用默认的正常模式。

（4）设置不透明度。不透明度选项用于设置绘制图形的不透明度，该数值越小，背景图像越明显。

（5）设置流量。【流量】选项用于设置画笔墨水的流量大小，以模拟真实的画笔，该数值越大，墨水的流量越大。当流量小于100%时，如果在画布上快速地绘画，绘制图形的透明度明显降低。

（6）设置喷枪状态。按下【喷枪】按钮，可转换画笔为喷枪状态，产生喷枪喷射的效果，此时鼠标按住的时间越长，前景色在单击处淤积的就越多，直至释放鼠标。而普通画笔绘画时，无论鼠标按下多长时间，画笔的绘画效果都不变。

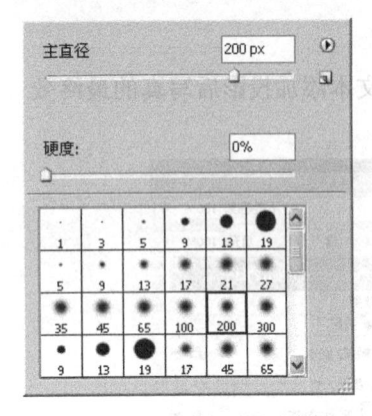

图 6-40 画笔预设列表框

3. 设置画笔属性

除了使用预设画笔外，有时用户还需要自己定义一些特殊效果的画笔，在画笔面板中对画笔的属性进行设置，就可以实现自定义画笔功能。

执行【窗口】→【画笔】命令或按【F5】键，打开画笔面板如图 6-41 所示。

（1）【画笔预设】：在画笔预设选项中可以浏览、选择 Photoshop 提供的预设画笔。

（2）【画笔笔尖形状】：在面板右侧的列表框中显示了各种画笔形状，选择一种作为画笔的笔尖，如果要使用外带画笔，可以单击面板右上方的菜单命令按钮，执行【载入画笔】命令，从文件中载入保存的画笔形状。然后设置直径参数定义画笔的粗细，如果此数值太大超过画笔定义时的大小，则一些图案画笔的绘制效果会比较模糊。设置【翻转 X/Y】选项会使笔尖的形状发生相应的翻转。设置【角度】参数来控制画笔的旋转角度。设置【圆度】参数用于控制画笔长轴和短轴的比例，数值越大，画笔越趋于正圆或画笔定义时的比例。设置【硬度】参数可以改变画笔的柔和程度。而【间距】选项则用来设置两个绘制点之间的距离，数值越大间距越大，达到一定值时可以得到点画线效果。

（3）【形状动态】：通过对形状动态参数的设置，可以使绘画过程中画笔笔尖的大小、笔尖的角度在绘画过程中发生动态的规律性或无规律性的变化。

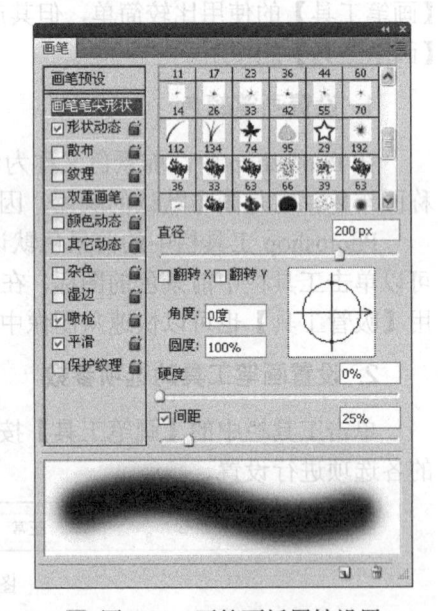

图 6-41 画笔面板属性设置

（4）【散布】：比选项主要用于控制画笔笔尖偏离绘画轨迹的程度和数量。

（5）【纹理】：此选项用于为笔尖添加纹理图案。

（6）【双重画笔】：指的是使用两种笔尖形状创建的画笔。

（7）【颜色动态】：用于控制在绘画过程中画笔颜色的动态变化情况。

项目六

活力青春——个人艺术写真设计

（8）【其他动态】：可以设置画笔的不透明度抖动和流量抖动，使绘画的过程中画笔的不透明度和流量动态变化。

（9）【杂色】：在画笔的边缘添加杂点效果。

（10）【湿边】：沿画笔描边的边缘增大油彩量，从而创建水彩效果。

（11）【喷枪】：模拟传统的喷枪效果，与工具选项栏中的喷枪效果一致。

（12）【平滑】：可以使绘制的线条产生更顺畅的曲线。

（13）【保护纹理】：对所有的画笔使用相同的纹理图案和缩放比例，选择此选项后，当使用多个画笔时，可模拟一致的纹理效果。

实训演练

根据前面所学知识，利用路径抠出小狗的图像，再使用【画笔工具】、【文字工具】、图层样式等制作一个宠物狗的写真，具体操作步骤如下。

（1）打开 Photoshop CS4 工作界面，首先将背景色设置为肉粉色（#fef8de），然后新建一个名为"宠物狗写真"的文件。文件参数设置为国际标准纸张 A5 大小，分辨率为 160 像素/英寸，背景为背景色。执行【图像】→【图像旋转】→【90 度（顺时针）】命令，将画布转为横板 A5 大小，如图 6-42 所示。

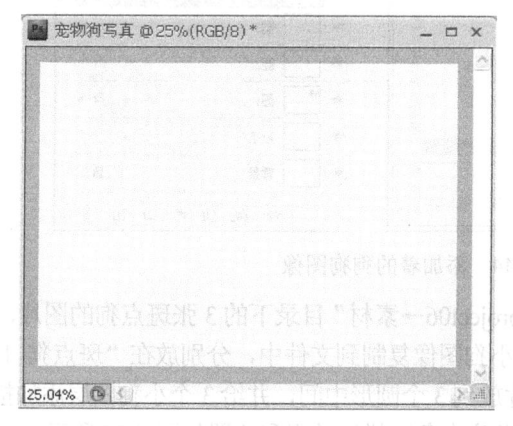

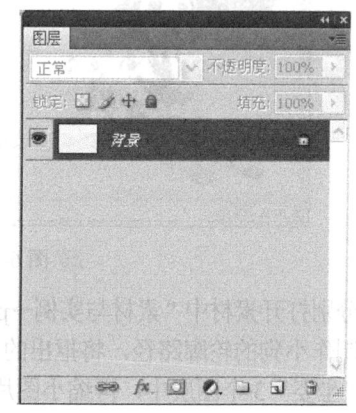

图 6-42　新建背景色为肉色的文件

（2）新建一个名为"彩条"的图层，使用【矩形选框工具】，在画面下部制作两个矩形选区，将前景色设置为桃红色（#f58d74），按【Alt+Delete】快捷键将选区填充为桃红色。

（3）新建一个名为"圆 1"的图层，将前景色设置为咖啡色（#633128），选择【画笔工具】，大小为尖角 300 像素，在画布上画一个圆形，并为它添加投影样式，投影颜色为棕红色（#813d3d）。然后按照相同的方法再新建两个图层，在"圆 2"图层画一个淡青色（#e3e9bb）的圆，添加青色（#8aa88e）投影。在"圆 3"图层画一个淡黄色（#fdf3ac）的圆，并添加灰色（#a3a288）投影，再使用自由变换命令缩小"图 2"中的圆，放大"图 3"中的圆，效果如图 6-43 所示。

109

图形图像处理（Photoshop CS4）

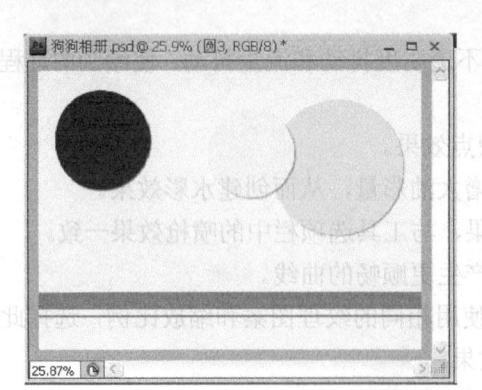

图 6-43　修改图层中圆的大小

（4）打开素材中"素材与实例→project06→素材"目录下的"狗狗趴着.jpg"图片，使用【钢笔工具】制作小狗的轮廓路径，将路径转换为选区，并删除背景，将抠出的小狗图像复制到文件中，新建图层命名为"狗狗趴着"，调整图像大小并放在三个圆形中间，如图 6-44 所示。

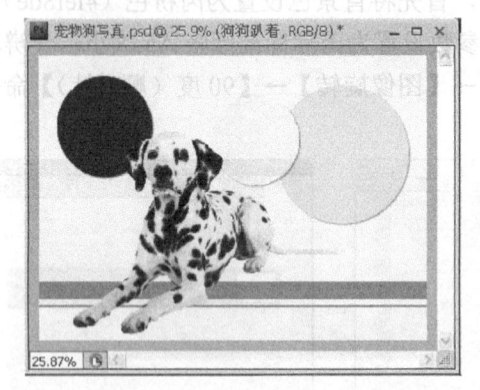

图 6-44　添加着的狗狗图像

（5）分别打开素材中"素材与实例→project06→素材"目录下的 3 张斑点狗的图片，使用【钢笔工具】制作小狗的轮廓路径，将抠出的小狗图像复制到文件中，分别放在"斑点狗 1"、"斑点狗 2"和"坐姿"3 个图层中，再缩小图片放到 3 个圆形中间，并给 3 个小狗图层添加描边效果，参数设置大小为 8 像素，位置为外部，颜色为白色，描边效果和位置如图 6-45 所示。

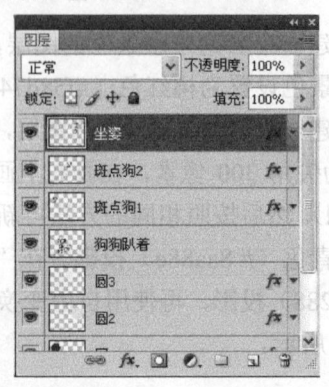

图 6-45　添加三张小狗图像

（6）打开素材中"素材与实例→project06→素材"目录下的"高光.png"图片，将图像

110

复制到文件中,命名新图层为"高光",再复制个高光的副本图层,将 3 个高光图像分别放在 3 个圆形图像中,使用自由变换命令进行适当的缩放和旋转,效果如图 6-46 所示。

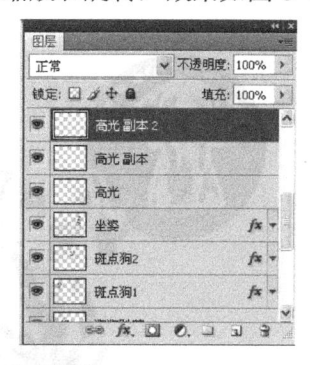

图 6-46　调整 3 个高光图像

（7）选择【文字工具】,分两个图层输入"我的爱犬"和"点点"字样,字体为华康海报体 W12（P）,颜色为咖啡色（#633128）,大字为 36 点,小字为 30 点。使用自由变换命令改变文字的方向和位置。然后为文字添加投影和描边样式。投影样式的参数为黑色,不透明度 48%,角度 120 度,距离 13 像素,扩展 19%,大小 9 像素。描边样式的参数为大小 10 像素,位置为外部,颜色为白色。添加样式后的文字效果如图 6-47 所示。

图 6-47　添加了样式的文字效果

（8）新建一个名为"狗爪印"的图层,将前景色改为咖啡色（#633128）,在工具栏中选择【自定义形状工具】,在形状下拉列表中选择爪印形状,单击工具选项栏中的【填充像素】按钮,在"狗爪印"图层拖动鼠标,生成一个狗爪印的图像,复制两个"狗爪印"图层,使用【自由变换工具】将 3 个图像适当缩放,放在文字右下方,如图 6-48 所示。

图 6-48　添加狗爪印图像

图形图像处理（Photoshop CS4）

（9）使用【文字工具】输入文字"101"，字体为BroadwayNormal，样式为regular，大小为36点，浑厚，颜色为桃红色（#f58d74）。最后完成宠物狗写真设计，效果如图6-49所示。

图6-49 宠物狗写真最终效果

拓展与练习

一、填空题

1. 路径是由_____和_____组成的。
2. 路径中有两种类型的锚点，分别是_____和_____。
3. 在Photoshop中路径有两种应用方式，一种是_____，另一种是_____。
4. _____工具是Photoshop中用于自由绘画的重要工具，它可以绘制出边缘柔和的线条。
5. 在Photoshop中，_____又称为作图色，任何绘画工具都以它的颜色进行绘画。
6. 画笔在_____状态下可以产生喷射效果，鼠标按住的时间越长，前景色在单击处堆积的就越多。
7. 在Photoshop中有两个路径选择工具，分别是_____和_____。
8. 要想用画笔绘制出点画线效果，需要设置画笔面板中的_____参数。

二、拓展题

利用前面学过的建立路径的知识来制作一个沿曲线路径的环绕文字效果，并使用自定义的【画笔工具】来制作特殊效果，具体操作步骤提示如下。

1. 新建文件命名为"文字绕排.psd"，文件参数为A5大小，分辨率为120像素/英寸。将图像顺时针旋转90度，制作横版版式。将光盘中"素材与实例→project06→素材"目录下的"底纹.png"图片的图像复制到文件中，新建图层为"底纹"，调整图像至画布大小，如图6-50所示。

112

项目六

活力青春——个人艺术写真设计

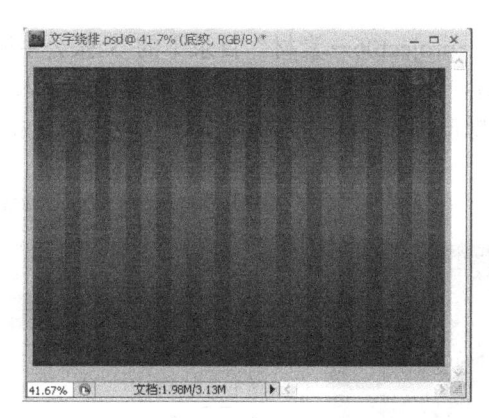

图 6-50 添加背景图案

2. 打开素材中"素材与实例→project06→素材"目录下的"相框.png"图片，复制到文件中，新建图层命名为"相框"，调整图像的大小放在画布的中央。修改图层混合模式为滤色，使气泡变成透明效果。新建一个名为"黑底"的图层，使用【魔棒工具】，点选"相框"图层的相框内部建立选区，执行【选择】→【修改】→【羽化】命令，将羽化半径设置为 6，按【Alt+Delete】快捷键将选区填充为黑色，并将图层的不透明度改为 30%，效果如图 6-51 所示。

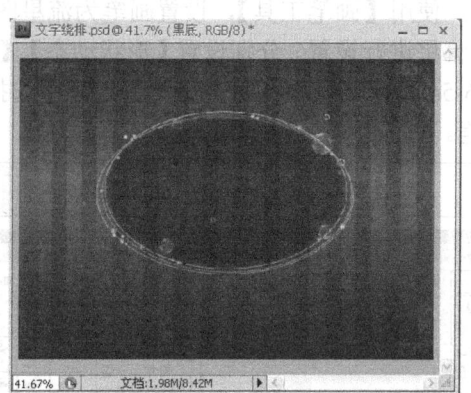

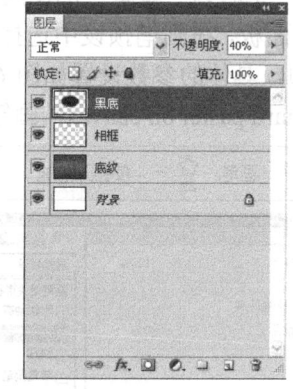

图 6-51 制作相框和黑底效果

3. 按【Ctrl】键载入黑底选区，执行【选择】→【修改】→【收缩】命令，收缩 5 像素，新建一个名为"白底"的图层，将选区填充为白色，制作白底灰边效果，如图 6-52 所示。

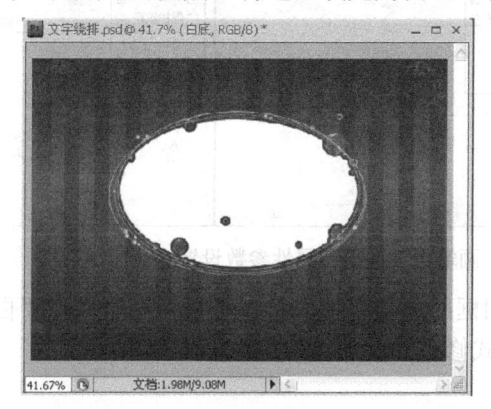

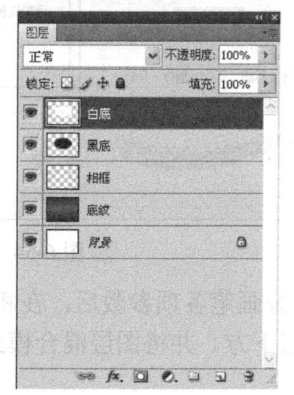

图 6-52 制作白底灰边效果

图形图像处理（Photoshop CS4）

4. 分别打开素材中"素材与实例→project06→素材"目录下的 3 张公主图片，并复制到新建文件中。调整图片的大小和位置，使 3 个人物肩部以上在相框中。载入白底选区，按【Ctrl+Shift+I】快捷键反选，再使用【橡皮擦工具】分别擦除 3 个公主图层中相框外的图像，得到效果如图 6-53 所示。

图 6-53 添加公主头像效果

5. 新建一个名为"星星"的图层，使用【画笔工具】，设置画笔为流星图案，直径 29 点。打开画笔面板，在画笔预设中选择流星进行设置。分别设置【形状动态】、【散布】和【双重画笔】选项，具体的参数设置如图 6-54 所示。其中【双重画笔】选项中选择的第 2 种画笔是 33 点"hard pastel on canvas"画笔。

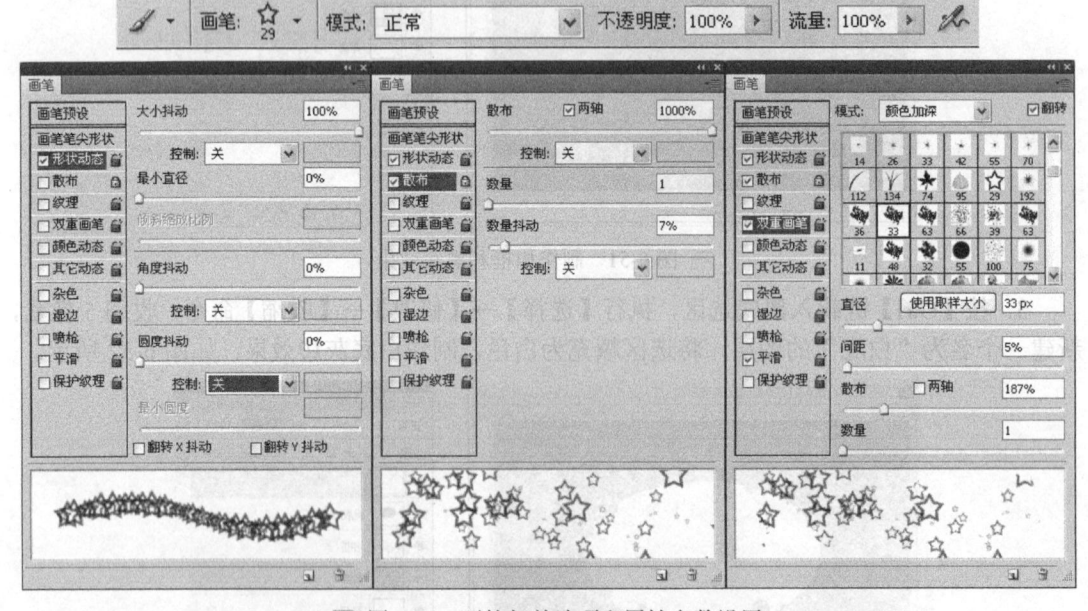

图 6-54 画笔相关选项和属性参数设置

6. 设置好画笔各项参数后，在相框周围画星星。将"星星"图层放在"白底"图层上方，人物图层下方。并将图层混合模式修改为叠加，效果如图 6-55 所示。

图 6-55 添加星星的效果

7. 选择【钢笔工具】，在相框下沿着相框的曲线创建一条曲线路径，选择【横排文字工具】，在钢笔路径的起点处单击，出现斜杠光标，沿着路径输入文字"迪士尼的童话故事带给你充满趣味的童年"。设置字体为方正粗圆简体，大小为 26 点，浑厚，颜色为紫色（# 5c1e60）。环绕文字效果如图 6-56 所示。（注意：如果打字后出现少字现象，是因为字太大，路径上不能完全显示，缩小字号可解决问题。）

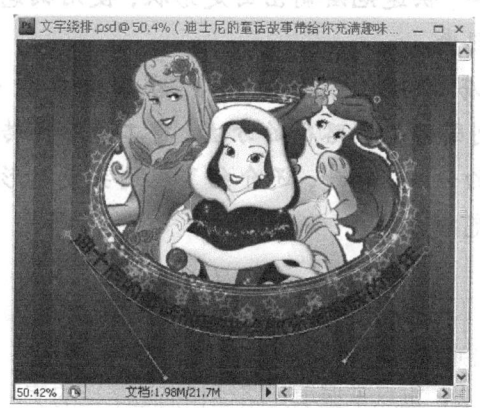

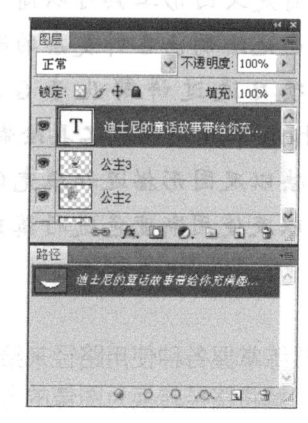

图 6-56 制作环绕文字效果

8. 为环绕文字添加描边图层样式。设置描边参数大小为 5 像素，位置为外部，颜色为淡粉色（# f7d3fd）。最终设计效果如图 6-57 所示。

图 6-57 环绕文字的最终设计效果

项目七　快乐宝贝——儿童台历封面设计

在 Photoshop 中除了运用图像素材制作合成效果外，有时还需要自己绘制一些图案来加强图像的视觉效果。Photoshop 中的图案绘制，除了前面介绍的画笔外，还可以通过绘制矢量图形的方法来实现。使用各种规则图形工具和自定义图形工具可以简单、快速地绘制出固定形状，使用钢笔工具则可以自由地绘制出各种复杂的图案。

本项目通过讲解儿童台历封面的制作过程，为读者重点介绍了 Photoshop 中运用钢笔工具绘制图形工作路径的方法、将工作路径转换为图形的方法以及图形描边和填充的方法。此外，还介绍了规则矢量图形的绘制方法，以及使用渐变色进行填充的方法。

能力目标

◆ 熟练掌握各种使用路径来绘制图形的方法。
◆ 了解将路径转换为图像的方法，重点掌握填充路径和描边路径的使用方法。
◆ 了解矢量绘图工具的不同绘图方式，重点掌握自定义形状工具的绘图方法。
◆ 掌握渐变填充工具的使用方法，利用渐变填充制作各种图案。

实例效果

图 7-1　实例效果图

任务一　了解路径绘图的方法

在 Photoshop 中，路径除了能够建立选区外，还能够绘图。路径为矢量对象，可描绘平滑的对象边缘，还可以精细微调，并且放大和缩小都不影响其分辨率，因而可以绘制各种复杂的图案或者制作图层的矢量蒙版。

使用任何工具绘制的路径都是没有像素信息的，即路径不会在作品中显示出来，因此只有将路径转换为选区后进行描边、填充等操作，或者直接对路径进行描边、填充等操作，才能得到路径绘制的图案。

一、用钢笔绘制路径

使用【钢笔工具】绘制路径时，会出现如图 7-2 所示的工具选项栏。这些选项用来确定绘图方式、帮助用户快速绘图，以及进行路径计算等。

图 7-2　钢笔工具的工具选项栏

1. 绘图方式

在 Photoshop 中主要有 3 种绘图方式。

（1）【形状图层】：单击【形状图层】按钮，再用钢笔工具或绘图工具绘图，生成的图形会显示在一个新的形状图层上。

（2）【路径】：单击【路径】按钮，用钢笔工具或绘图工具绘图后，会创建一个新的路径。

（3）【像素填充】：单击【像素填充】按钮，用绘图工具绘制的图形会直接用前景色填充。注意钢笔工具没有像素填充这一选项，该按钮为灰色。

2. 绘图方法

（1）直接绘图。按照上一章介绍的方法，使用【钢笔工具】或【自由钢笔工具】直接在画布上逐个绘制锚点，再通过添加锚点、删除锚点、转换锚点、调整曲线形状等方法得到路径。

（2）利用矢量绘图工具制作路径绘图。使用规则图形和自定义图形的矢量绘图工具先绘制出大致轮廓，然后再调整路径，生成实际需要的路径。例如，要绘制一条鱼的图案，可以选择【钢笔工具】后，在工具选项栏中选择路径方式，然后单击【自定义图形工具】按钮，在形状下拉列表中选择鱼的形状，在画布上拖动鼠标，生成一个鱼的路径，然后用【直接选择工具】选择各个锚点进行调整。此外，由于路径是矢量，还可以用【任意变形工具】对路径进行变形操作。调整后得到如图 7-3 所示的路径。由此例可以看出，利用矢量绘图工具来辅助绘图，可以快速、简便的绘制出各种复杂的图案，获得事半功倍的效果。

（3）利用选区制作路径绘图。在绘制路径时，还可以利用现有的图像快速生成选区，然后将选区转换为路径，再使用路径调整工具调整路径，得到需要的图案。例如，要制作一个剪影效果，首先使用【快速选择工具】建立狮子大致轮廓的选区，再在路径面板中单击【从选区生成工作路径】按钮，创建一个狮子轮廓的路径，然后使用路径调整工具精细调整路径，得到精确的路径。最后将路径填充为黑色，制作出剪影图案。制作过程如图 7-4 所示。

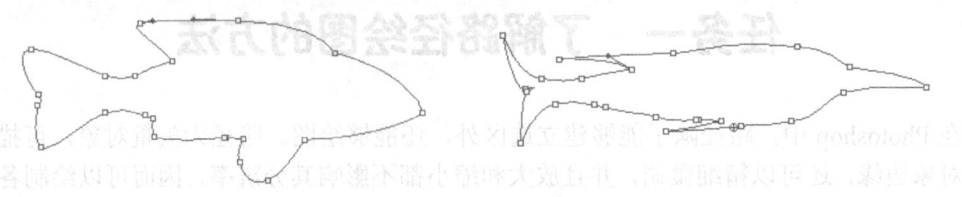

图 7-3　用矢量绘图工具辅助绘制路径

（a）建立狮子轮廓的选区　　　　　　　　（b）将选区转换为路径

（c）调整路径得到精确的轮廓路径　　　　（d）填充路径成为狮子的剪影图案

图 7-4　将选区转换为路径绘图

3．路径计算

在使用路径绘图时，可以利用多条子路径的加、差、并、交的计算，来制作复杂的图像。在如图 7-2 所示的【钢笔工具】选项栏中，用 4 个按钮来完成这 4 种计算功能。

（1）【添加到路径区域】按钮：单击该按钮，可以在原路径区域的基础上添加新的路径区域。

（2）【从路径区域减去】按钮：单击该按钮，在原路径区域的基础上减去新的路径区域。

（3）【交叉路径区域】按钮：新路径区域与原路径区域交叉的区域为最终的路径区域。

（4）【重叠路径区域除外】按钮：原路径区域与新路径区域不相交的区域为最终的路径区域。

二、将路径转换为图案

1. 填充路径

单击路径面板中的【用前景色填充路径】按钮，可以用前景色对当前选中的路径进行填充，生成一个无边框填充了颜色的像素图案。默认情况下，以前景色填充当前路径，如果要改变填充路径的参数，可以在路径面板的快捷菜单中执行【填充路径】命令，或按住【Alt】键单击该按钮，在弹出的"填充路径"对话框内设置填充参数。填充路径生成的图案如图 7-5 所示。

图 7-5　填充路径生成图案

2. 描边路径

除了对路径进行内部填充外，还可以用画笔和前景色对路径边缘进行描绘，生成一个内部透明，边缘填充颜色的像素图案。对路径进行描边时，首先要先设置好画笔的大小和前景色，然后单击【画笔描边路径】按钮，就可以沿着路径用画笔描边了。在路径面板的快捷菜单中执行【填充路径】命令，或按住【Alt】键单击该描边按钮，可以打开"描边路径"对话框，选择描边的工具，灵活运用各种描边工具，可得到丰富多彩、变化奇妙的效果。如图 7-6 所示为使用了不同的画笔描边得到的图案效果。

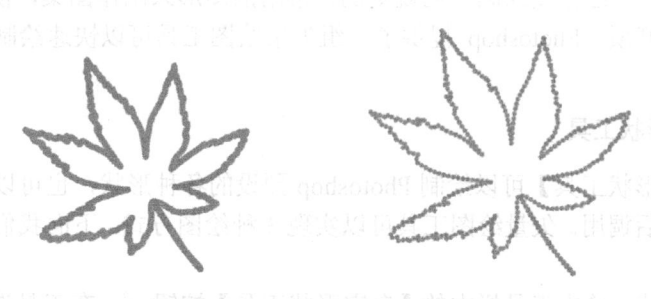

图 7-6　描边路径生成的图案

3. 填充路径转换的选区

单击【将路径作为选区载入】按钮，将路径先转换为选区，然后执行【编辑】→【填充】命令打开填充对话框。可以设置使用前景色、图案或自定义颜色等内容进行填充，以及填充的模式和不透明度（填充路径的参数设置与此相同）。如图 7-7 所示的是用图案填充路径转换为选区后的效果及参数设置。

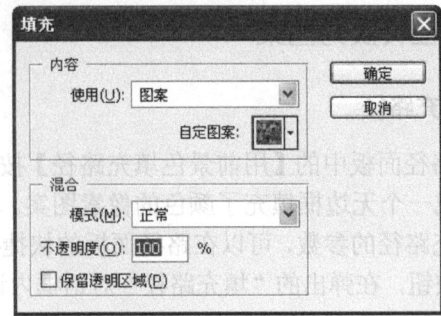

图 7-7　路径转换为选区并填充图案

4. 描边路径转换的选区

单击【将路径作为选区载入】按钮，将路径转换为选区后，执行【编辑】→【描边】命令打开"描边"对话框。可以设置描边的宽度、颜色、位置、混合模式和不透明度等参数。选区的描边参数比描边路径的参数多，但是形式比较单一，没有描边路径的效果丰富。对选区的描边设置和效果如图 7-8 所示。

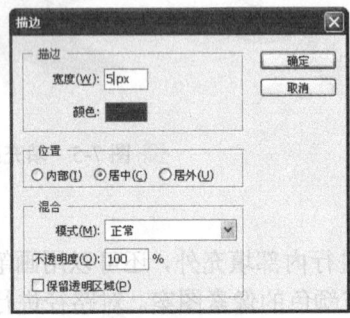

图 7-8　路径转换为选区并描边

三、使用规则图形工具绘制图形

在设计作品时，经常要绘制一些规则的、常用的图形来制作图案，使用【钢笔工具】逐个锚点绘制比较麻烦。Photoshop 提供了一组矢量绘图工具可以快速绘制出各种规则图形及自定义的图形。

1. 自定义形状工具

使用【自定形状工具】可以绘制 Photoshop 预设的各种形状，也可以将自己绘制的路径定义为形状供以后调用。矢量绘图工具可以实现 3 种绘图方式。下面我们就详细介绍一下每种方式的不同。

（1）绘制形状。单击工具栏中的【自定形状工具】按钮，在工具选项栏中单击【形状图层】按钮，会出现如图 7-9 所示的选项。其中，【形状】下拉列表中存放了预定义的各种形状和用户自定义的形状；【样式】选项用于设置绘制的形状图层所使用的图层样式。【颜色】选项则用于设置不使用样式时形状的颜色。

图 7-9　形状绘图模式参数选项

120

项目七

快乐宝贝——儿童台历封面设计

在【形状】下拉列表中选择鸟 2 形状，然后设置图层样式如图 7-9 所示，在画布上拖动鼠标，就会自动新建一个形状图层，生成飞鸟的形状。绘制出的形状效果和图层面板如图 7-10 所示。

■ 图 7-10　鸟 2 形状和图层面板

（2）绘制路径。如果在工具选项栏中单击【路径】按钮，则在画布上拖动鼠标绘制出来的是飞鸟轮廓的路径，图层面板中不生成任何形状或图像，在路径面板中会创建一个新的飞鸟轮廓的工作路径，如图 7-11 所示。

（3）绘制图像。如果在工具选项栏中单击【填充像素】按钮，则会出现如图 7-12 所示的选项。用此种方法绘制图形，系统会自动使用前景色的像素填充图形内部，生成一个普通图像图层。因此在工具选项栏中会出现相应的设置图层的参数。【模式】选项用来设置图层的混合模式，【不透明度】用来定义图层的透明程度，【消除锯齿】则用来使填充图形的边缘平滑。

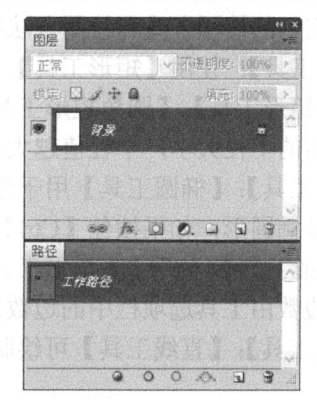

■ 图 7-11　运用样式绘制的形状

■ 图 7-12　填充像素参数设置

在"背景"图层上新建一个图层，使用【自定形状工具】，在新图层上使用填充像素方式绘制飞鸟，则会生成一个用前景色黑色填充的像素图像，如图 7-13 所示。

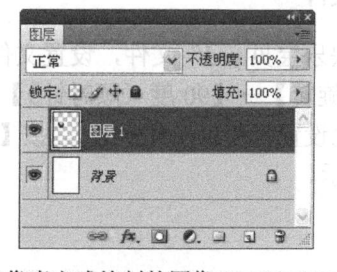

■ 图 7-13　用填充像素方式绘制的图像

121

(4)加载形状。如果需要绘制的形状未显示在形状的下拉列表中，可单击列表框右上角的三角形按钮，在弹出的菜单中，选择动物、音乐、箭头等其他类型的预定义形状。也可以执行【载入形状】命令，从保存形状的文件中载入自定义的形状。

(5)自定义形状。除了使用 Photoshop 中预定义的一些形状外，用户还可以自己定义形状。如图 7-4 所示绘制的狮子轮廓路径就可以定义为狮子形状。在路径面板中选择狮子形状的工作路径，然后执行【编辑】→【定义自定形状】命令，在弹出的"形状名称"对话框中将形状命名为"狮子"，这样就实现了形状的自定义功能。定义后的形状就会显示在自定义形状工具选项栏的形状下拉列表中了，如图 7-14 所示。

图 7-14 将路径定义为形状

2. 其他形状工具

在矢量绘图工具组中除了上面介绍的比较复杂的【自定形状工具】，还有 5 个规则图形的绘图工具，它们的绘图方式和绘图方法都与【自定形状工具】相似。

(1)【矩形工具】：使用【矩形工具】可绘制出矩形、正方形的形状、路径或填充区域。

(2)【圆角矩形工具】：【圆角矩形工具】用于绘制圆角的矩形，在工具选项栏中的半径选项中设置圆角的半径大小，半径值越大，得到的矩形边角就越圆滑。

(3)【椭圆工具】：【椭圆工具】用于绘制圆形或椭圆形的形状或路径，在画布中直接拖动鼠标绘制的是椭圆形，如果按住【Ctrl】键再拖动鼠标，则绘制的是圆形。

(4)【多边形工具】：使用【多边形工具】可绘制等边多边形，如等边三角形、五角星等。具体的多边形边数由工具选项栏中的边数选项来设置，系统默认为 5，取值范围为 3～100。

(5)【直线工具】：【直线工具】可绘制直线，也可绘制箭头，需要单击工具选项栏中的下三角按钮。

任务二 制作台历背景图案

一、新建空白文件

新建一个"快乐宝贝.psd"文件，设置文件大小为 A5，分辨率为 300 像素/英寸。执行【图像】→【图像旋转】→【90度（顺时针）】命令，将画布横置。再新建一个名为"底色"的图层，将前景色设置为粉色（#ffb6f7），按【Alt+Delete】快捷键将"底色"图层填充为粉色，如图 7-15 所示。

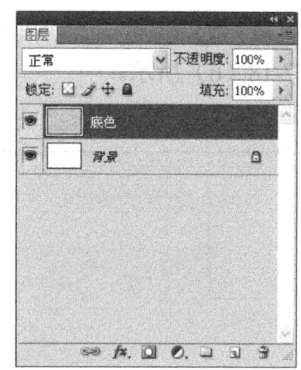

图 7-15　填充底色图层

二、制作花纹背景

打开素材中"素材与实例→project07→素材"目录下的"花纹 1.jpg"图片，将花纹图像复制到文件中，命名为"花纹"，按【Ctrl+T】快捷键将图像放大并铺满画布，然后将图层的混合模式改为柔光，填充改为 50%，制作如图 7-16 所示的花纹底图效果。

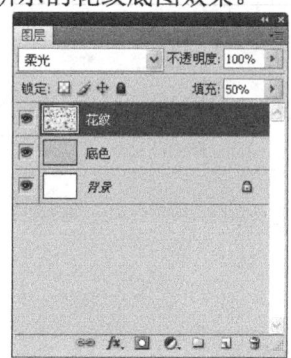

图 7-16　制作花纹底图

三、制作花边图案

1. 制作花边路径

按【Ctrl+R】快捷键显示标尺，在 X 轴 1 厘米，Y 轴 1 厘米和 1.5 厘米处创建 3 条参考线。选择【矩形工具】，在工具选项栏中选择路径绘图方式，在画布的左上角两条参考线相交的区域绘制一个矩形路径，然后使用【添加锚点工具】在矩形路径上添加一个锚点，将鼠标放在添加的锚点上，自动转换为【直接选择工具】，向下拖动锚点到 1.5 厘米参考线处，并分别调整两个方向，制作一个圆弧效果，如图 7-17 所示。

2. 填充颜色

打开路径面板，选择绘制的花边路径，按住【Ctrl】键单击路径的缩览图，将路径载入选区。回到图层面板，新建一个名为"花边"的图层，将前景色设置为深粉色（#ff7ac2），按【Alt+Delete】快捷键将选区填充为深粉色，取消选区，填充后的效果如图 7-18（a）所示。选择"花边"图层，按【Ctrl+J】快捷键复制生成一个花边的图层副本，然后按住【Ctrl】键单击"花边副本"图层的缩览图，载入选区，将前景色改为浅粉色（##ffb5ce），按【Alt+Delete】

123

图形图像处理（Photoshop CS4）

快捷键将选区填充为浅粉色，然后取消选区将它平移到"花边"图层的右侧，紧密地拼合在一起，如图 7-18（b）所示。

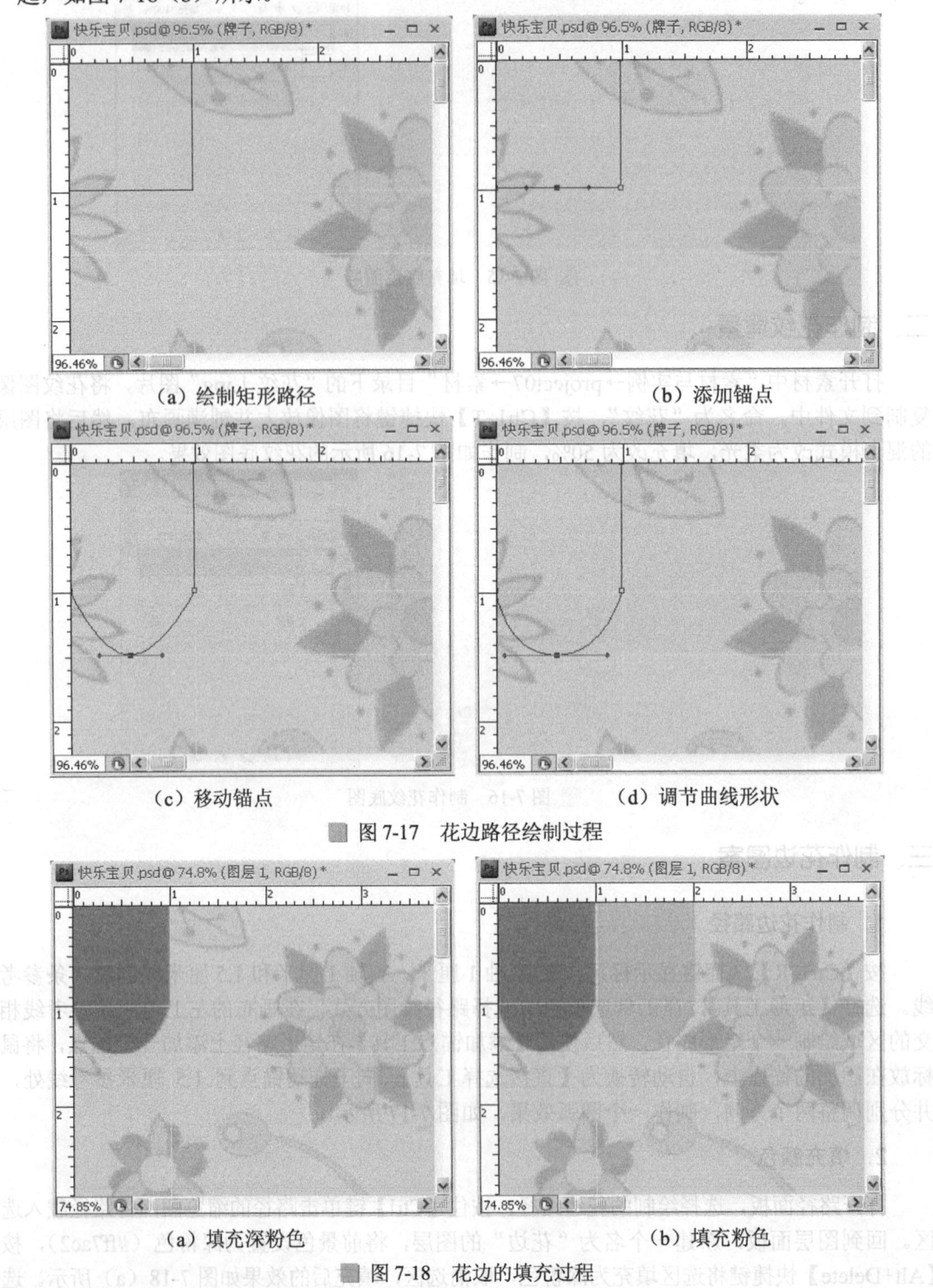

（a）绘制矩形路径　　　　　　　　　　　（b）添加锚点

（c）移动锚点　　　　　　　　　　　　　（d）调节曲线形状

图 7-17　花边路径绘制过程

（a）填充深粉色　　　　　　　　　　　（b）填充粉色

图 7-18　花边的填充过程

124

3. 拼出花边图案

选择"花边副本"图层，按【Ctrl+E】组合键向下合并，生成"花边"图层。再选择"花边"图层，按【Ctrl+J】组合键复制生成"花边副本"图层，向右平移"花边副本"图层，与"花边"图层紧密拼合，再按【Ctrl+E】组合键向下合并又恢复为花边"图层"，如此反复操作，直到把台历上部排列满，如图7-19所示。

图 7-19 拼合形成花边

4. 制作底部花边

选择"花边"图层，按【Ctrl+J】组合键复制生成"花边副本"图层，执行【编辑】→【变换】→【旋转 180 度】命令，将花边进行 180°反转，再在水平方向上移动一下位置，使台历底部花边的图案与顶部的颜色错开排列，如图 7-20 所示。

图 7-20 底部花边效果

任务三　制作人物合成效果

一、制作心形相框

1. 绘制心形路径

为了使绘制出来的图形对称，可以在 X 轴和 Y 轴分别创建 3 条参考线。然后选择【钢笔工具】，在画布的右侧绘制一条直线路径，如图 7-21（a）所示。再使用【转换点工具】，将外侧的 3 个角点转换为平滑点，并调整方向线使路径平滑、圆润，如图 7-21（b）所示。

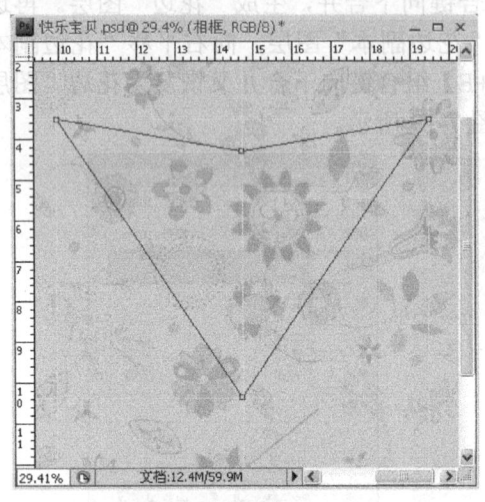

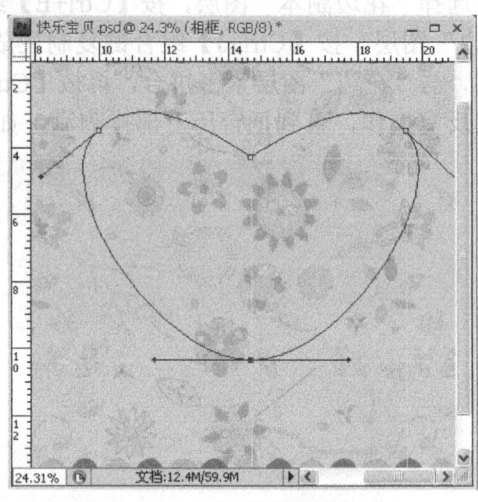

（a）直线路径　　　　　　　　　　　　　（b）曲线路径

图 7-21　心形路径绘制过程

2. 描边路径

选择【画笔工具】，设置大小为尖角 28 像素，将前景色设置为粉色（#ff8ac9）。在图层面板中新建一个名为"相框"的图层，进入路径面板，选中工作路径，单击【用画笔描边路径】按钮，为心形路径描边。然后单击路径面板空白处，取消工作路径显示，得到的心形相框如图 7-22 所示。

图 7-22　心形相框效果

3. 制作阴影效果

添加投影图层样式，参数设置和效果如图 7-23 所示。

4. 制作浮雕效果

添加斜面和浮雕图层样式，参数设置和效果如图 7-24 所示。其中阴影颜色为枚红色（#cb0a60）。

项目七

快乐宝贝——儿童台历封面设计

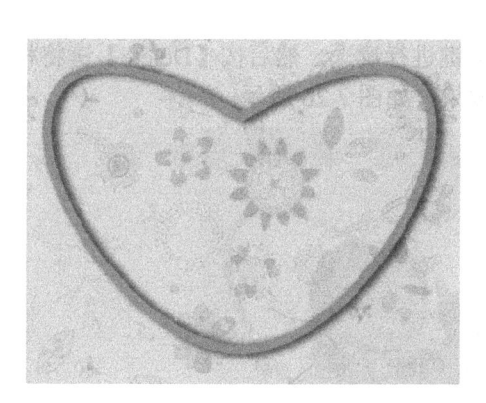

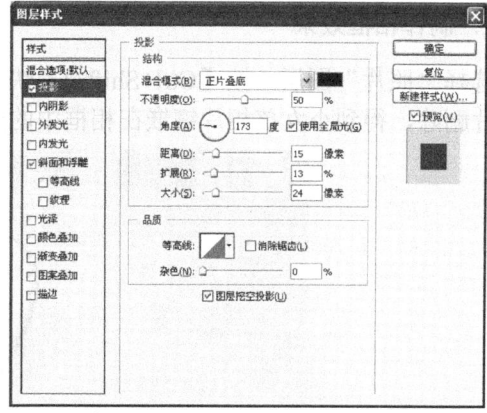

■ 图 7-23 投影样式的参数设置和效果

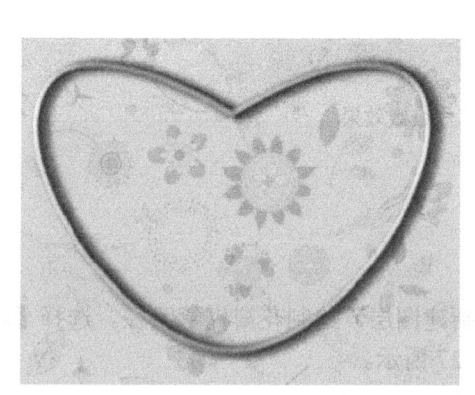

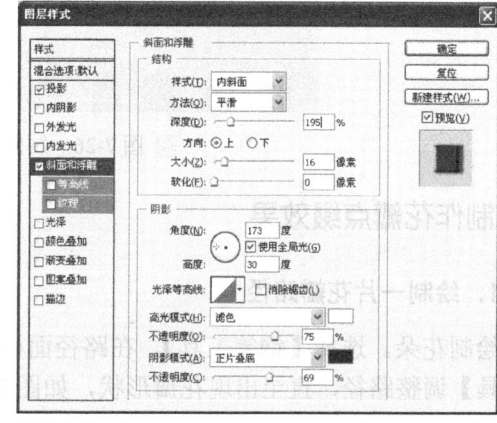

■ 图 7-24 斜面和浮雕样式的参数设置和效果

二、制作人物图像效果

1．导入女孩照片

打开素材中"素材与实例→project07→素材"目录下的"小女孩.jpg"图片，将女孩图像复制到文件中，将新图层命名为"照片"，放在"相框"图层下面。按【Ctrl+T】组合键将图像放大到充满心形相框，选择"相框"图层，使用【魔棒工具】点选相框中间，建立一个相框中心区域的选区，如图 7-25 所示。

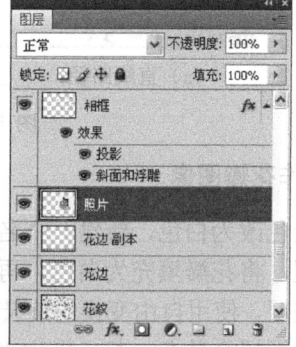

■ 图 7-25 建立心形选区

127

2. 制作相框效果

选择"照片"图层，按【Ctrl+Shift+I】快捷键进行反选，然后按【Delete】键将相框外的照片删除，得到小女孩相片镶嵌在相框中的效果，如图 7-26 所示。

图 7-26 制作相片镶嵌效果

三、制作花瓣点缀效果

1. 绘制一片花瓣路径

绘制花朵。选择【钢笔工具】，在路径面板新建图层，绘制花瓣钢笔路径。选择【转换点工具】调整路径，直至出现花瓣形状，如图 7-27 所示。

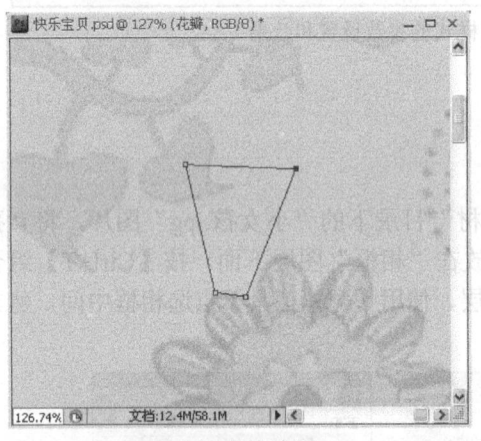

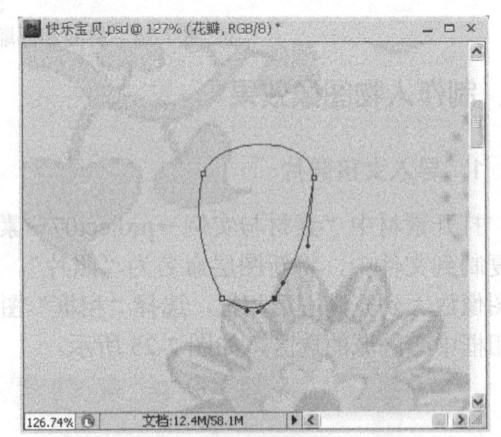

(a) 直线路径　　　　　　　　(b) 曲线路径

图 7-27 一片花瓣路径绘制过程

2. 制作花瓣图像

将前景色改为白色，新建一个名为"花瓣"的图层，在路径面板中单击【用前景色填充路径】按钮，将花瓣填充为白色，再选择"花瓣"图层，按 4 次【Ctrl+J】快捷键生成 4 个花瓣副本图层。使用自由变换的旋转操作将所有的花瓣调整好位置，形成花的图案，再将所有"花瓣"图层合并在一起，仍为"花瓣"图层，如图 7-28 所示。

项目七
快乐宝贝——儿童台历封面设计

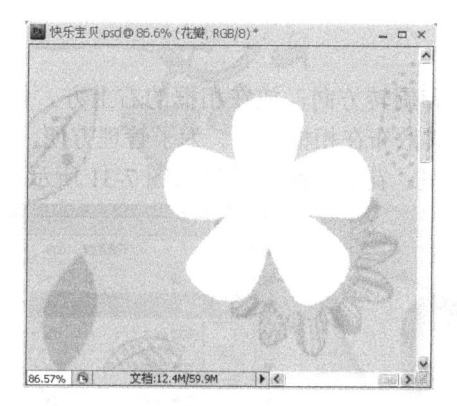

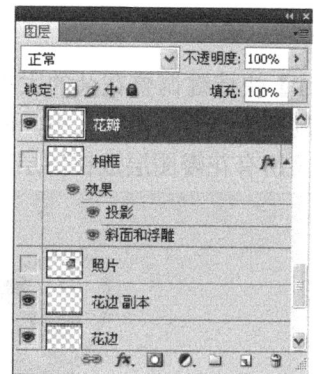

■ 图 7-28　填充白色花朵

3．制作阴影效果

首先为"花瓣"图层添加投影图层样式，参数采用默认值。再添加内阴影样式，参数设置和效果如同 7-29 所示。其中颜色为粉红色（#ff23c9）。

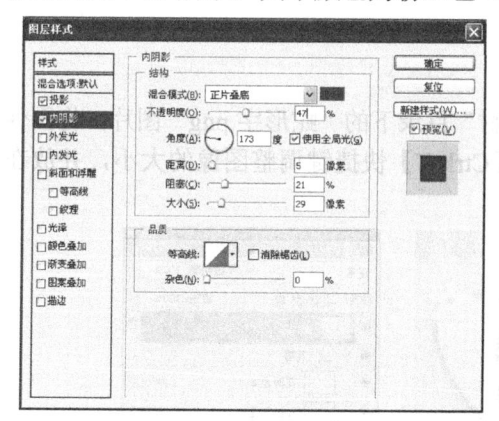

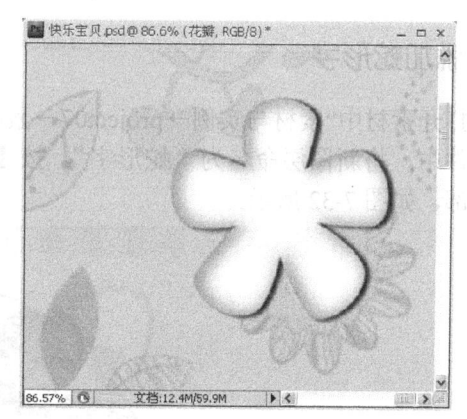

■ 图 7-29　内阴影参数设置和图层效果

4．制作花心

新建一个名为"花心"的图层，使用【椭圆选框工具】绘制一个圆形，填充为粉红色（#db2e73），并添加斜面和浮雕图层样式，参数采用默认值。将"花心"与"花瓣"合并为"花瓣"图层，如图 7-30 所示。

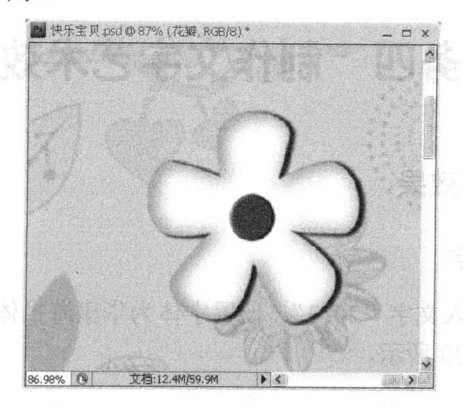

■ 图 7-30　添加了花心的花朵效果

129

图形图像处理（Photoshop CS4）

5. 完成花瓣点缀

按【Ctrl+T】快捷键调整花朵的大小和旋转方向，放在相框的右上方。再按【Ctrl+J】快捷键，多复制几个花瓣，调整大小，使其散布在相框周围。为了管理方便，新建一个"花瓣"图层组，将所有花瓣图层放在图层组里。花瓣点缀的效果如图 7-31 所示。

图 7-31 花瓣点缀效果

四、添加蛇形字

打开素材中"素材与实例→project07→素材"目录下的"蛇形字.png"图片，将图像复制到文件中，将新图层命名为"蛇形字"，按【Ctrl+T】快捷键调整图像的大小，并放在相框的底部，如图 7-32 所示。

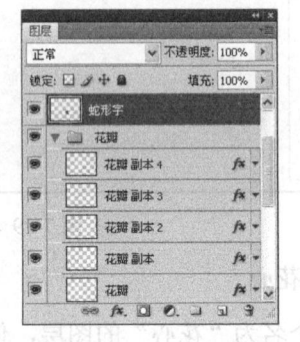

图 7-32 添加蛇形字效果

任务四　制作文字艺术效果

一、制作"2013"文字效果

1. 输入"2013"文字

使用【文字工具】输入文字"2013"，设置字体为华康海报体 W12（P），大小为 70 点，浑厚，黑色。效果如图 7-33 所示。

项目七
快乐宝贝——儿童台历封面设计

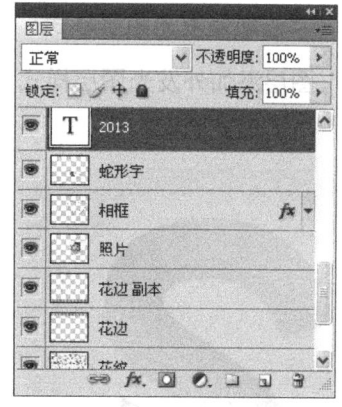

图 7-33 "2013"文字效果

2. 创建"2"字的选区

使用【魔棒工具】在"2"字上点选,建立"2"字的选区,然后在文字图层上新建一个名为"2"的图层,如图 7-34 所示。

图 7-34 创建"2"字的选区和图层面板

3. 填充渐变色

选择【渐变工具】,渐变色的颜色分别为绿色(#06c32a)与红色(#640c04),将鼠标在"2"图层上的选区内从左上角到右下角拖动,完成 2 字的渐变填充。渐变色的参数设置和填充效果如图 7-35 所示。

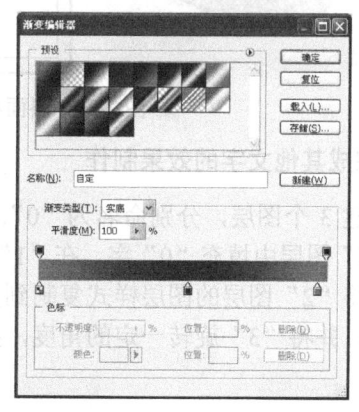

图 7-35 填充渐变后的效果

131

4．为 2 字添加外发光图层样式

为"2"图层添加外发光图层样式，参数设置和效果如图 7-36 所示。

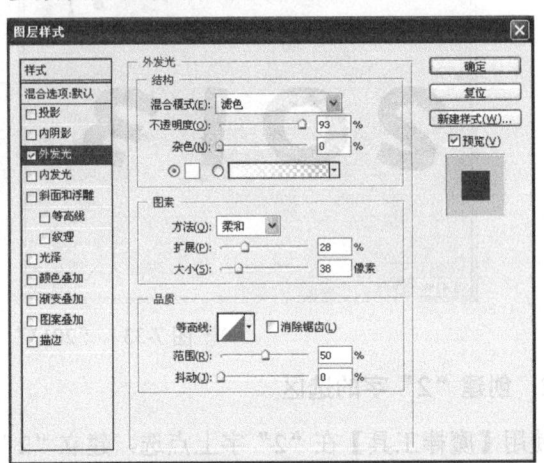

图 7-36　外发光样式的参数设置和效果

5．为 2 字添加斜面和浮雕图层样式

为"2"图层添加斜面和浮雕图层样式，选择等高线选项，参数使用默认值，斜面和浮雕的参数设置和效果如图 7-37 所示。

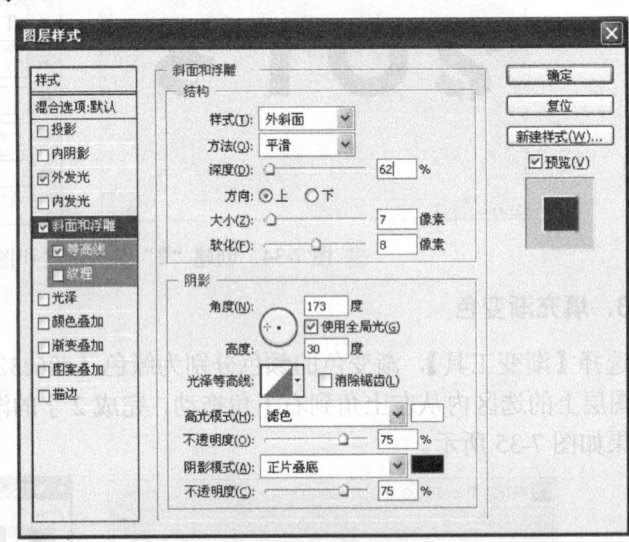

图 7-37　斜面和浮雕样式的参数设置和效果

6．完成其他文字的效果制作

再新建 3 个图层，分别命名为"0"、"1"和"3"。按照"2"字的填充方法和渐变色设置，在"0"图层中填充"0"字，在"1"图层中填充"1"字，在"3"图层中填充"3"字。填充后再将"2"图层的图层样式复制到其他 3 个图层，然后使用自由变换命令调整每个文字的位置，并将"3"旋转一定的角度，叠放在花瓣下，完成的文字效果如图 7-38 所示。

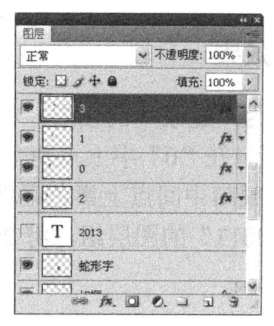

图 7-38 "2013" 文字效果

二、制作皇冠合成效果

1. 绘制皇冠图像

在工具栏中选择【自定形状工具】,在形状下拉列表中选择皇冠形状,然后选择填充像素绘图方式,将前景色设置为黄色(# ffeb3d),在"2"字上绘制一个填充了黄色的皇冠图案,再用【任意变形工具】将皇冠旋转,放在"2"字的头上,如图 7-39 所示。

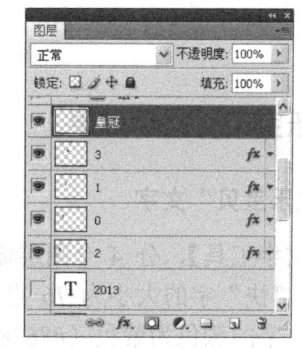

图 7-39 绘制皇冠图案

2. 为皇冠添加图层样式

首先为皇冠添加外发光图层样式,参数使用系统默认值。添加斜面和浮雕样式,并且勾选【等高线】选项,将范围设置为 100%。斜面和浮雕样式的参数设置和效果如图 7-40 所示。

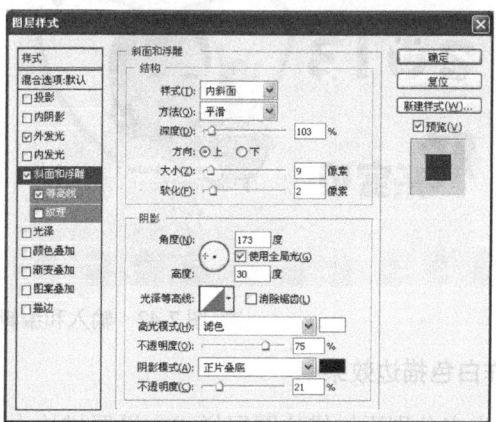

图 7-40 斜面和浮雕样式的参数设置和皇冠的最终效果

三、制作蛇眼效果

新建一个名为"蛇眼"的图层,将前景色设置为白色,选择【画笔工具】,设置画笔大小为尖角 80 像素,在"0"字上点两个白色的眼睛。将颜色设置为黑色,将画笔大小设置为 40 像素,在白色眼睛中间点上黑色眼珠。按【Ctrl+T】快捷键调整蛇眼的形状和大小,然后新建一个名为"2013"的图层组,将 2013 相关的图层都放入图层组中。蛇眼效果如图 7-41 所示。

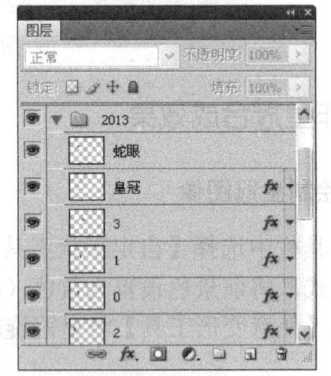

图 7-41 蛇眼效果

四、制作"快乐宝贝"文字效果

1. 输入"快乐宝贝"文字

使用【横排文字工具】,分 4 个图层输入"快乐宝贝"4 个字。设置字体为华康海报体 W12(P),浑厚,"快"字的大小为 76 点,颜色为红色(#ae1717),"乐"字的颜色为绿色(#2d7d2d),"宝"字的颜色为紫色(#862889),"贝"字的颜色为蓝色(#37187e),后 3 个字的大小为 48 点。输入文字后,将"快"字顺时针旋转一定角度,将 4 个文字按如图 7-42 所示位置摆放。

图 7-42 输入和编辑文字

2. 制作白色描边效果

为 4 个文字分别添加描边图层样式,设置描边大小为 20 像素,颜色为白色,白色描边效果如图 7-43 所示。

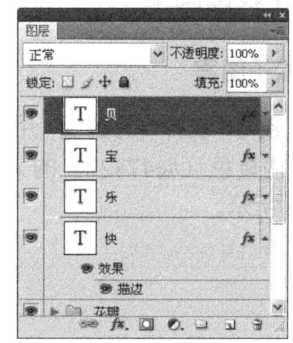

图 7-43 白色描边效果

3．制作彩色描边效果

分别复制快乐宝贝 4 个文字图层，建立图层副本。将每个文字副本描边样式中的大小设置为 35 像素，颜色设置为文字的颜色，这样就形成了文字有两圈不一样颜色描边的效果，如图 7-44 所示。

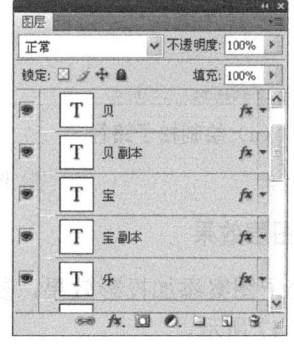

图 7-44 彩色描边效果

4．制作文字高光效果

新建一个名为"高光"的图层，选择【画笔工具】，颜色设置为白色，大小为尖角 13 像素，在字体上画出高光效果，再新建一个"快乐宝贝"的图层组，将快乐宝贝相关的图层都放入图层组中，文字高光效果如图 7-45 所示。

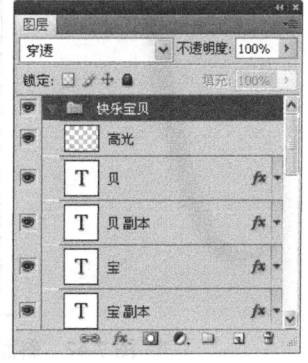

图 7-45 文字高光效果

五、制作文字装饰图案

1．绘制松子图案

新建一个名为"装饰"的图层，用【钢笔工具】绘制一个松子形状，然后用黄色（#ffeb3d）填充路径，用橘黄色（#e47322）的大小为尖角 4 像素的画笔描边路径，绘制的路径和图案效果如图 7-46 所示。

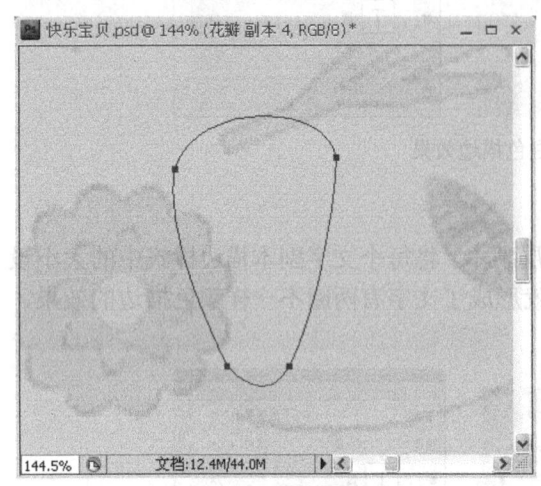

（a）绘制松子路径　　　　　　　　　（b）填充和描边后的图案

图 7-46　制作松子图案

2．添加图层效果

首先为松子图案添加投影效果，参数采用默认值。然后添加斜面和浮雕效果，参数设置和效果如图 7-47 所示。

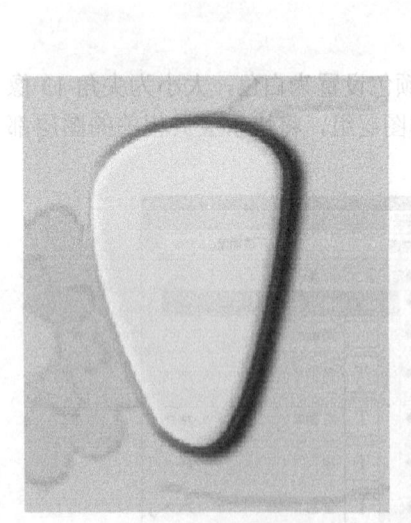

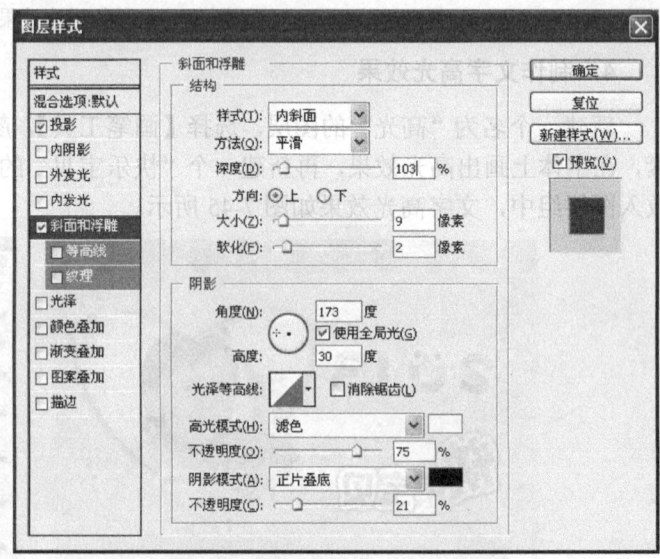

图 7-47　斜面和浮雕样式参数设置和图层最终效果

项目七
快乐宝贝——儿童台历封面设计

3. 制作点缀效果

复制3个文字装饰图层的副本,调整大小和方向,分别放在快乐宝贝文字的周围,再新建一个名为"文字装饰"的图层组,将装饰相关的图层都放入图层组中,完成台历封面的最终设计,效果如图7-48所示。

■ 图 7-48 台历封面设计的最终效果

知识加油站

在 Photoshop 中,有两个填充工具用于为图像填充颜色和图案。一个是用于填充纯色或图案的【油漆桶工具】,一个是用于制作多种颜色渐变效果的【渐变工具】。

一、油漆桶工具

使用【油漆桶工具】可以在图像中为鼠标单击的区域填充纯色或者图案,填充前首先对鼠标单击位置的颜色进行取样,然后根据工具选项栏中的填充选项指定填充的内容:前景色或图案。然后设置容差选项的数值来确定相近颜色的区域。此数值越大,颜色范围越大,被填充的区域也越大;反之则越小。【油漆桶工具】选项栏如图7-49所示。

■ 图 7-49 油漆桶工具选项设置

【油漆桶工具】与【编辑】→【填充】命令的功能非常相似,不同的是【填充】命令对选区进行填充,而【油漆桶工具】则只对图像中与鼠标单击位置颜色相近的区域进行填充。【油漆桶工具】的工作原理就相当于先用【魔棒工具】选择一个颜色区域,然后用【填充】命令进行填充。

二、渐变工具

使用【渐变工具】可以制作多种颜色之间的混合过渡效果,它不仅可以制作过渡色,还能实现朦胧、立体等多种效果。

1. 渐变工具选项设置

【渐变工具】的工具选项栏如图7-50所示。左侧的渐变预览框显示的是当前渐变色,单

137

击它可以进入渐变编辑器，进行渐变色的选择和编辑。

■ 图7-50 渐变工具选项设置

渐变预览框后面的5个按钮表示渐变填充的5种方式，它们各自的渐变效果如图7-51所示。

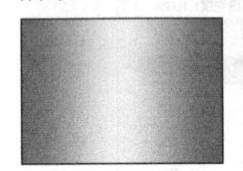

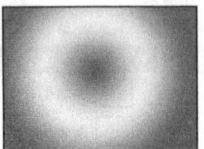

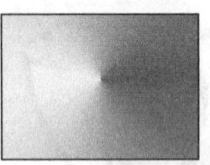

（a）线性渐变　　（b）径向渐变　　（c）角度渐变　　（d）对称渐变　　（e）菱形渐变

■ 图7-51　5种渐变填充方式

（1）【线性渐变】：从起点到终点呈线性渐变。
（2）【径向渐变】：从起点到终点以圆形图案逐渐改变。
（3）【角度渐变】：围绕起点以逆时针环绕逐渐改变。
（4）【对称渐变】：在起点两侧对称进行线性渐变。
（5）【菱形渐变】：从起点向外以菱形图案逐渐改变，终点定义菱形的一角。

工具选项栏中的【模式】选项用于设置渐变填充色与底色的混合模式；【不透明度】用于控制渐变填充的不透明度；勾选【反向】选项使得到的渐变效果与设置的渐变颜色相反；勾选【仿色】选项可使渐变效果过渡更为平滑、自然；勾选【透明区域】选项，可以显示渐变编辑时设置的透明效果。

2. 制作渐变色

单击【渐变工具】选项栏中的渐变预览框，打开如图7-52所示的"渐变编辑器"对话框。上面的预设框内是系统预设的各种渐变色，名称文本框中是其对应的名字。对话框的下半部分用于自定义渐变色。

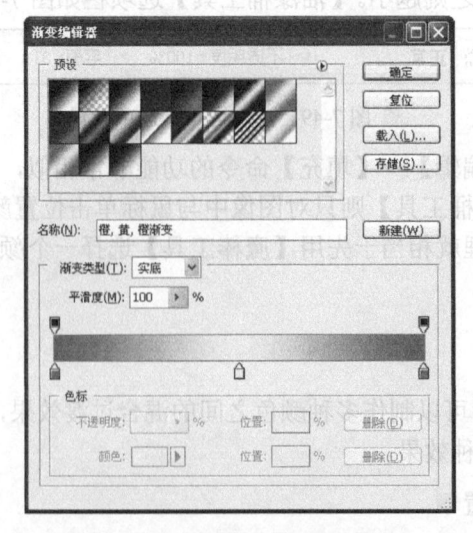

■ 图7-52　"渐变编辑器"对话框

（1）创建实色渐变。在预设中选择一种渐变方式，以便在此基础上进行编辑修改。渐变条下方的颜色色标代表颜色，渐变条上方的不透明度色标代表不透明度。单击一个颜色色标，下方会显示该色标的颜色和位置。如果要添加色标，只要在需要添加的位置单击渐变条，要删除色标则选中它再单击右下方的【删除】按钮。更改颜色的话可以双击色标，打开颜色设置面板，选择所需的颜色，色标的位置也可以移动，用来控制颜色的范围。渐变色编辑完成后，在名称文本框中输入新渐变的名称，然后单击【新建】按钮，即可将当前渐变添加到渐变列表框中。使用实色制作的彩虹渐变效果如图 7-53 所示。

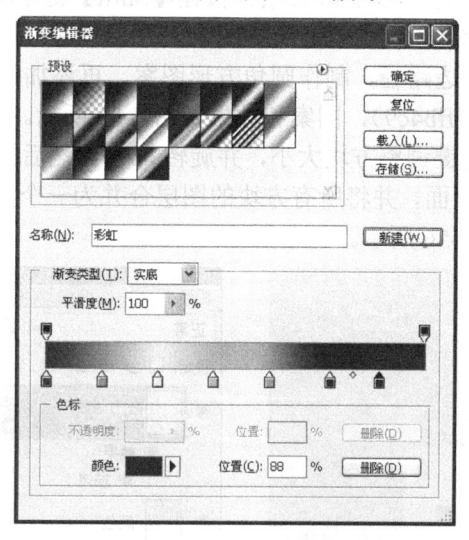

图 7-53　实色彩虹渐变效果

（2）创建透明渐变。定义好渐变色后，修改渐变条上方色标的不透明度，可制作出透明的渐变色。选中渐变条上方的一个色标，在不透明度框中设置不透明度大小，还可以在位置框中改变色标的位置，通过添加不透明度色标，改变色标的不透明度，完成一个透明过渡的彩虹效果，如图 7-54 所示。

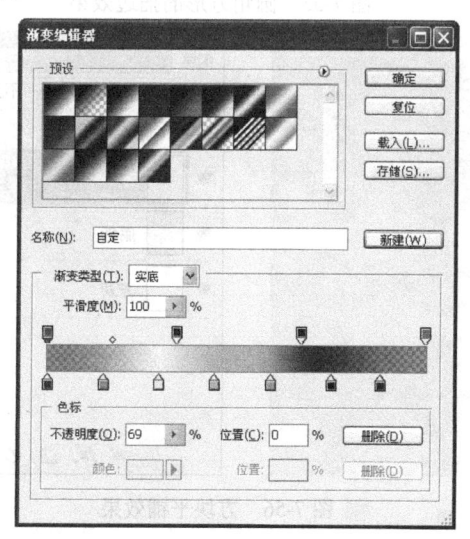

图 7-54　透明过渡的彩虹效果

图形图像处理（Photoshop CS4）

实训演练

根据前面所学知识，综合利用矢量绘图工具、路径绘图方式、填充工具和图层样式等制作一个竖版宝宝台历封面，具体操作步骤如下。

（1）新建一个"可爱小天使.psd"文件，设置文件宽度为 16 厘米，高度为 20 厘米，分辨率为 300 像素/英寸，背景为白色。再新建一个名为"底色"的图层，填充为粉色（#ff8bab）。选择【圆角矩形工具】，设置半径为 40 像素，按住【Shift】键绘制一个等边圆角矩形路径。新建一个名为"方块"的图层，选中圆角矩形路径，用淡粉色（#ffc9d8）填充方块，用白色尖角 9 像素大小的画笔描边路径，制作圆角方形图案。再添加描边样式，设置描边大小为 13 像素，颜色为浅粉色（#ffb4c9），图案和效果如图 7-55 所示。

（2）按【Ctrl+T】快捷键调整方块大小，并旋转 45°。然后按照前面介绍的制作台历花边的方法，将方块儿平铺画面，并将所有方块的图层合并为一个方块图层，然后将填充改为 80%，平铺后的效果如图 7-56 所示。

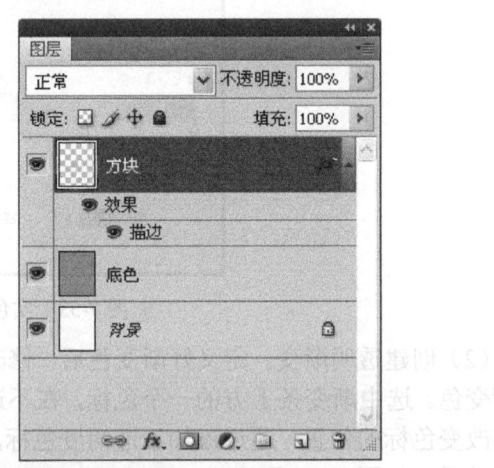

图 7-55　圆角方形的描边效果

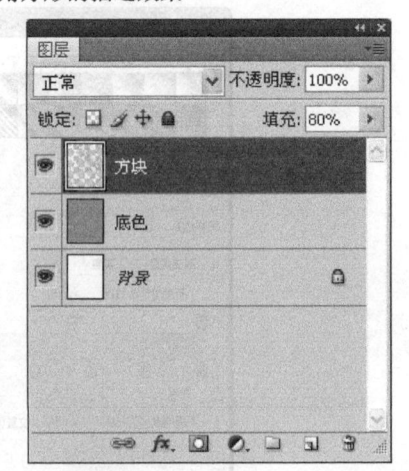

图 7-56　方块平铺效果

（3）新建一个名为"小花背景"的图层，选择【自定形状工具】，在形状下拉列表中选择模糊点 2 边框，绘制一个小花路径，再用白色填充路径生成一个白色的小花，然后将小花也铺满

140

画布，再合并出一个"小花背景"图层，将图层混合模式改为柔光，效果如图7-57所示。

图7-57 小花平铺效果

（4）新建一个名为"虚线"的图层，选择【圆角矩形工具】，设置半径为40像素，在台历外边框画个圆角矩形，用白色尖角25像素大小的画笔对路径进行描边，然后用【橡皮擦工具】，擦掉部分线段，得到虚线的效果，如图7-58所示。

图7-58 虚线边框效果

（5）新建一个名为"主图像"的图层组，在组的下面新建一个名为"红色圆圈"的图层。选择【椭圆形选框工具】，按住【Shift】键在台历中心绘制一个正圆选区，然后将它填充为桃红色（#ff0b5b）。再按【Ctrl】键点选红色圆圈图层，载入圆圈选区，执行【选择】→【修改】→【收缩】命令，设置收缩值为10像素，得到一个较小的圆形选区，新建一个名为"小圆"的图层，执行【编辑】→【描边】命令，设置描边大小为3像素，居中，白色。然后再复制小圆图层，将副本图层中的小圆形缩小，放在圆圈中间，完成的效果如图7-59所示。

（6）打开素材中"素材与实例→project07→素材"目录下的"花纹 2.png"图片，将花纹复制到文件中，新图层命名为"花纹"，调整图像的大小，覆盖在红色圆圈上方，如图7-60所示。

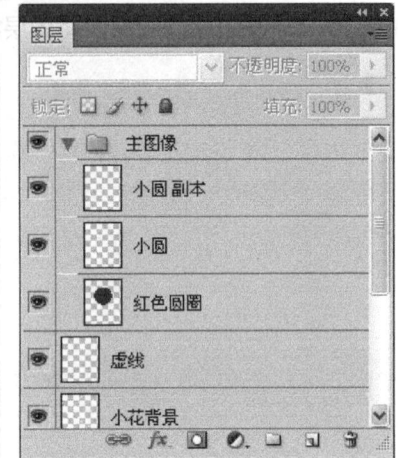

图7-59 绘制3个圆圈

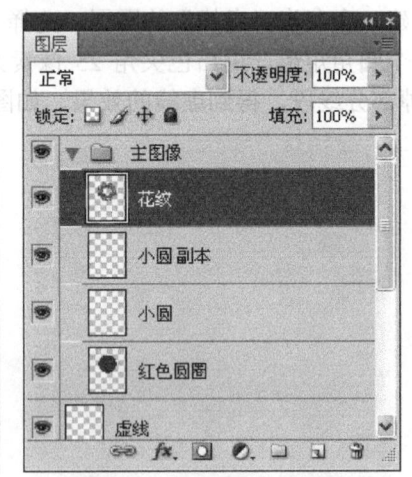

图7-60 添加花纹图像

（7）隐藏"花纹"图层，选择【魔棒工具】，设置为从选区减去模式，容差为0，选择"小圆"图层，魔棒对着圆中心单击，出现圆形选区。再选择"小圆副本"图层，魔棒对着小圆副本中心单击，出现两个圆圈选区相减的环形选区，显示"花纹"图层，按【Ctrl+Shift+I】快捷键反选环形选框外面的部分，按【Delete】键删除多余花纹，得到有花纹图案的环形区域，将图层混合模式改为滤色。环形选区和环形花纹效果如图7-61所示。

（8）打开素材中"素材与实例→project07→素材"目录下的"宝宝.jpg"图片，将宝宝照片复制到文件中，新图层命名为"宝宝"，放在"主图像"图层组下。选择【魔棒工具】，容差设为10，单击白色背景并按【Delete】键删除。按【Ctrl+T】快捷键调整图像的大小，放在环形花纹上方。选择【魔棒工具】，在"小圆副本"图层中单击圆形中间，出现小圆选区，按【Ctrl+Shift+I】快捷键反选圆外的区域，选择"宝宝"图层，用【橡皮擦工具】把宝宝身体擦除，如图7-62所示。

项目七

快乐宝贝——儿童台历封面设计

图 7-61 环形选区和环形花纹效果

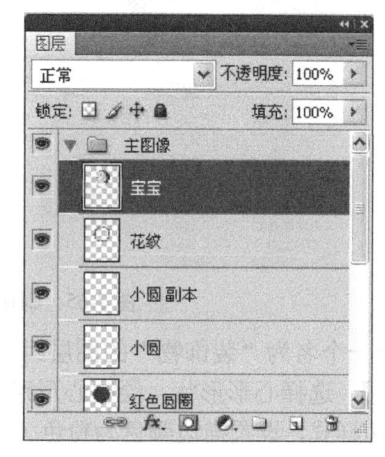

图 7-62 擦除宝宝身体部位图像

（9）为"宝宝"图层添加外发光图层样式，参数设置和效果如图 7-63 所示。

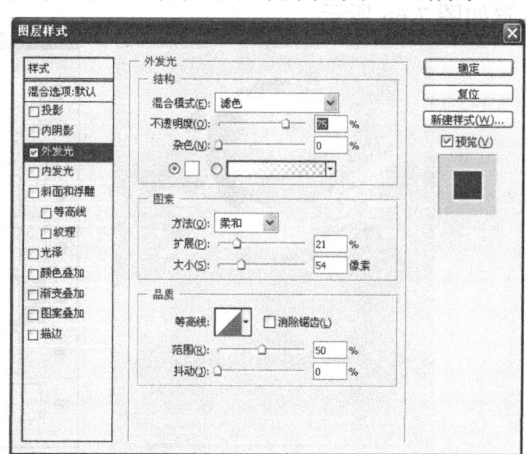

图 7-63 外发光参数设置和效果

（10）新建一个名为"翅膀"的图层，使用【钢笔工具】，绘制翅膀直线形状，再使用【转换点工具】，调整出翅膀形状。用白色填充路径，用粉色（#ff7ac2）尖角 13 像素大小的画笔描边路径，如图 7-64 所示。

143

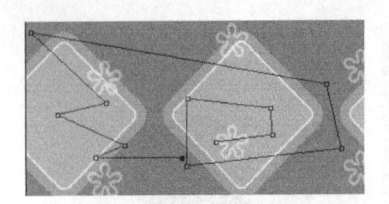

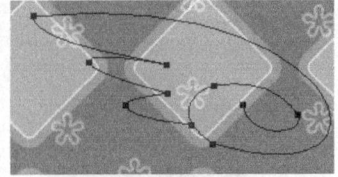

图 7-64 绘制和填充翅膀图案

（11）复制一个"翅膀"图层，放在宝宝的左边，调整翅膀的大小、旋转角度和叠放关系。再将两个翅膀复制一次，水平翻转后调整一下大小和旋转角度，摆放在宝宝图像右边。完成的翅膀效果如图 7-65 所示。

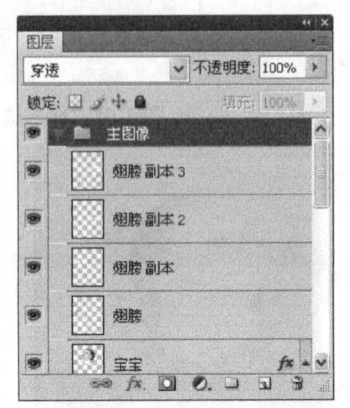

图 7-65 制作翅膀合成效果

（12）新建一个名为"装饰物"的图层组，在组下新建一个名为"心形"的图层，使用【自定形状工具】，选择心形形状，绘制心形路径，使用枚红色（# ffd200）填充路径，然后为图层添加描边样式，设置描边颜色为粉色（#ff79d8），大小为 10 像素。复制一个心形图层副本，修改参数为大小 20 像素，白色。按【Ctrl+T】快捷键调整心形的大小和旋转角度，放在宝宝的右侧上方，再用同样的方法制作另一个颜色浅一点的心形图案，两个心形的描边效果和位置如图 7-66 所示。

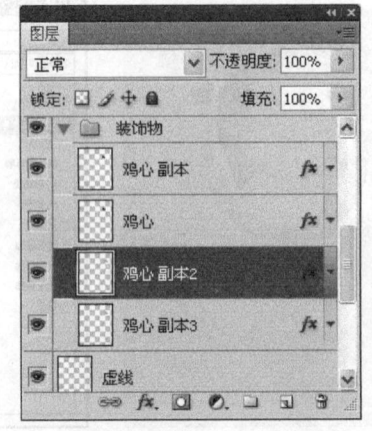

图 7-66 心形的描边效果和位置

（13）选择【文字工具】输入文字"2013"，设置字体为方正剪纸简体，大小为 72 点，颜色为红色（#ff184e）。按照前面讲过的方法制作双描边效果，内侧描边参数为淡粉色（#ffb5c6）16 像素，外侧描边的参数为白色 35 像素。得到的文字效果如图 7-67 所示。

项目七

快乐宝贝——儿童台历封面设计

（14）使用【文字工具】输入文字"可爱的小天使"，每个文字都用不同的字体，分别为方正剪纸简体、方正粗圆简体、方正粗倩简体、华文彩云、华康海报体W12（P）和迷你简秀英。大小可以自由调整，分别制作白底红边及红底白边的文字效果，如图7-68所示。

（15）新建一个名为"花朵"的图层，选择【自定形状工具】，绘制花的路径，并用白色填充，粉色描边，调整大小和方向后放在"可"字左侧。再复制一个副本图层，水平翻转后调整大小及方向放在"使"字的右侧。最后完成的宝宝挂历封面设计效果如图7-69所示。

■ 图7-67 双描边文字效果

■ 图7-68 "可爱小天使"文字效果

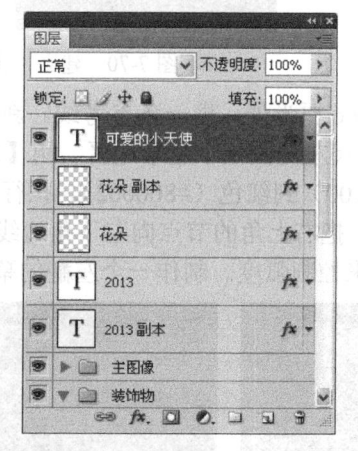

■ 图7-69 宝宝挂历封面设计效果

145

图形图像处理（Photoshop CS4）

拓展与练习

一、填空题

1. 矢量绘图工具有 3 种绘图方式，分别是_____、_____和_____。
2. 路径有 4 种计算方式，分别是_____、_____、_____和_____。
3. 单击路径面板中的_____按钮，可以用前景色对当前选中的路径进行填充。
4. 单击路径面板中的_____按钮，可以用画笔和前景色对路径边缘进行描绘，生成一个内部透明、边缘填充颜色的像素图案。
5. 在矢量绘图的 3 种绘图方式中，_____可以应用图层样式。
6. 使用【油漆桶工具】填充颜色时，工具选项栏中的_____选项用来确定填充的区域。
7. 【渐变工具】的 5 种渐变填充方式是_____、_____、_____、_____和_____。

二、拓展题

利用前面学过的渐变和变形的方法，以及路径绘制的方法、图层样式和图层混合模式等知识制作一个异形段落文字的广告宣传页，具体操作步骤提示如下。

1. 新建一个名为"宣传页.psd"的文件，文件参数设置为宽 12 厘米，高 16 厘米，分辨率为 300 像素/英寸。建立一个深红色（#620000）的"底色"图层，再建一个红色（#800002）的"红布"图层，如图 7-70 所示。

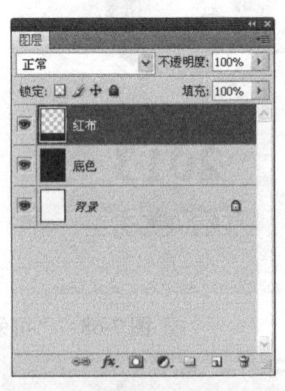

■ 图 7-70　建立"底色"与"红布"图层

2. 在 X 轴 6 厘米处，做一条参考线。新建一个名为"左侧布"的图层，选择【矩形选框工具】，在标尺左侧做一个矩形选区。用【渐变工具】制作一个线性渐变，渐变色设置为鲜红色（#c70100）到红色（#800002）。执行【编辑】→【变换】→【变形】命令，出现有节点的变形框。把右上角的节点向左下角边线拖曳，再将该点的调节柄调至与边线对齐。另一侧调节柄用来控制弧度。制作一个左翻的幕布效果，如图 7-71 所示。

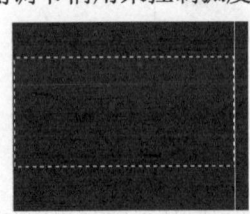

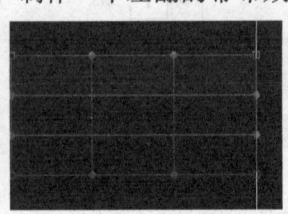

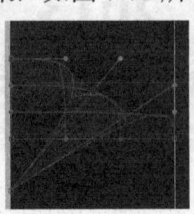

■ 图 7-71　制作左翻幕布效果

3. 复制"左侧布"图层，将副本图层命名为"右侧布"，水平翻转并平移到参考线右侧，效果如图 7-72 所示。

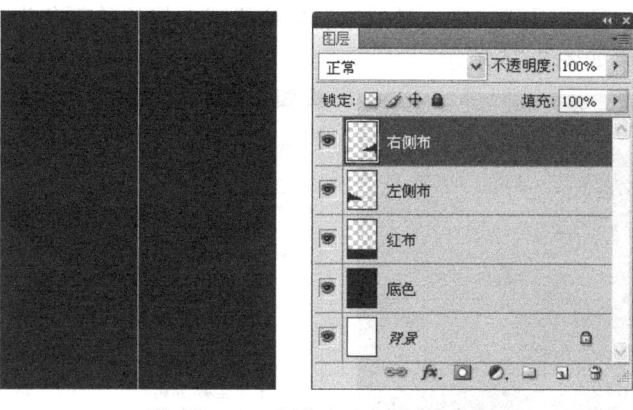

■ 图 7-72 制作左右侧幕布效果

4. 新建一个名为"顶花"的图层，使用【自定形状工具】在左右两侧布顶端，绘制一个装饰 5 形状的花纹路径，用金黄色（#ffba00）填充路径。再绘制一条金黄色的细线，并在两端用装饰 7 形状作花纹，得到的效果如图 7-73 所示。

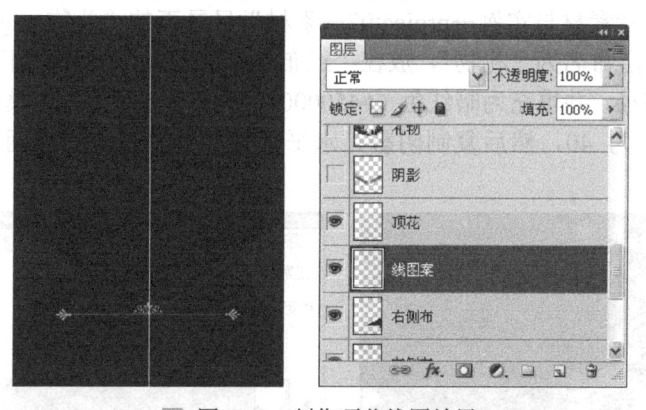

■ 图 7-73 制作顶花线图效果

5. 使用【横排文字工具】，分两个图层输入文字"新春特惠大酬宾"和"全场　折起"。设置字体为迷你简秀英，大小为 24 点，浑厚，白色。为文字添加投影图层样式，参数采用默认值。文字效果如图 7-74 所示。

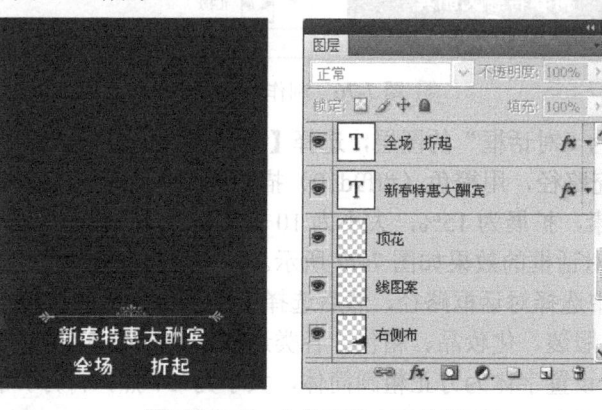

■ 图 7-74 白色广告文字效果

6. 用【文字工具】输入文字"5",设置字体为方正粗圆简体,大小为 48 点,浑厚,红色(#ff0000)。为"5"字添加投影样式,投影的距离为 20 像素,其他采用默认值。再添加斜面和浮雕样式,参数采用默认值,最后添加描边样式,描边的颜色为白色,大小为 10 像素。完成的文字效果如图 7-75 所示。

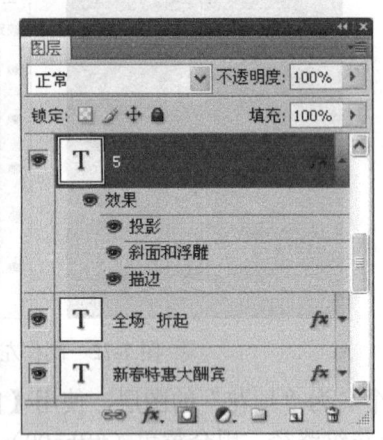

图 7-75　"5"字的文字效果

7. 打开素材中"素材与实例→project07→素材"目录下的"礼物.png"图片,将图像复制到文件中,新图层命名为"礼物",放在"红布"图层上方。使用【钢笔工具】,在礼物与布重合区域绘制路径,并填充为暗红色(#450000),执行【滤镜】→【模糊】→【高斯模糊】命令,设置模糊值为 40,然后复制阴影,水平翻转并合并图层得到两侧的阴影效果,如图 7-76 所示。

图 7-76　制作阴影效果

8. 新建一个名为"对话框"的图层,选择【自定形状工具】,绘制对话框路径,再用棕红色(#d7691f)填充路径,用橙色(#ff9d10)描边路径,然后添加投影和描边样式。设置投影的距离为 27 像素,扩展为 15%,大小为 10 像素。设置描边的大小为 15 像素,颜色为浅橙色(#ffd093)。对话框的效果如图 7-77 所示。

9. 在路径面板中选择对话框路径,然后选择【横排文字工具】,在对话框中单击,出现矩形框,输入文字"服装、化妆品、箱包、各类进口零食一律 5 折起售。"文字会根据路径边缘自动调节换行。设置字体为方正粗圆简体,大小为 14 点,浑厚,白色。完成异形段落文字的制作,效果如图 7-78 所示。

148

项目七

快乐宝贝——儿童台历封面设计

10. 选择【横排文字工具】，分别输入"新年"、"特惠第一波"字样，设置字体为中国龙豪行书，大字为 72 点，小字为 60 点，浑厚，橙色（#ff8a2d）。运用自由变换命令将"特惠第一波"文字逆时针旋转一定的角度，编辑完的文字如图 7-79 所示。

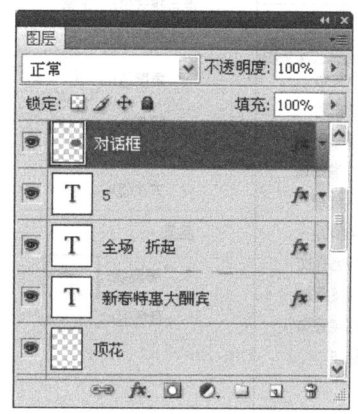

■ 图 7-77 对话框图层效果

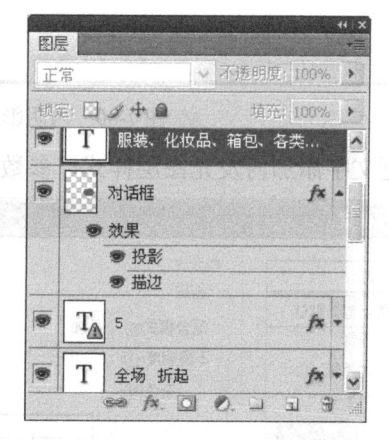

■ 图 7-78 异形段落文字效果

■ 图 7-79 编辑标题文字

11. 为标题文字添加内阴影图层样式，参数设置如图 7-80 所示。

149

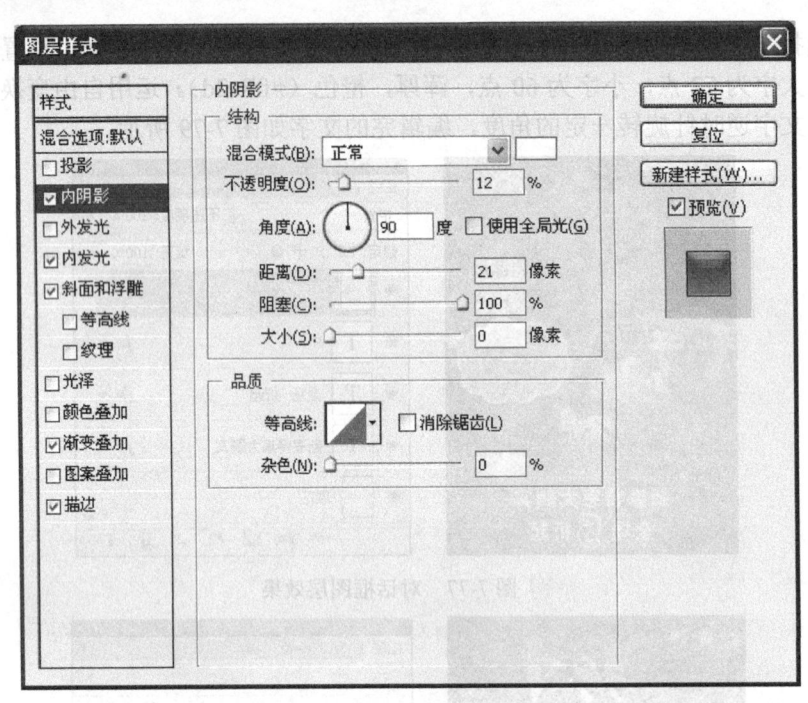

图 7-80　内阴影样式参数设置

12．为标题文字添加内发光图层样式，参数设置如图 7-81 所示。

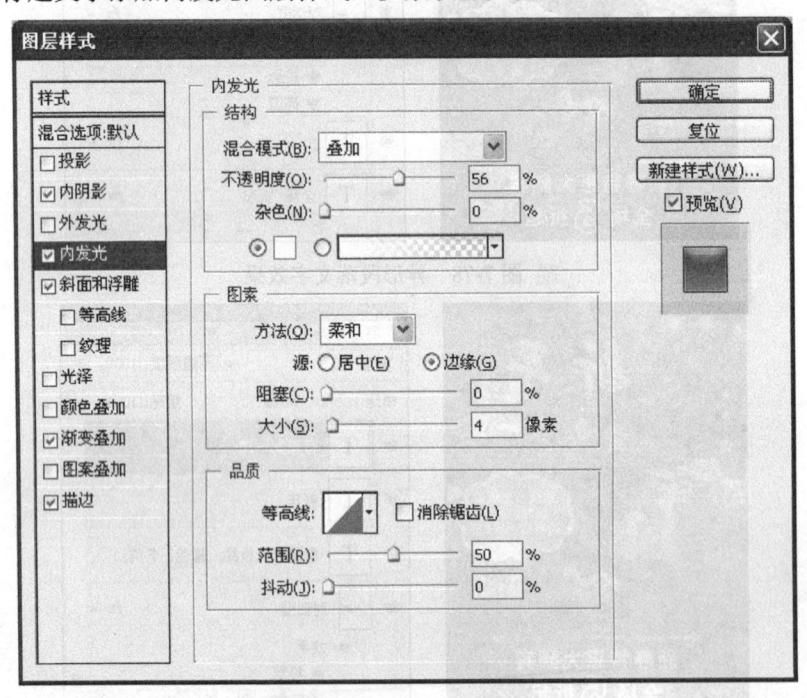

图 7-81　内发光样式参数设置

13．为标题文字添加斜面与浮雕图层样式，参数设置如图 7-82 所示。

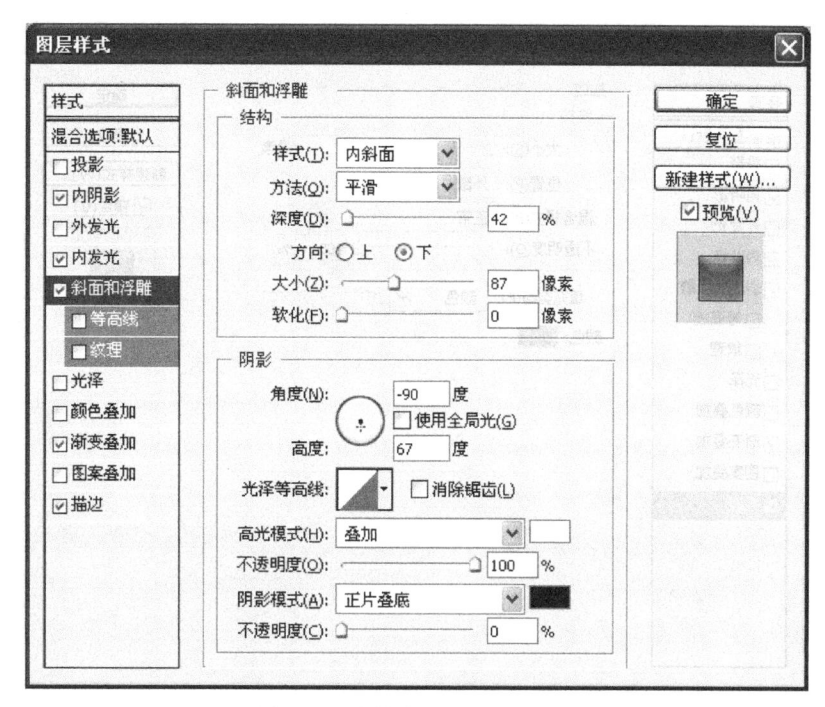

▇ 图 7-82 斜面和浮雕样式参数设置

14．为标题文字添加渐变叠加图层样式，参数设置如图 7-83 所示。其中渐变色为橙色（#ffa800）到红色（#ff2400）过渡。

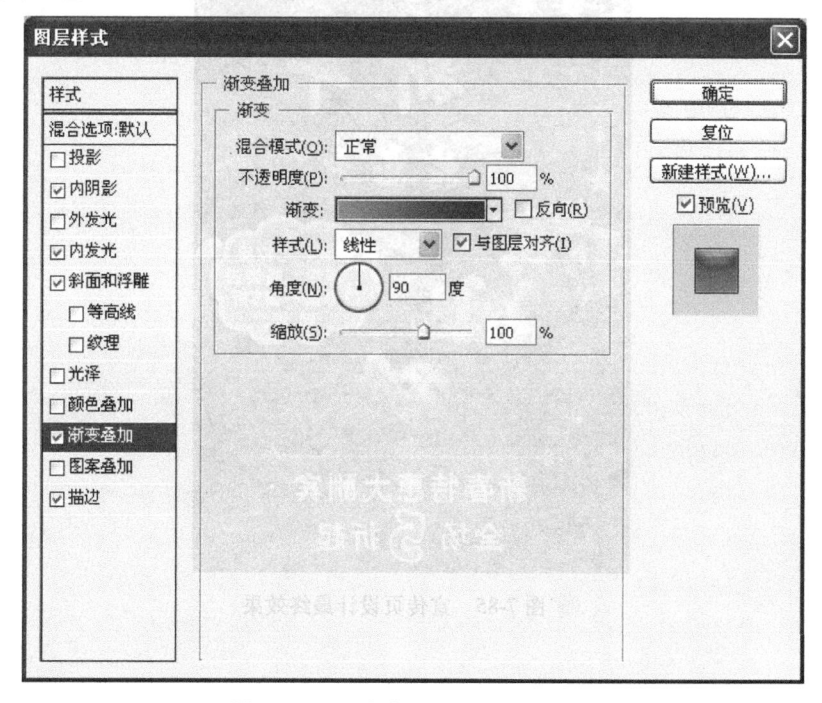

▇ 图 7-83 渐变叠加样式参数设置

15．为标题文字添加描边图层样式，参数设置如图 7-84 所示。其中描边颜色为暗红色（#693108）。

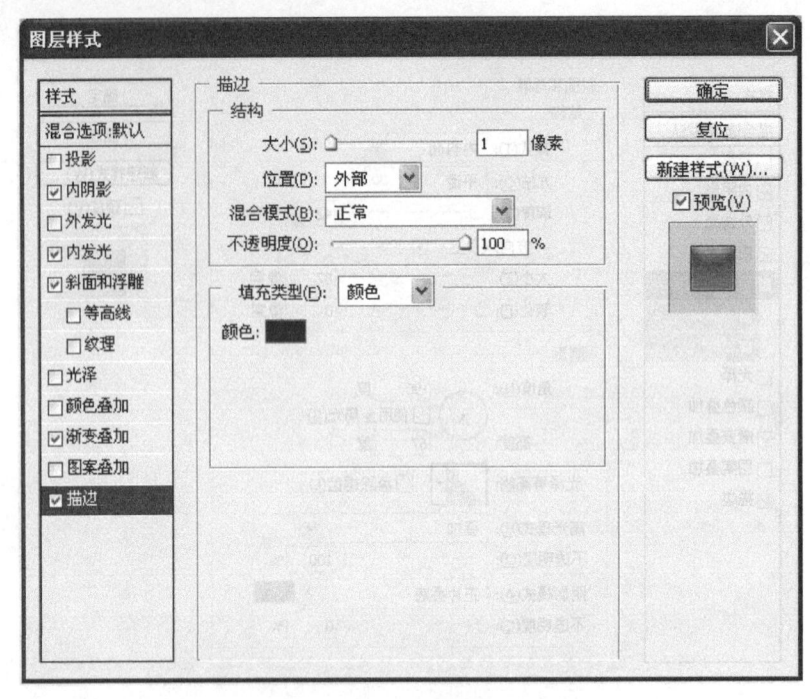

图 7-84 描边样式参数设置

16. 最后宣传页的设计效果如图 7-85 所示。

图 7-85 宣传页设计最终效果

项目八 相爱一生——婚纱艺术合成设计

通道是 Photoshop 中的一项高级功能，它存储着图像中的颜色信息和选区，为此利用通道可以建立各种特殊的选区，它与滤镜、画笔配合使用还能制作出许多特殊的图像效果。通道的功能非常强大，但也相对地比较难理解和掌握。对于初学者来说，重要的是掌握其原理和一些基本的应用，随着学习的深入和能力的提高，慢慢就能掌握通道的精髓来自由运用了。

本项目通过对婚纱艺术合成过程的讲解，为读者介绍了 Photoshop 中通道的用法，尤其是使用通道制作婚纱半透明效果的方法，以及利用 Alpha 通道制作特效的方法。此外，在知识加油站中还介绍了图层样式的管理方法、自定义方法和应用方法。

能力目标

◆ 了解通道的原理和通道的分类，掌握通道的基本操作。
◆ 熟练掌握利用通道建立选区的方法，学会利用通道抠取婚纱的半透明效果。
◆ 了解 Alpha 通道和选区的关系，掌握使用 Alpha 通道制作特效的方法。
◆ 掌握图层样式的管理，并能够自定义，利用渐变填充制作各种图案。

实例效果

图 8-1 实例效果图

任务一　认识通道和使用通道

在 Photoshop 中，通道实际就是具有 256 个色阶的灰度图像，用来存放图像的颜色信息及自定义的选区。使用通道可以制作各种特殊的选区来辅助制图，还可以通过改变通道中存放的颜色信息来调整图像色调。

一、通道的类型

Photoshop 中的通道根据保存信息的不同，可以分为 3 种类型：颜色通道、Alpha 通道和专色通道。

1. 颜色通道

颜色通道又称为原色通道，在 Photoshop 中用来保存图像文件的颜色信息。每次用 Photoshop 打开或新建一个图像文件时，系统都会自动为图像文件创建几个固有的颜色通道，其中一个是复合通道，显示所有的颜色信息，还有几个是单色通道，只记录图像中一种颜色的信息。因此，图像具体有几个颜色通道取决于它的颜色模式。

例如，RGB 模式中颜色是由红、绿和蓝 3 个基本颜色分量混合而成的，那么在 RGB 颜色模式下，图像就有 4 个颜色通道。其中，3 个是原色通道，"红"通道用来记录图像中红色像素的分布信息，当改变"红"通道时，就可以改变红色像素的分布，从而影响整体图像的色调；同样，"绿"通道记录图像中绿色像素的分布信息，"蓝"通道记录蓝色像素的信息。此外还有一个 RGB 复合通道，它不包含任何信息，只是同时预览或编辑所有颜色通道的一个快捷方式，它一般在需要显示图像的完整颜色信息时使用，例如，完成某些通道的编辑后要显示复合通道再返回图层面板，这样才能恢复正常的图像显示。如果图像使用的是 CMYK 颜色模式，那么它就拥有 5 个原色通道，青色、洋红、黄色、黑色 4 个原色通道和一个 CMYK 复合通道。

2. Alpha 通道

Alpha 通道与颜色通道一样也是 256 个色阶的灰度图像，但它记录的不是图像文件中的颜色信息而是选区信息，包括选区的位置、大小、是否羽化以及羽化的大小等。在 Alpha 通道中可以使用【选择工具】、【绘图工具】、色调调整工具以及滤镜等对选区进行各种处理，得到多种多样复杂的选区，然后回到图层面板中利用这些选区来制作图像特效。

3. 专色通道

专色通道应用于印刷领域。当需要在印刷物上加上一种 CMYK4 色油墨无法合成的特殊颜色（如银色、金色）时，就可以创建专色通道，来存放专色油墨的浓度、印刷范围等信息。

二、通道的应用

在 Photoshop 中，通道的功能非常强大，应用也很广泛，总的来说它的应用主要集中在以下几个方面：第一，利用 Alpha 通道来存储选区，并采用处理图像的方法来处理选区，从而获得各种精确的选区，或者是具有特殊效果的选区；第二，把通道看作由原色组成的图像，利用各种图像调整命令对原色通道进行色阶、曲线、色相/饱和度等的调整，从而改变图像的整体色调和效果；第三，利用滤镜对单个原色通道进行各种艺术效果的处理，以创建复杂的艺术效果。下面我们就来介绍两种通道最简单、最普遍的应用。

1. 使用通道实现复杂图像的抠图

通道保存了图像的颜色信息,合理地利用通道的这些信息,可以建立一些其他方法无法创建的图像选区,实现许多复杂图像的抠图。例如,婚纱图像中婚纱的半透明效果,人物发丝和动植物的茸毛边缘等特殊的选区,采用其他建立选区的方法制作非常麻烦,甚至根本无法实现,而采用通道来建立选区则很简单。

通道是具有 256 个色阶的灰度图像,在这个灰度图像中建立选区的话,黑色区域的图像是完全不显示的,白色区域的图像是完全显示的,而灰色区域的图像是半透明的,其透明程度由它的灰度值来决定。灰度值越小透明度越高,显示的越清晰,反之越模糊。因此,我们在制作一些特殊选区时,只要将删除的部分涂成黑色,保留的部分涂成白色,而需要半透明的部分(如婚纱)或复杂的边缘(如头发)细节保留一定的灰度,就能创建出特殊的、精确的选区,从而得到满意的抠图效果。下面以一棵边缘复杂的椰树为例来介绍一下用通道进行抠图的具体过程。

(1)新建一个创建选区的通道。打开原始图像,在通道面板中分别观察红、绿、蓝 3 个原色通道中椰树的显示效果,如图 8-2 所示。在蓝通道中椰树的细节最丰富,与背景色反差最大,在下一步做对比度调节时得到的效果会最好,所以要选择蓝通道。为了不影响原图像的效果,可以将蓝通道拖到通道面板下方【创建新通道】按钮上复制一个蓝副本通道,后面所有制作选区的操作都在蓝副本通道中进行。

(a)红通道　　　　　　　　(b)绿通道　　　　　　　　(c)蓝通道

▇ 图 8-2　图像分别在 3 个通道中的显示效果

(2)增加图像黑白对比度,使树与背景更好地分离。选择蓝副本通道,按【Ctrl+L】快捷键打开"色阶"对话框,调整色阶,尽量使树与背景的颜色反差增大,但不要影响树叶边缘的细节信息。这一步也可以使用【曲线】、【阴影/高光】等其他图像调整命令,只要能增加对比度就行。如图 8-3 所示。

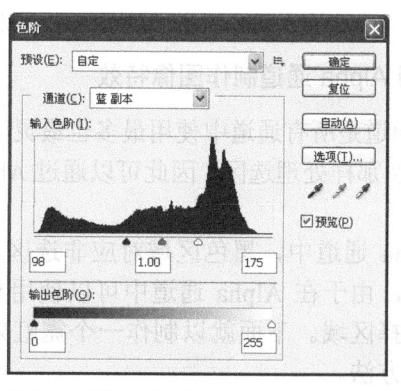

▇ 图 8-3　调整色阶加大图像对比度

（3）填充和涂色。按【Ctrl+I】快捷键执行反相命令，突出树的白色显示区域，此时只要将背景中多余的部分涂成黑色就可以了。为了操作简单，首先用【套索工具】套选中间的椰树，然后按【Ctrl+Shift+I】快捷键反选背景区域，将前景色改为黑色，按【Alt+Delete】快捷键将要删除的部分填充为黑色。按【Ctrl+D】快捷键取消选区，然后使用合适大小的画笔仔细将树的边缘涂抹成黑色，注意树叶部分的灰色不要动。涂黑后的效果如图 8-4 所示。

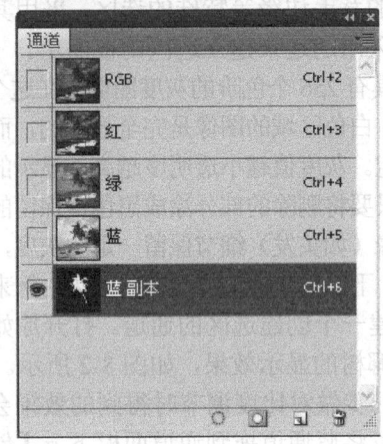

图 8-4　反相后填充黑色的效果

（4）建立选区，完成抠图。按住【Ctrl】键单击蓝副本通道的缩览图载入选区，选择 RGB 复合通道恢复图像的正常显示，再返回图层面板选择"背景"图层，按【Ctrl+J】快捷键生成一个只有椰树的图层，隐藏"背景"图层，可以看到椰树的抠图效果，如图 8-5 所示。

图 8-5　椰树的抠图效果

2．使用 Alpha 通道制作图像特效

Alpha 通道是所有通道中使用最多也最灵活的，它的功能主要是保存并编辑选区，并且能和处理图像那样处理选区，因此可以通过 Alpha 通道制作各种特殊的选区，从而实现一些图像特效。

在 Alpha 通道中，黑色区域对应非选区，白色区域对应选区，灰色区域则对应不同的选择深度，由于在 Alpha 通道中可以使用从黑到白共 256 级灰度色，因此能够创建非常精细的选择区域。下面就以制作一个霓虹效果的文字为例来介绍一下使用 Alpha 通道制作特效的方法。

项目八
相爱一生——婚纱艺术合成设计

（1）建立基本选区。首先打开背景图片，在通道面板底部，单击【创建新通道】按钮，新建 Alpha1 通道。再使用【横排文字工具】，在画面中央输入"霓虹灯"3 个字，设置字体为迷你简秀英，大小为 250 点，浑厚，白色（白色为选区），输入的文字如图 8-6 所示。

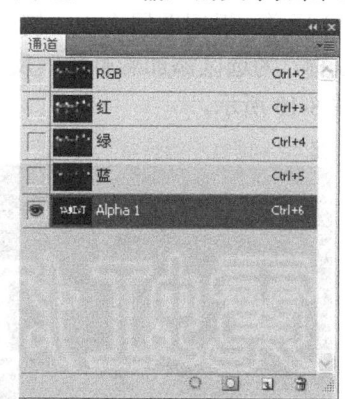

图 8-6 输入文字

（2）对选区进行各种编辑处理。执行【滤镜】→【模糊】→【高斯模糊】命令，设置模糊半径为 5。模糊后的文字效果如图 8-7 所示。

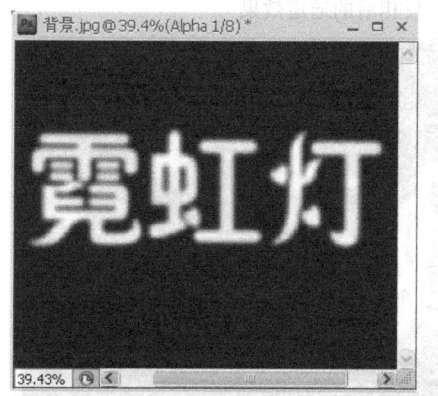

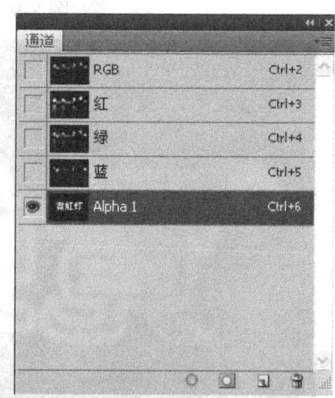

图 8-7 高斯模糊后的文字效果

（3）然后选择 Alpha1 通道，右击，在弹出的快捷菜单中执行【复制通道】命令，新通道命名为"Alpha 2"。再选择"Alpha 2"通道，执行【图像】→【计算】命令，生成新通道命名为"Alpha 3"，计算参数和计算后的效果如图 8-8 所示。

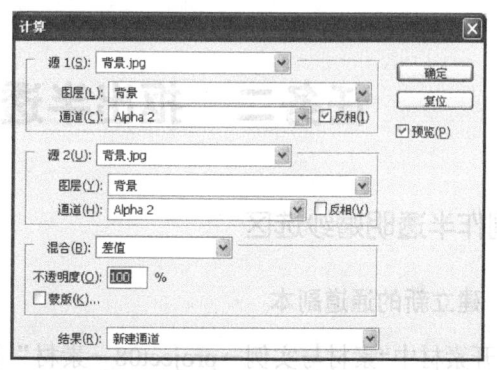

图 8-8 计算参数计算后的通道效果

157

（4）最后选择"Alpha 3"图层，按【Ctrl+I】快捷键执行反相命令，得到选区效果如图8-9所示。其中，文字的白色模糊边缘为选区。

（5）建立选区，制作图像特效。按住【Ctrl】键单击 Alpha 3 通道缩览图载入选区，再选择 RGB 复合通道，返回图层面板。使用【渐变工具】，渐变色为预设的彩虹渐变，在背景上水平拖动鼠标，为选区添加彩虹色。反复操作几次，使效果更加明显，取消选区后得到的霓虹文字如图 8-10 所示。

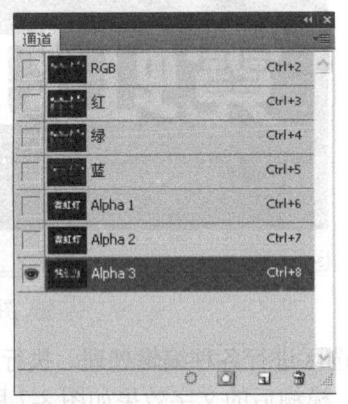

图 8-9　反相后的通道效果

图 8-10　霓虹文字效果

任务二　抠出半透明的婚纱图像

一、制作半透明婚纱选区

1. 建立新的通道副本

打开素材中"素材与实例→project08→素材"目录下的"合照.jpg"图片，选择"背景"图层，按【Ctrl +J】快捷键复制新图层命名为"合照"。打开通道面板，观察红、绿、蓝通道中的人物图像效果，选择婚纱与背景对比最大的红通道，拖动到面板底部的【创建新通道】按钮上，建立一个"红副本"通道，如图8-11所示。

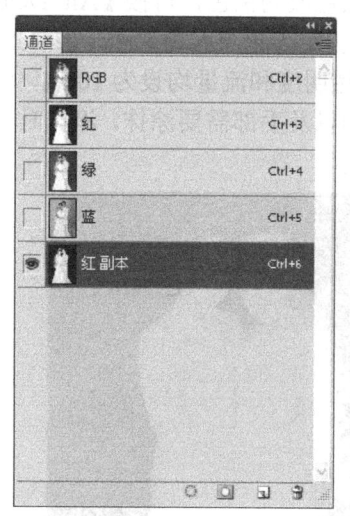

图8-11 建立"红副本"通道

2. 增加通道的对比度

选择"红副本"通道，按【Ctrl+L】快捷键打开"色阶"对话框，调整通道的色阶，使人物的头发与背景色进一步区分开，如图8-12所示。

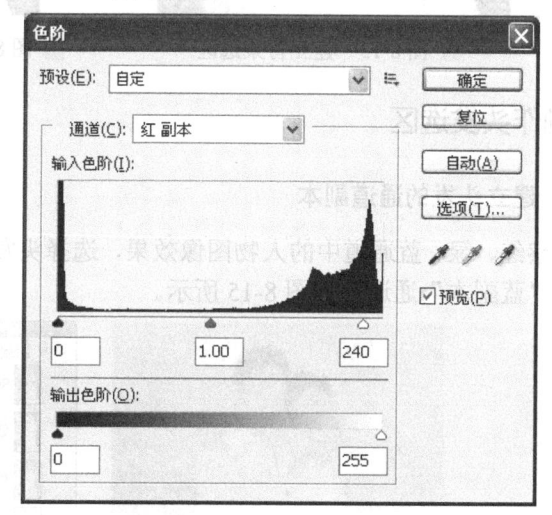

图8-12 红副本通道的色阶参数和效果

3. 建立背景选区

在通道中，因为背景色很干净，可以使用【魔棒工具】，容差设为5，在黑色背景上单击，建立背景选区。然后在工具选项栏中单击【添加到选区】按钮，将婚纱边缘未选上的部分添加到选区，再单击【从选区减去】按钮，将多选的头发部分从选区中减去，如此反复操作得到一个较精确的选区，如图8-13所示。在操作时，可以显示RGB复合通道查看原图效果，这样能更加方便准确地建立选区。

159

图形图像处理（Photoshop CS4）

4. 为人物和背景涂色

首先将前景色改为黑色，再按【Alt+Delete】快捷键将背景选区填充为黑色。再按【Ctrl+Shift+I】快捷键反选建立人物选区，将前景色改为白色，选择【画笔工具】，设置画笔为尖角19像素，不透明度和流量均设为100%，涂抹人物的身体部分。婚纱半透明处不涂抹，被婚纱遮住的头顶以及手部需要涂抹，涂抹时可回到图层面板参考原图。涂抹后得到的通道效果如图8-14所示。

■ 图8-13　建立背景选区　　　　　■ 图8-14　填充和涂抹后的通道效果图

二、制作头发选区

1. 建立头发的通道副本

观察红、绿、蓝通道中的人物图像效果，选择头发与背景对比最大的蓝通道，复制后建立一个"蓝副本"通道，如图8-15所示。

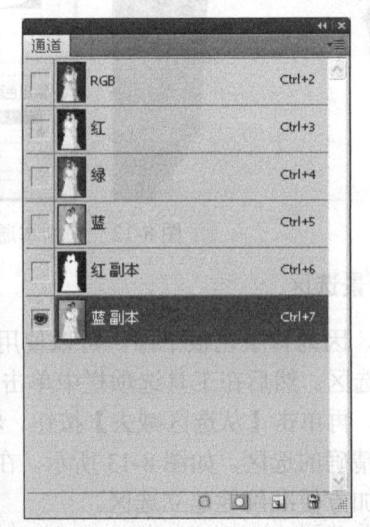

■ 图8-15　建立"蓝副本"通道

160

2. 增加通道对比度

选择"蓝副本"通道，按【Ctrl+L】快捷键打开"色阶"对话框，调整通道的色阶，使人物的头发与背景色进一步区分开，如图 8-16 所示。

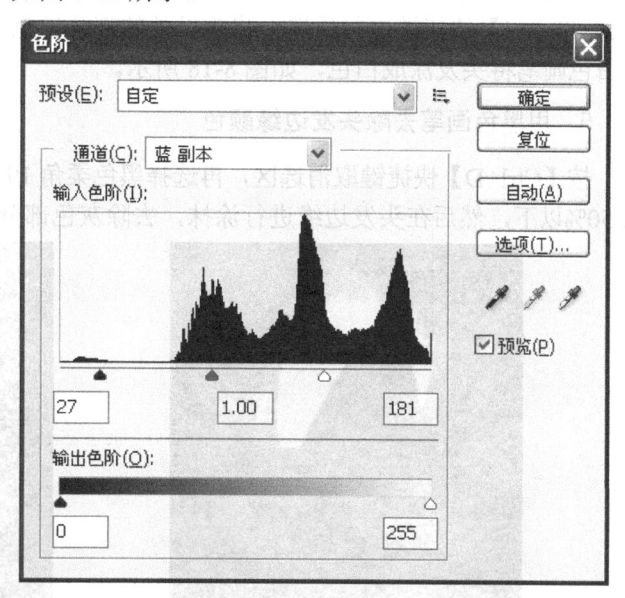

■ 图 8-16　蓝副本通道的色阶参数和效果

3. 反相突出头发

按【Ctrl+I】快捷键执行反相操作，将新郎的头发变成白色，突出头发部分，如图 8-17 所示。

■ 图 8-17　"蓝副本"通道反相后的效果

4. 涂抹头发为白色

人物的大部分选区已经在"红副本"通道中做好了,"蓝副本"通道中着重对新郎的头发进行处理。因此可以先用【多边形套索工具】为新郎头发部分做一个大致选区,然后按【Ctrl+Shift+I】快捷键进行反选,将头发外的部分填充为黑色,再反选一次选中头发部分,用白色画笔将头发涂成白色,如图 8-18 所示。

5. 用黑色画笔去除头发边缘颜色

按【Ctrl+D】快捷键取消选区,再选择黑色柔角 19 像素画笔,将不透明度和流量都降低到 50%以下,然后在头发边缘进行涂抹,去除灰色部分图像,如图 8-19 所示。

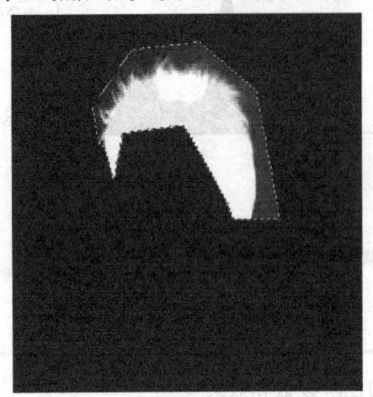

图 8-18　填充和涂抹后头发的效果　　　图 8-19　将头发边缘擦出柔化效果

6. 复制并计算通道

按住【Ctrl】键单击"红副本"通道的缩览图载入选区,然后单击【将选区存储为通道】按钮,生成"Alpha1"通道。按住【Ctrl】键单击"蓝副本"通道的缩览图载入选区,然后执行【选择】→【存储选区】命令,将选区添加到"Alpha1"通道中去,生成一个半透明婚纱与头发合成的通道。存储选区的参数设置如图 8-20 所示,新建的"Alpha1"通道效果如图 8-21 所示。

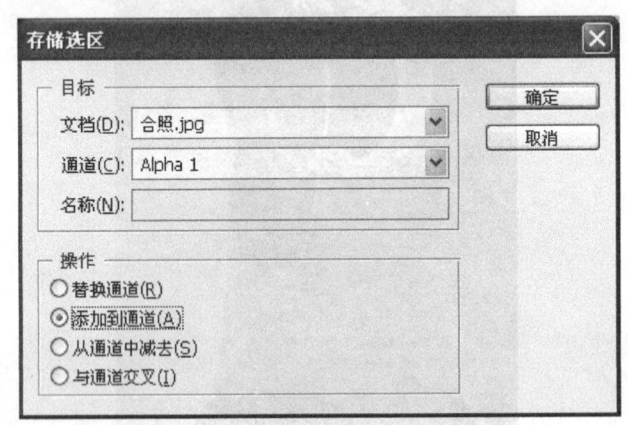

图 8-20　存储选区参数设置

项目八

相爱一生——婚纱艺术合成设计

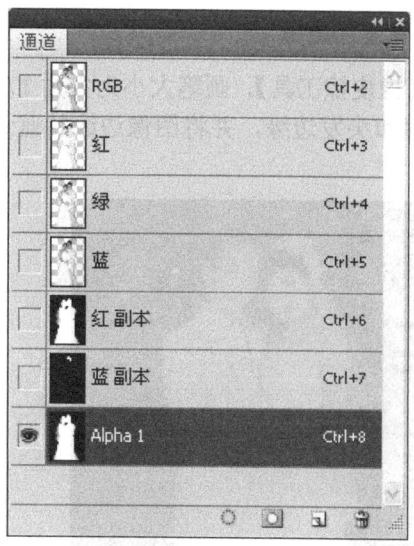

图 8-21 "Alpha1"通道的婚纱和头发效果

三、制作婚纱图像

1. 抠出人物图像

将"Alpha1"通道载入选区，然后选择"RGB"复合通道恢复原颜色模式，再返回图层面板，选中"背景副本"图层，按【Ctrl+J】快捷键复制一个新图层，命名为"半透明婚纱"，效果如图 8-22 所示。

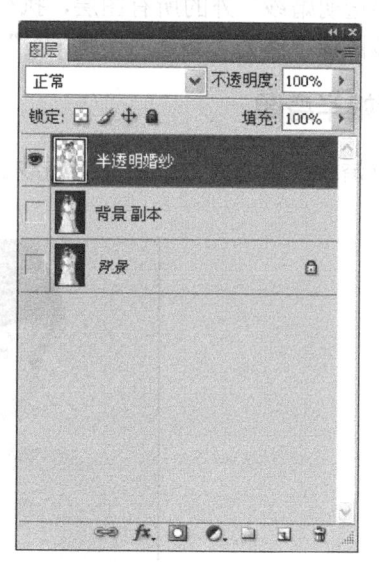

图 8-22 抠出人物图像

2. 去除杂色

在"半透明婚纱"图层下方新建一个"紫色"图层来衬托婚纱，发现婚纱的边缘还有一些杂色，选择"半透明婚纱"图层，执行【图层】→【修边】→【移去黑色杂边】命令，将婚纱变得更白更透明，如图 8-23 所示。

163

3. 去除蓝色边缘

选择【橡皮擦工具】，画笔大小为尖角 17 像素，不透明度和流量都设置为 50%以下，修饰羽毛边缘和头发边缘，并将图像边缘的蓝边去除，得到婚纱图像的最终效果，如图 8-24 所示。

■ 图 8-23 去除黑色杂边后的效果图　　　　■ 图 8-24 婚纱图像的最终效果

4. 保存为透明图像

隐藏"半透明婚纱"外的所有图层，执行【文件】→【存储为】命令，将抠出的无背景的半透明婚纱图像存储为"半透明婚纱.png"文件。

四、抠出新娘半身像

按照抠出婚纱合照的方式抠出新娘婚纱的半身像，另存为"半身像.png"。效果如图 8-25 所示。

■ 图 8-25 抠出的新娘婚纱半身像

任务三 制作婚纱照背景

一、导入背景底图

新建一个"婚纱艺术合成.psd"文件，设置文件大小为 A5，分辨率为 150 像素/英寸，白色。再执行【图像】→【图像旋转】→【90 度（顺时针）】命令，制作横版效果。打开素材中"素材与实例→project08→素材"目录下的"底图.jpg"图片，复制到文件中生成一个新的图层，命名为"底图"。调整底图的大小，使其充满画布。

二、制作背景条纹

1. 拼贴白色条纹

新建一个名为"条纹"的图层，将前景色改为白色，选择【自定形状工具】，在工具选项栏中单击【填充像素】按钮，选择"拼贴 1"形状，在画布左下角上新建一个彩条的图像图层，然后将图层多复制几次并水平移动，拼出一个白色条纹，如图 8-26 所示。

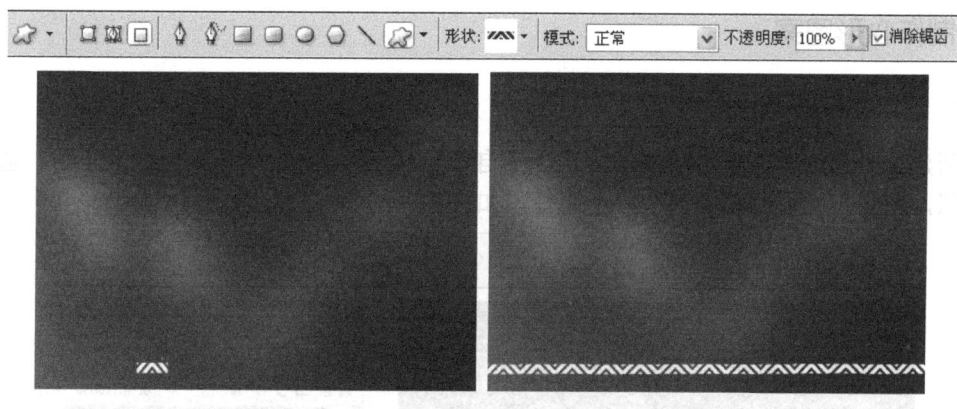

图 8-26 拼接白色条纹

2. 修改混合模式

将"条纹"图层的混合模式改为柔光，不透明度改为 50%，效果如图 8-27 所示。

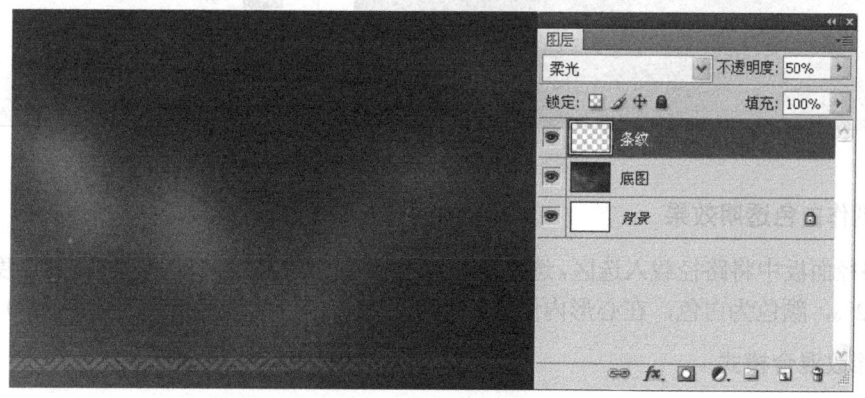

图 8-27 修改混合模式后的条纹效果

三、制作线条

新建一个名为"线条"的图层,使用【矩形选框工具】,在条纹下方制作细线选区,填充为"白色"。同样修改图层混合模式为柔光,不透明度为50%,效果如图8-28所示。

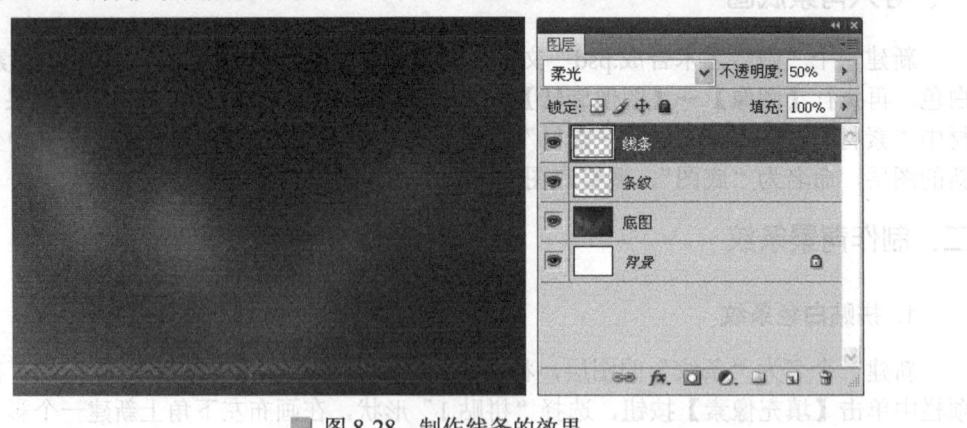

图8-28 制作线条的效果

四、制作心形图案

1. 创建心形路径

新建一个名为"心形"的图层,选择【自定形状工具】,绘图方式为路径绘图,选择心形形状,在画布的右侧绘制一个心形路径,如图8-29所示。

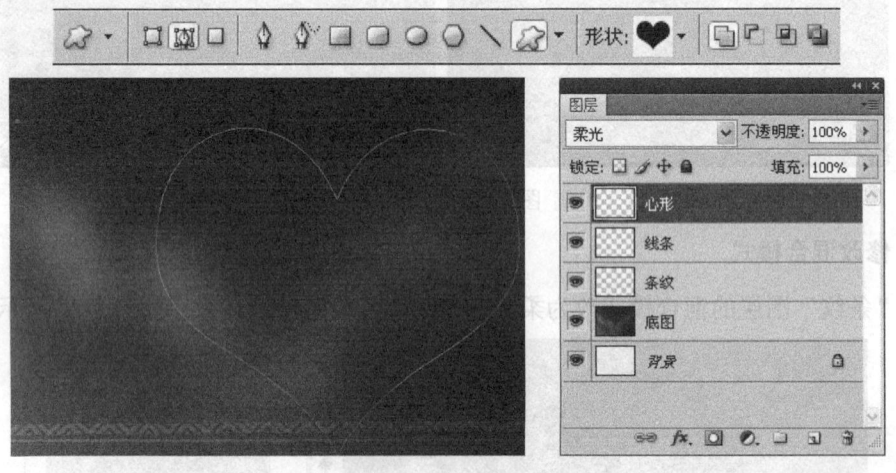

图8-29 绘制心形路径

2. 制作白色透明效果

在路径面板中将路径载入选区,选择【画笔工具】,大小为柔角200像素,不透明度为21%,流量为22%,颜色为白色,在心形内侧进行涂抹,制作白色的透明效果,如图8-30所示。

3. 修改混合模式

取消选区,修改图层混合模式为柔光,得到如图8-31所示的心形效果。

图 8-30　画笔涂抹后的效果　　　　图 8-31　混合为柔光后的效果

任务四　制作人物合成效果

一、添加合照图像

打开任务一中保存的"半透明婚纱.png"图片，将图像复制到文件中，新图层命名为"合照"，调整图像大小，放在画布的右侧，如图 8-32 所示。

图 8-32　添加合照后的效果

二、制作新娘半身像合成效果

1. 添加半身像

打开任务一中保存的"半身像.png"图片，将图像复制到文件中，新图层命名为"半身像"，水平翻转图像并调整图像的大小，放在画布的左侧，如图 8-33 所示。

图 8-33　添加新娘半身像的效果

2. 制作柔和的混合效果

将"半身像"图层的混合模式改为柔光，然后为图层添加蒙版，选择合适大小和不透明度的柔角画笔擦除边缘，制作柔和的过渡效果。如图 8-34 所示。

图 8-34　新娘半身像的合成效果

三、制作花的合成效果

打开素材中"素材与实例→project08→素材"目录下的"花.jpg"图片，复制到文件中生成一个新的图层，命名为"花"。调整花的大小，放在画布的左下角，修改图层混合模式为柔光，然后为它添加图层蒙版，擦除边缘，制作柔和的过渡效果，如图 8-35 所示。

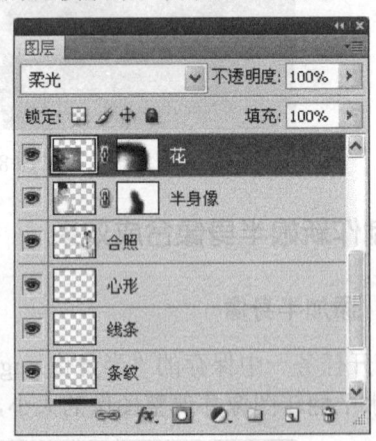

图 8-35　花的合成效果

四、制作对戒的合成效果

打开素材中"素材与实例→project08→素材"目录下的"对戒.jpg"图片，复制到文件中生成一个新的图层，命名为"对戒"。调整图像的大小，放在两侧人物之间，修改图层混合模式为正片叠底，不透明度为60%，如图 8-36 所示。

项目八
相爱一生——婚纱艺术合成设计

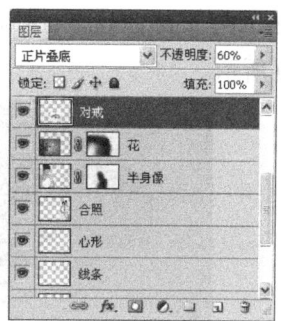

图 8-36　对戒的合成效果

五、制作泡泡的合成效果

打开素材中"素材与实例→project08→素材"目录下的"泡泡.png"图片，复制到文件中生成一个名为"泡泡"的新图层，将图层混合模式改为柔光。新建一个名为"泡泡"的图层组，将"泡泡"图层放在图层组中，再复制多个泡泡图层，分别改变每个图层中泡泡的大小，并修改图层混合模式为叠加或者柔光，使其散布在画面内，不一样的图层混合模式使泡泡深浅不一，效果如图 8-37 所示。

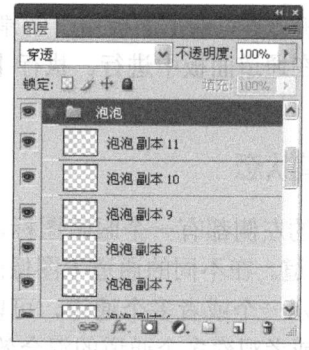

图 8-37　泡泡的合成效果

六、制作文字的合成效果

使用【文字工具】，在 3 个图层中分别输入文字"相"、"爱"和" 一生"。设置字体为迷你简秀英，大小为 72 点，浑厚，粉色（#f79fe8）。选择"爱"文字图层，执行【窗口】→【样式】命令打开样式面板，选择"紫色浪漫"图层样式，为图层应用自定义的"紫色浪漫"图层样式（具体的图层样式在后面的拓展题中定义），效果如图 8-38 所示。

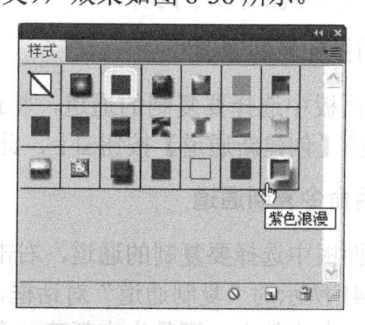

图 8-38　为"爱"文字图层应用图层样式

169

将"爱"文字图层的图层样式复制到其他两个文字图层,完成婚纱艺术合成的最终设计效果,如图 8-39 所示。

■ 图 8-39 婚纱艺术合成最终效果

知识加油站

与图层面板一样,通道面板用于创建并管理通道,以及观察通道的编辑效果,通道的许多操作都需要在通道面板中进行。执行【窗口】→【通道】命令打开通道面板,如图 8-40 所示。

一、查看通道状态

每个通道的左侧都有一个眼睛图标,可以通过它显示/隐藏通道。在不同的通道下图像的显示效果不同,通过显示一个或者多个通道,可以比较通道中的图像效果或者观察多个通道的混合效果。

二、复制通道

图像中的颜色通道是固有通道,它的几个原色通道如果改变的话会影响图像的效果。因此在要借助通道的颜色信息又不想改变原图像效果情况下(如特殊图像的抠图),复制通道是最有效的方法,复制通道的操作方法有以下两种。

1. 使用按钮复制通道

在通道面板中选择要复制的通道,将通道拖曳至面板底部的【创建新通道】按钮 上,此方法仅适用于在同一图像文件内复制通道。

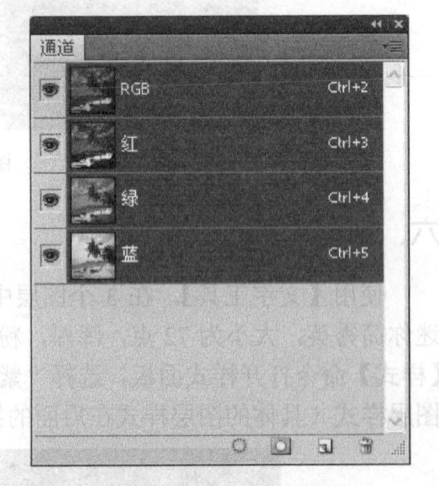

■ 图 8-40 通道面板

2. 使用命令复制通道

在通道面板中选择要复制的通道,右击,在弹出的快捷菜单中执行【复制通道】命令,弹出如图 8-41 所示的"复制通道"对话框,为复制的通道命名。【文档】选项确定了复制的通道是在同一个文件中,还是为它新建一个.psd 文件。【反相】选项用来确定复制通道时是否同时执行反相操作。

三、删除通道

删除通道的操作与删除图层的操作类似，将通道拖动至通道面板底部的【删除当前通道】按钮上即可；也可以选择要删除的通道，在右键快捷菜单中执行【删除通道】命令。如果删除的是 Alpha 通道或复制的通道则对原图像没有影响，但是删除的如果是一个原色通道，那么图像的颜色模式将会自动转换为多通道模式。例如，将图像中的红通道删除，得到的通道面板如图 8-42 所示。

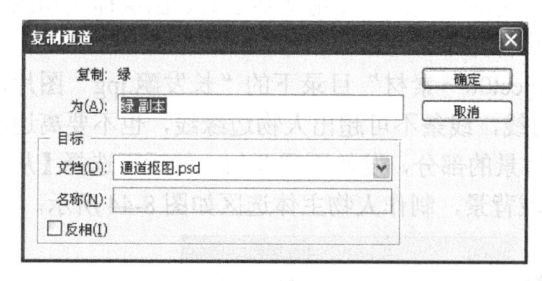

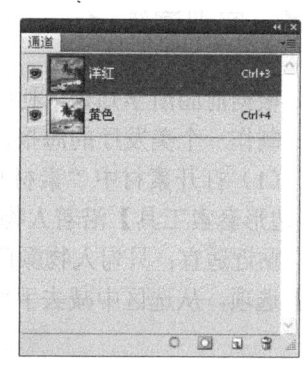

■ 图 8-41 "复制通道"对话框　　　　　■ 图 8-42 删除红通道后的通道面板

四、新建 Alpha 通道

在 Photoshop 的通道中，颜色通道是自动创建的，而 Alpha 通道需要用户自己创建。创建 Alpha 通道的常用方法主要有以下几种。

1. 创建全新的 Alpha 通道

单击通道面板底部的【创建新通道】按钮，会生成一个默认名为"Alpha 1"的 Alpha 通道。所有新建的 Alpha 通道会默认以 Alpha 2、Alpha 3、……来命名。

2. 从选区创建同形状的 Alpha 通道

图像处理过程中的选区具有临时性，取消选区后就不能再还原了。如果想反复调用同一个选区，那么可以将选区保存在 Alpha 通道中。在选区激活的状态下，单击通道面板底部的【将选区存储为通道】按钮，会新建一个 Alpha 通道，并将选区转换为 256 阶的灰度图像。通道中黑色区域为非选择区域，白色区域为选择区域，灰色区域为羽化区域。

3. 保存选区为 Alpha 通道并同时运算

在选区激活的状态下，执行【选择】→【存储选区】命令也可以将选区保存为 Alpha 通道。不同的是，此命令会弹出一个"存储选区"对话框，如图 8-43 所示。使用【存储选区】命令可以新建一个 Alpha 通道，也可以将选区与已有的 Alpha 通道进行运算，得到形状更为

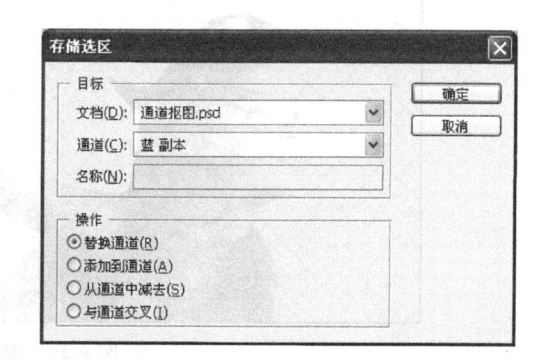

■ 图 8-43 "存储选区"对话框

复杂的 Alpha 通道。

五、将 Alpha 通道转换为选区

在 Alpha 通道中对选区转换的图像进行了各种处理后，会得到新的选区，利用这些选区可以制作各种特殊效果。因此，必须将通道中的灰度图像再转换为选区。可以在选中需要载入选区的 Alpha 通道后，单击通道面板的【将通道作为选区载入】按钮，或按住【Ctrl】键单击 Alpha 通道的缩览图就可以将通道载入选区了。

实训演练

根据前面所学知识，利用通道抠出飞扬的头发，并使用文字工具、图层样式和图层混合模式制作一个美发厅的海报，具体操作步骤如下。

(1) 打开素材中"素材与实例→project08→素材"目录下的"长发飘.jpg"图片，选择【多边形套索工具】沿着人物边缘内侧勾线，线条不可超出人物边缘线，也不要离边缘线太远，贴近适宜；只勾人物颜色完全遮住背景的部分，发丝不需要勾。然后再选择【从选区减去】选项，从选区中减去手部的三角区域背景，制作人物主体选区如图 8-44 所示。

图 8-44 人物主体选区效果

(2) 执行【选择】→【修改】→【羽化】命令，设置羽化值为 1。选择"背景"图层，按【Ctrl+J】快捷键自动生成新图层，选区内的人物主体部分就被复制到了新图层中，将新图层命名为"人物主体"，如图 8-45 所示。

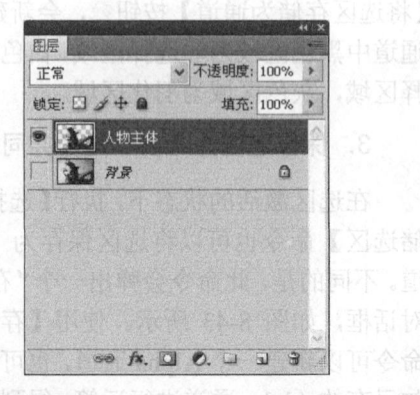

图 8-45 抠出人物主体的效果

172

项目八

相爱一生——婚纱艺术合成设计

（3）隐藏人物主体，选择"背景"图层，打开通道面板，观察红、绿、蓝三个通道，发现蓝通道的人物与背景色相差最大。复制蓝通道生成"蓝副本"图层，按【Ctrl +I】快捷键对"蓝副本"图层执行反相命令，得到的效果如图 8-46 所示。

（4）按【Ctrl +L】快捷键调出"色阶"对话框，调节输入输出值，使蓝通道背景更黑，人物更白，参数和效果如图 8-47 所示。

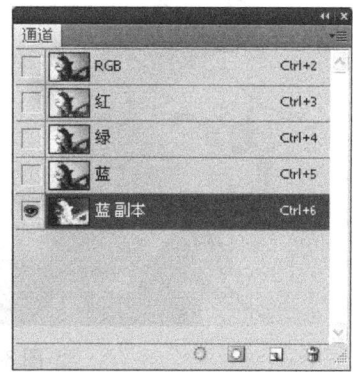

图 8-46　反相后的通道效果

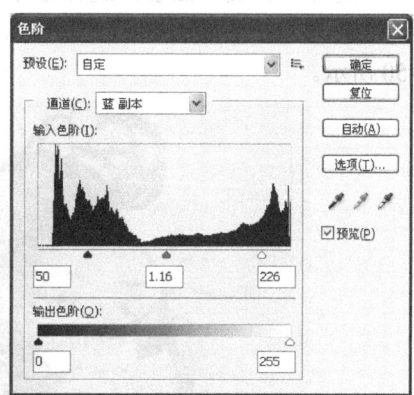

图 8-47　"色阶"对话框参数设置和通道效果

（5）按【Ctrl】键单击蓝副本图层缩览图载入选区，回到图层面板，选择"背景"图层，按【Ctrl+J】快捷键，生成新图层命名为"头发"，隐藏"背景"和"人物主体"图层，看到"头发"图层的效果如图 8-48 所示。

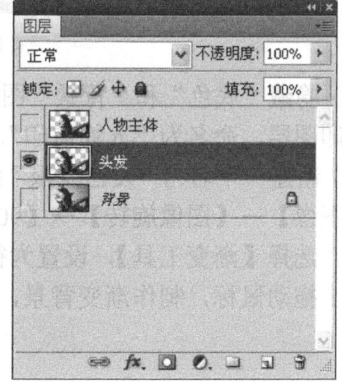

图 8-48　抠出头发的效果

173

（6）将"头发"图层命名为"底色"。给"底色"图层填充肉粉色（#f5c097），显示"头发"图层，发现头发上还有一些白边。执行【图层】→【修边】→【移去白色杂边】命令，得到自然的头发效果，如图8-49所示。

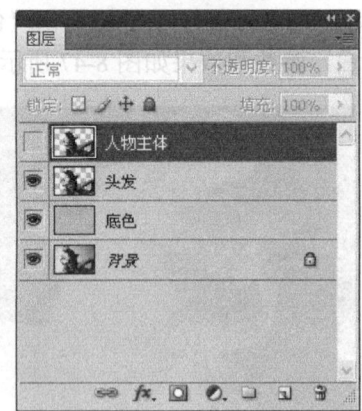

图8-49 去除白边后的头发效果

（7）选择"头发"图层，选择【魔棒工具】，设置容差为30，在画布右上角灰色区域单击，建立选区，并按【Delete】键删除。再显示"人物主体"图层，人物就抠好了，效果如图8-50所示。

图8-50 抠好的人物效果

（8）隐藏"底色"和"背景"图层，选择"人物主体"图层，按【Ctrl+Alt+Shift+E】快捷键盖印图层，命名为"人物盖印"，效果如图8-51所示。

（9）新建一个名为"发艺海报"的文件。设置文件大小为A5，分辨率为300像素/英寸。执行【图像】→【图像旋转】→【90度（顺时针）】命令，将画布横置。新建名为"底色"的图层，选择【渐变工具】，设置为径向渐变，颜色设置为深橘色（#bd3e12）向黑色过渡。在画布上拖动鼠标，制作渐变背景，如图8-52所示。

项目八

相爱一生——婚纱艺术合成设计

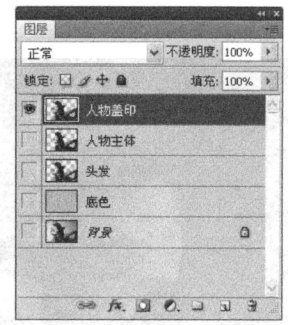

图 8-51 盖印后的整体效果

图 8-52 填充渐变底色效果

（10）将刚刚做好的"人物盖印"图层，复制到"发艺海报"文件中，新图层命名为"美女"。调整图像大小，放在右下方，再执行【图像】→【调整】→【色相饱和度】命令，将饱和度增加为"15"，其他参数不变，使美女的肤色更加红润。如图 8-53 所示。

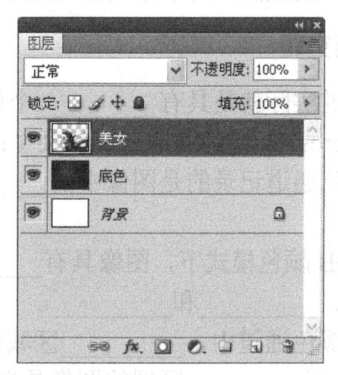

图 8-53 美女的合成效果

（11）打开素材中"素材与实例→project08→素材"目录下的"剪刀.jpg"图片，复制图像到新文件中，新图层命名为"剪刀"。调整剪刀的大小和旋转角度，放在画面左上角。再选择【魔棒工具】，设置容差为 10，建立白色背景选区并删除。制作剪刀的效果如图 8-54 所示。

（12）选择【横排文字工具】，输入文字"潮流发艺"。放置在剪刀的右侧。设置字体为迷你简秀英，大小为 18 点，浑厚，肉粉色（#f9c37e）。再新建一个名为"线"的图层，用【矩形选框工具】画一个极细的矩形框，也填充为肉粉色。在线的下方输入文字"走在流行前线 引领时尚前沿"。设置字体为方正粗圆简体，大小为 8 点，锐利，肉粉色。这样一款简洁大方的发艺海报就制作好了。最终设计效果如图 8-55 所示。

175

图形图像处理（Photoshop CS4）

■ 图 8-54 剪刀的合成效果

■ 图 8-55 最终设计效果

拓展与练习

一、填空题

1．通道实际就是具有_____个色阶的灰度图像。

2．Photoshop 中的通道有 3 种类型：_____、_____和_____。

3．颜色通道记录的是图像中的_____信息，Alpha 通道记录的是图像中的_____信息。

4．RGB 颜色模式下，图像具有_____默认的颜色通道，分别是_____、_____、_____和_____。

5．在颜色通道中，_____区域的图像是完全不显示的，_____区域的图像是完全显示的，而_____区域的图像是半透明的。

6．按住_____键单击通道缩览图可以将通道载入选区。

7．_____命令可以将选区保存为 Alpha 通道，并与已有的通道进行计算。

二、拓展题

根据知识加油站中介绍的自定义图层样式的方法，制作一个紫色浪漫的图层样式，具体操作步骤提示如下。

1．新建一个名为"自创样式"的文件，设置大小为 A6，分辨率为 300 像素/英寸。将画布顺时针旋转 90 度横置。新建"底色"图层，选择【渐变工具】，设置径向渐变模式。渐变色为浅紫色（#1d0335）到深紫色（#a440a0）过渡，如图 8-56 所示。

176

项 目 八

相爱一生——婚纱艺术合成设计

图 8-56 渐变底色效果

2. 分 4 个图层输入"甜""蜜""女""孩"4 个字。设置字体为长城特粗黑体,大小为 72 点,浑厚,粉色(#f600ff),如图 8-57 所示。

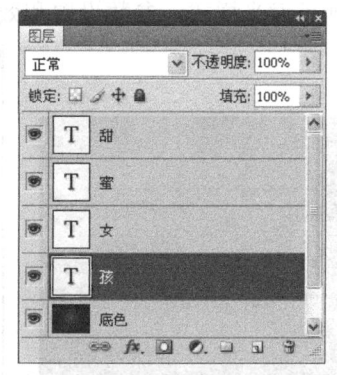

图 8-57 输入文字

3. 为"甜"字添加投影图层样式,参数设置和效果如图 8-58 所示。

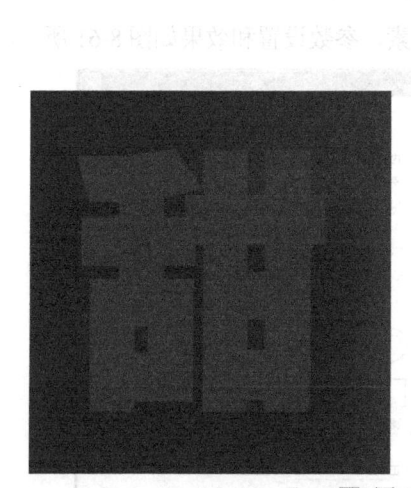

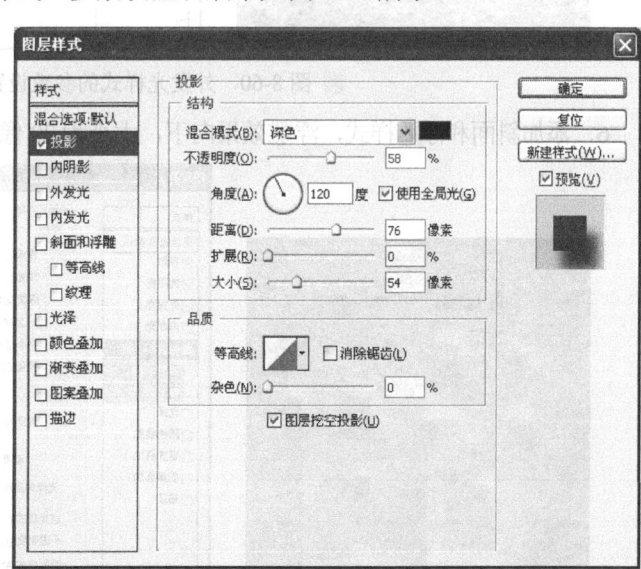

图 8-58 投影样式的参数设置和效果

4. 添加内阴影样式,参数设置和效果如图 8-59 所示。

177

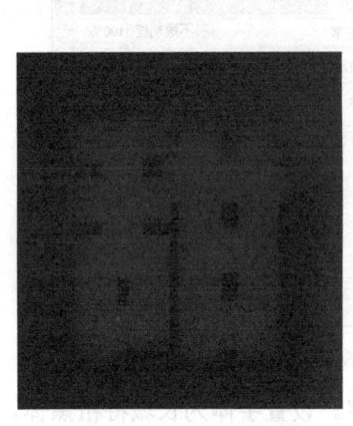

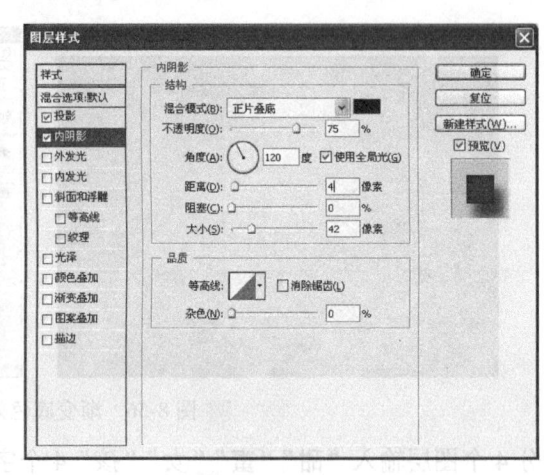

图 8-59　内阴影样式的参数设置和效果

5. 添加外发光样式，参数设置和效果如图 8-60 所示。

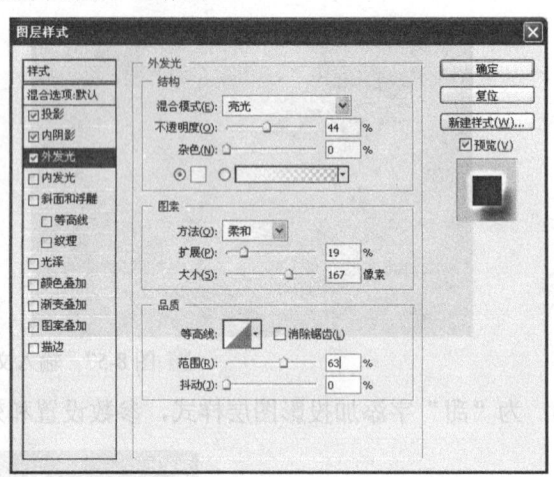

图 8-60　外发光样式的参数设置和效果

6. 添加斜面和浮雕样式，浮雕效果向下，大小为 20 像素，参数设置和效果如图 8-61 所示。

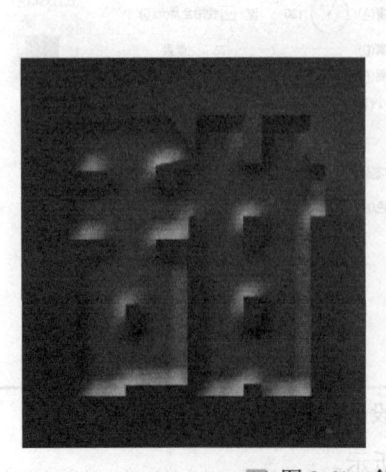

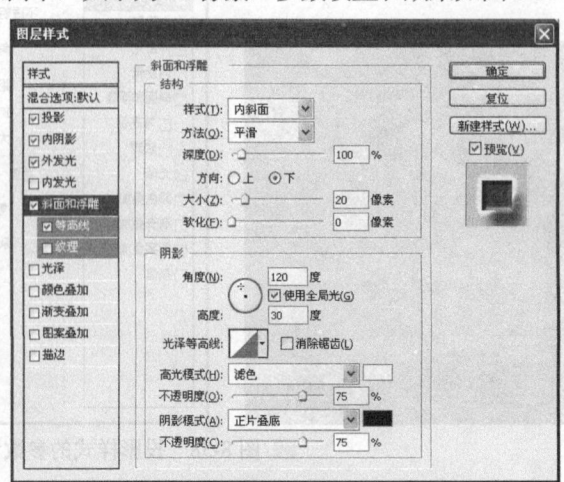

图 8-61　斜面和浮雕样式的参数设置和效果

项目八

相爱一生——婚纱艺术合成设计

7. 添加等高线选项，参数使用默认值。添加纹理选项，单击图案打开图案管理面板，单击面板右侧的小箭头，在弹出的菜单中执行【载入图案】命令，载入光盘中"素材与实例→project08→素材"目录下的"carbone.paz"文件，然后在新增的图案中选择 carbone 4，缩放 417%。参数设置和效果如图 8-62 所示。

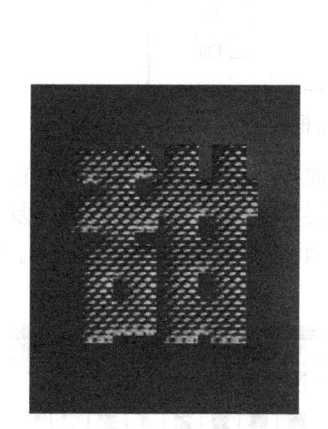

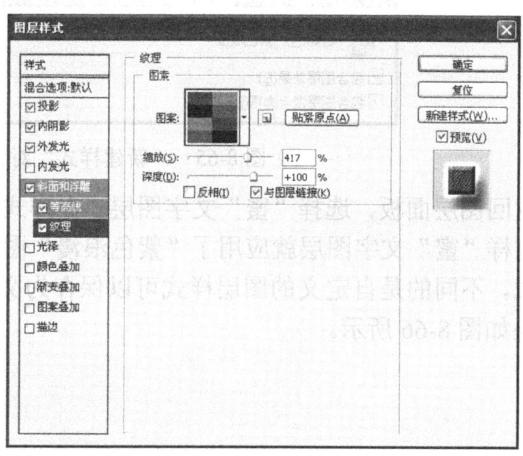

图 8-62 纹理样式的参数设置和效果

8. 添加描边图层样式，参数设置和效果如图 8-63 所示。其中渐变色为白色向紫色（#490e52）过渡。

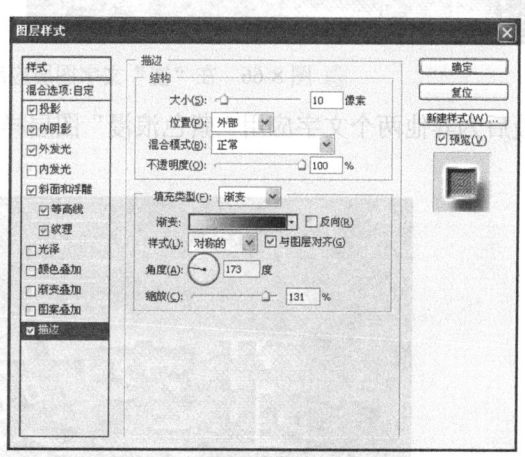

图 8-63 描边样式的参数设置和效果

9. 选择添加了图层样式的文字图层，执行【窗口】→【样式】命令打开样式面板，单击面板右上角的小三角按钮，在打开的菜单中执行【新建样式】命令，如图 8-64 所示。

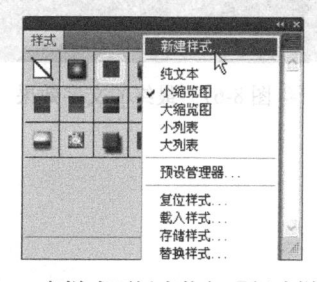

图 8-64 在样式面板中执行【新建样式】命令

179

10. 在弹出的"新建样式"对话框中，将自定义的样式命名为"紫色浪漫"，并将下面的两个选项都勾选上，如图 8-65 所示，这样就将前面设计的图层样式保存下来，创建了一个名为"紫色浪漫"的自定义样式。

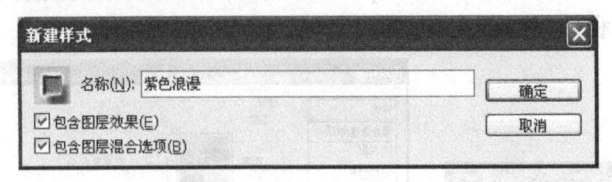

图 8-65 "新建样式"对话框设置

11. 返回图层面板，选择"蜜"文字图层，在样式面板中选择自定义的"紫色浪漫"图层样式，这样"蜜"文字图层就应用了"紫色浪漫"图层样式，这与图层样式的复制和粘贴操作很相似，不同的是自定义的图层样式可以保存为文件，任何时候都能够使用。应用图层样式的效果如图 8-66 所示。

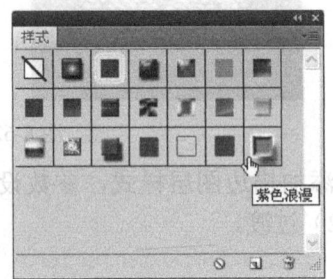

图 8-66 在"蜜"文字图层应用自定义样式

12. 最后为其他两个文字应用"紫色浪漫"图层样式，完成文字特效的制作，如图 8-67 所示。

图 8-67 最终的文字效果

项目九 水墨茶道——滤镜特效设计

滤镜被喻为 Photoshop 中的哈里·波特魔棒，经过滤镜处理的图像顷刻之间呈现出千变万化、眼花缭乱的特殊效果，犹如经过魔法师魔棒的点化。因此，掌握各种滤镜用法是制作高质量 Photoshop 作品的必备技能。

本项目通过讲解茶室广告的制作过程，为读者重点介绍几种常用滤镜的使用方法和技巧。此外，还介绍了各种滤镜的特殊效果，以及滤镜库的用法，使用户能在设计作品时更加灵活、恰当地使用滤镜。

能力目标

◆ 了解各种滤镜的功能和特效，能够灵活运用各种滤镜。
◆ 熟练掌握几种常用滤镜的使用方法和技巧，为图像添加特殊效果。
◆ 了解滤镜库的使用方法，能够综合运用各种滤镜来完成一些特效的制作。

实例效果

图 9-1 实例效果图

任务一　认识滤镜

一、滤镜与图像

Photoshop 滤镜种类繁多，功能和应用各不相同。有的能够校正图像、有的能够抽出内容、有的能够添加特效。现在我们就从以下几方面来认识和理解滤镜。

1．滤镜与图像特效

在滤镜的众多应用中，生成图像的特殊效果是最引人注目的一个。使用同一个滤镜的不同参数，或者组合使用若干个不同的滤镜都能够产生千变万化的效果，甚至在使用相同滤镜相同参数时也会跟随运用的顺序不同，产生不同的效果。此外，Photoshop 中的大部分滤镜都具有随机性的特点，这一特点保证了作品效果的多样性。因此许多初学者着迷于滤镜的效果，沉浸在滤镜各种使用技巧的研究中。但要切记不要养成在作品中堆砌滤镜效果的不良习惯，应该均衡掌握 Photoshop 中的各种技术，从设计主题出发，根据实际需要应用滤镜，使其真正起到画龙点睛的作用。

2．滤镜与图像处理

Photoshop 中还有一些滤镜并不会产生图像特效，它们的功能主要是对图像进行处理，纠正图像在制作时产生的问题。例如，【锐化】滤镜组中的滤镜用于使图像更加清晰；【消失点】滤镜能够在保证图像透视角度不变的前提下，对图像进行仿制、拷贝及变换等操作。

对于生成特殊效果的滤镜，参数的设置主要根据效果来确定，不需要很精确。但用于图像处理的滤镜，则要准确的设置参数，否则可能产生矫枉过正或严重失真的现象。

二、常用滤镜

Photoshop CS4 提供了将近 100 个内置滤镜，下面就简要介绍一下几种常用滤镜能产生的特殊效果，以便能够在实际设计中灵活运用。

1．风格化滤镜

风格化滤镜通过置换像素和通过查找并增加图像的对比度，在选区中生成绘画或印象派的效果。它是完全模拟真实艺术手法进行创作的。例如，模拟刮风的效果、模拟浮雕的凹凸效果，以及拼图效果。

2．画笔描边滤镜

画笔描边滤镜主要通过模拟不同的画笔或油墨笔刷来勾绘图像，产生绘画效果。例如，强化的边缘滤镜可以形成彩笔勾画图像边界的效果，成角的线条滤镜可以产生斜笔画风格的图像，喷溅滤镜可以产生一种被雨水打湿的视觉效果。而烟灰墨滤镜则可以产生在宣纸上进行水墨画的效果。

3．模糊滤镜

模糊滤镜可以使图像中过于清晰或对比度过于强烈的区域，产生模糊效果。它通过平衡图像中已定义的线条和遮蔽区域的清晰边缘旁边的像素，使过渡的变化显得柔和。这种滤镜使用的非常频繁，是必须掌握的滤镜之一。在 Photoshop 中，模糊滤镜效果有如下几种。

（1）动感模糊。可以产生动态模糊的效果，此滤镜的效果类似于以固定的曝光时间给一个移动的对象拍照。常用于一些表现速度感的图像中。

（2）高斯模糊。运用数学中的高斯函数对图像中的像素值进行计算，产生的一种朦胧效果。在视觉上好像经过一个半透明的屏幕观看图像。在制作朦胧感图像时常用这种滤镜效果。

（3）镜头模糊。向图像中添加模糊以产生更窄的景深效果，以便使图像中的主体对象清楚，而使前景或背景变得模糊。在一些人物写真中常用到这种滤镜的效果。

4．扭曲滤镜

扭曲滤镜通过几何学的原理来把一幅图像进行扭曲、变形，以创造出三维效果或其他的整体变化，这种滤镜的随机性比较大，每一个滤镜都能产生一种或数种特殊效果。例如，波浪滤镜能使图像产生波浪扭曲效果。玻璃滤镜会使图像看上去如同隔着玻璃观看一样，水波滤镜能使图像产生同心圆状的波纹效果。

5．素描滤镜

素描滤镜用于创建手绘图像的效果，简化图像的色彩，此类滤镜不能应用在 CMYK 和 Lab 模式下。例如，粉笔和炭笔滤镜用于创建类似炭笔素描的效果。撕边滤镜用于使图像呈现撕破的纸片状，并用前景色和背景色对图像着色。图章滤镜用于使图像呈现图章盖印的效果。

6．渲染滤镜

渲染滤镜可以在图像中创建云彩图案、折射图案和模拟的光反射效果。也可在 3D 空间中操纵对象，从灰度文件创建纹理填充以模拟 3D 的光照效果。

（1）云彩。使用介于前景色与背景色之间的随机值，生成柔和的云彩图案。

（2）光照效果。可以通过改变 17 种光照样式、3 种光照类型和 4 套光照属性，在 RGB 图像上产生无数种光照效果。

（3）镜头光晕。模拟亮光照射到相机镜头所产生的折射，控制光晕的中心位置来生成不同的效果。

（4）纹理填充。用灰度文件或其中的一部分填充选区，产生灰度图浮凸在图像中的效果。

7．艺术效果滤镜

艺术效果滤镜可以模拟各种绘画风格和绘画技巧，使一幅平淡的图像产生油画、水彩画、木刻画等各种不同的艺术效果。

8．杂色滤镜

Photoshop 中的杂色滤镜有 4 种，分别为蒙尘与划痕、去斑、添加杂色、中间值滤镜，主要用于校正图像处理过程中产生的小瑕疵，例如，去除扫描图像时产生的杂色，也可以在经过处理后的皮肤表面添加一些杂色使其更加自然。

任务二　制作山峦背景图案

一、新建空白文件

执行【文件】→【新建】命令，设置文件名称为"水墨茶道"，预设为国际标准纸张 A5，分辨率为 300 像素/英寸，背景内容为白色，其余不变，如图 9-2 所示。

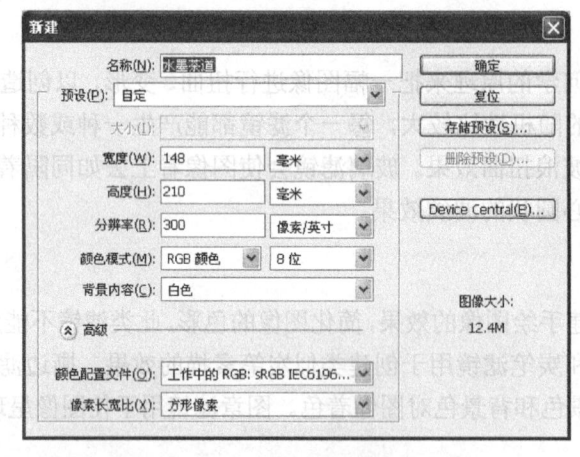

图 9-2　新建文件参数设置

二、导入背景底纹

打开素材中"素材与实例→project09→素材"目录下的"底纹纸.jpg"图片，将图像全部复制到新建文件中，建立的新图层命名为"底纹纸"。再按【Ctrl+T】快捷键执行自由变换命令，在图像周围出现调整框后，右击，在弹出的快捷菜单中执行【旋转 90 度（顺时针）】命令，将图像顺时针旋转后再调整图像至画布大小，并将图层的填充改为 35%，如图 9-3 所示。

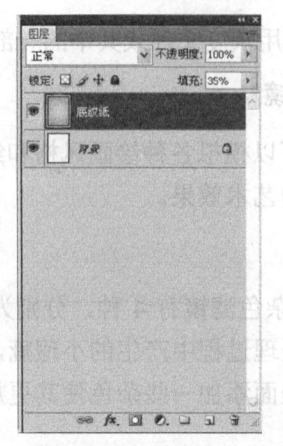

图 9-3　导入背景底纹

三、制作远山图案

1．制作远山黑白效果

导入光盘中"素材与实例→project09→素材"目录下的"远山.jpg"图片中的图像，将新图层命名为"远山"。按【Ctrl+T】快捷键调整图片大小，放在画布的左上角。然后执行【图像】→【调整】→【去色】命令，将图片变成黑白效果。修改图像混合模式为正片叠底，填充为85%，参数和效果如图9-4所示。

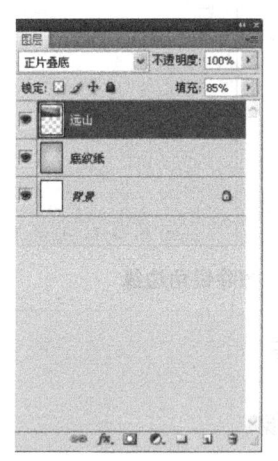

图9-4　制作远山黑白效果

2．制作远山缥缈效果

执行【滤镜】→【模糊】→【高斯模糊】命令，设置模糊半径为10像素，对远山图像进行模糊，制造缥缈的效果，参数和效果如图9-5所示。

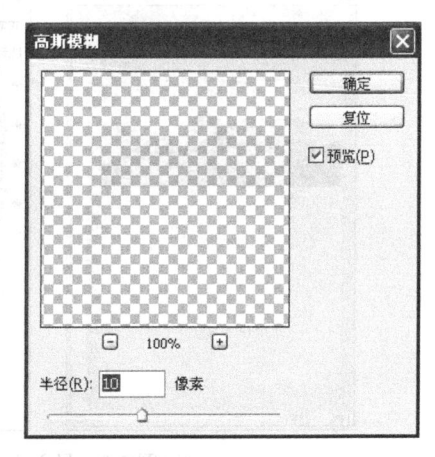

图9-5　制作远山缥缈效果

3．制作自然过渡效果

单击图层面板底部的【添加图层蒙版】按钮，为图层添加一个全部显示的图层蒙版。将前景色设置为黑色，画笔设置为尖角150像素，不透明度和填充均设置为100%，先对远山边缘进行涂抹，擦去锐角边缘，参数和效果如图9-6所示。

将画笔修改为柔角，不透明度及填充值均为50%，在远山的边缘进行涂抹，经过多次反复调节画笔的不透明度及填充值，逐步涂抹出远山的自然过渡效果，参数和效果如图9-7所示。

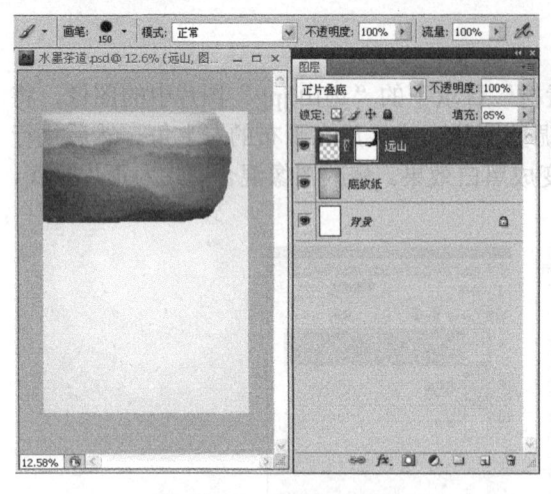

图9-6　擦除锐角边缘

图9-7　涂抹出自然过渡效果

四、制作山峦图案

1. 导入山峦图像

导入光盘中"素材与实例→project09→素材"目录下的"山峦.jpg"图片中的图像，将新图层命名为"山峦"。使用【矩形选框工具】选出合适的山峰部分，按【Ctrl+Shift+I】快捷键进行反选，再按【Delete】键删除多余的图像。按【Ctrl+T】快捷键调整图片大小，放在远山图像的右前方，如图9-8所示。

图9-8　导入山峦图像

2. 制作黑白朦胧效果

执行【图像】→【调整】→【去色】命令制作黑白效果。修改图像混合模式为正片叠底，填充为90%，由于山峦比远山距离我们近一些，看得比较清楚，执行【滤镜】→【模糊】→【高斯模糊】命令时，模糊半径要设为5像素，造成朦胧的效果，参数和效果如图9-9所示。

3. 制作自然衔接效果

为图层添加一个全部显示的蒙版，按照之前远山蒙版的制作方法，先用尖角画笔擦去锐角边缘，再改用柔角画笔，不断调节不透明度及填充值，多次涂抹山峦边缘，制作出远山和山峦之间的自然衔接效果，如图9-10所示。

图 9-9　制作黑白朦胧效果　　　　图 9-10　制作山峦自然衔接效果

任务三　制作荷花与茶具

一、制作水墨荷花图案

1. 制作黑白荷花效果

导入光盘中"素材与实例→project09→素材"目录下的"荷花.jpg"图片中的图像，将新图层命名为"荷花"。按【Ctrl+T】快捷键调整荷花大小，放在画布的右下方。执行【图像】→【调整】→【去色】命令制作黑白效果，再执行【图像】→【调整】→【反向】命令来突出荷花，如图9-11所示。

2. 制作荷花的水墨效果

执行【滤镜】→【画笔描边】→【喷溅】命令产生水墨画效果，设置喷溅半径为18，平滑度为12，效果和参数如图9-12所示。

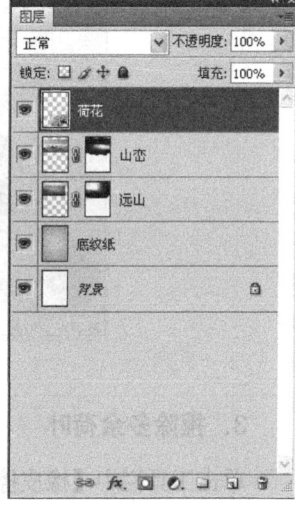

图 9-11　制作荷花黑白效果

图形图像处理（Photoshop CS4）

图 9-12　喷溅滤镜的效果和参数

此时生成的水墨效果较为生硬，执行【滤镜】→【模糊】→【高斯模糊】命令，模糊半径设为 5 像素，使荷花图像柔和一些。再次执行【滤镜】→【画笔描边】→【喷溅】命令，设置喷溅半径为 10，平滑度为 12，完成荷花的水墨效果。修改图层混合模式为正片叠底，不透明度为 70%，效果如图 9-13 所示。

图 9-13　完成荷花的水墨效果

3. 擦除多余荷叶

单击工具栏中【橡皮擦工具】，在工具选项栏中设置画笔为柔角 30 像素，不透明度和流量从 100%开始逐渐减小，反复多次擦除荷花旁边多余的荷叶，保留荷花主体，效果如图 9-14 所示。

图 9-14 擦除荷花边缘多余部分

二、制作墨滴剪切蒙版

1. 导入墨滴图片

导入光盘中"素材与实例→project09→素材"目录下"墨滴.png"文件中的图像，将新图层命名为"墨滴"，将墨滴放在画布中间。由于墨滴的图像墨迹较轻，按【Ctrl+J】快捷键再复制一个图层，命名为"墨滴副本"。叠加的墨滴图层效果如图 9-15 所示。

图 9-15 叠加的墨滴图层效果

2. 导入茶具图片

导入光盘中"素材与实例→project09→素材"目录下"茶具.jpg"文件中的图像，将新图层命名为"茶具"。将"茶具"图层的不透明度降低为 60%，可以透出下方墨滴的轮廓，然后按【Ctrl+T】快捷键调整茶具图像的大小，使茶具正好在墨滴轮廓的内部，效果如图 9-16

所示。

图 9-16 降低透明度的"茶具"图层

3. 创建墨滴状剪贴蒙版

将"茶具"图层的不透明度恢复为100%，在图层面板中"茶具"图层上右击，在弹出的快捷菜单中执行【创建剪贴蒙版】命令，这样茶具就会以墨滴的形状为边缘显示出来，如图 9-17 所示。

图 9-17 制作墨滴状的剪贴蒙版

三、制作边框效果

导入光盘中"素材与实例→project09→素材"目录下"边框.jpg"文件中的图像，将新图层命名为"边框"。按【Ctrl+T】快捷键调整边框的大小，使其正好与画布等宽并放在画布顶端。然后更改图层混合模式为正片叠底，完成的边框效果如图 9-18 所示。

项目九

水墨茶道——滤镜特效设计

图 9-18 添加边框

任务四 制作文字艺术效果

一、制作主题文字

1. 输入"茶"字

使用【横排文字工具】，输入文字"茶"，设置字体为中山行书百年纪念版，大小为 150 点，浑厚，颜色为茶色（#1f0d0d），参数与文字效果如图 9-19 所示。

图 9-19 "茶"字的参数与文字效果

191

2. 添加描边图层样式

为图层添加描边样式，参数设置为大小 16 像素，颜色为乳黄色（#efe8da）。描边参数及效果如图 9-20 所示。

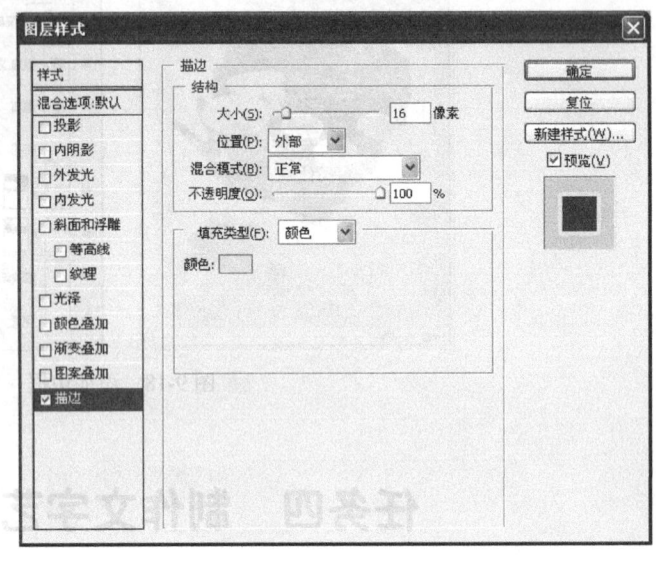

图 9-20　描边样式的参数设置和效果

3. 输入竖排文本

选择【直排文字工具】，在画布的左下角输入文字"俗人多泛酒"和"谁解助茶香"。设置字体为中山行书百年纪念版，大小为 20 点，浑厚，颜色为茶色（#1f0d0d），参数与文字效果如图 9-21 所示。

图 9-21　直排文字参数设置和文字效果

二、制作印章效果

1. 输入印章文字

使用【直排文字工具】，在茶字的右下角输入文字"茶道"，设置字体为汉仪粗篆繁，大小为 20 点，浑厚，颜色为红色（#b50101），参数与文字效果如图 9-22 所示。

图 9-22　直排文字参数设置和文字效果

2. 绘制印章边缘路径

使用【钢笔工具】，在"茶道"两字周围勾画钢笔路径。使用【转换点工具】，调节钢笔路径，使路径与文字贴合。路径如图 9-23 所示。

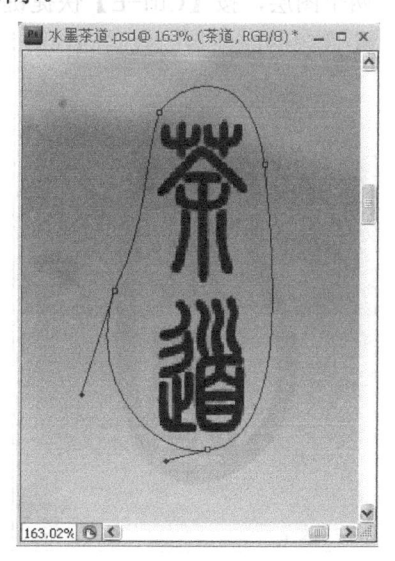

图 9-23　绘制印章边缘路径

3. 描边生成印章边框

在"茶道"文字图层上方新建一个名为"印章"的图层，选择【画笔工具】，设置前景色为红色（#b50101），画笔为尖角 9 像素。打开路径面板，在工作路径上右击，在弹出的快捷菜单中执行【描边路径】命令，在打开的对话框中选择画笔（下面的模拟压力选项不要勾选），然后单击路径面板下方【用画笔描边路径】按钮，制作印章边框，如图 9-24 所示。

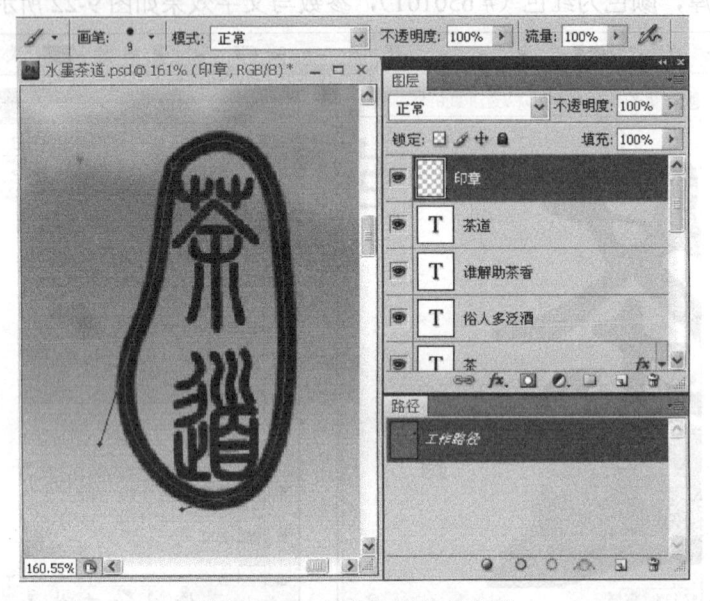

图 9-24 描边生成印章边框

4. 合并图层

选中"茶道"文字图层，右击，在弹出的快捷菜单中执行【栅格化文字】命令，将文字图层转换为普通图层。再按【Ctrl+T】快捷键调整文字，使文字与印章边框相贴。再选择"茶道"和"印章"两个图层，按【Ctrl+E】快捷键合并为"印章"图层，如图 9-25 所示。

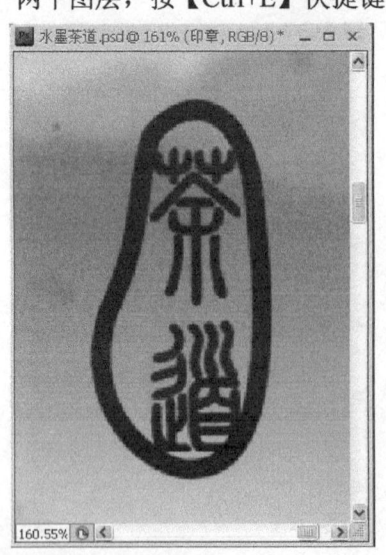

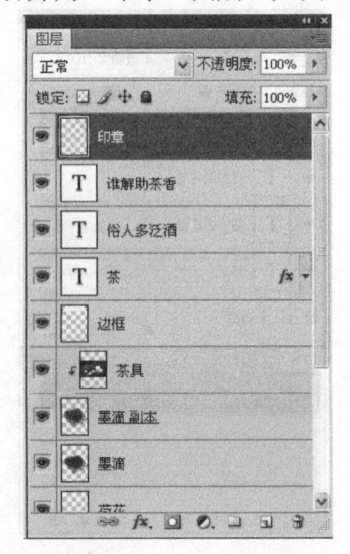

图 9-25 合并图层效果

5. 制作撕边效果

执行【滤镜】→【素描】→【撕边】命令产生撕边效果，设置参数如下：图像平衡为46，平滑度为12，对比度为22。撕边参数设置和效果如图9-26所示。

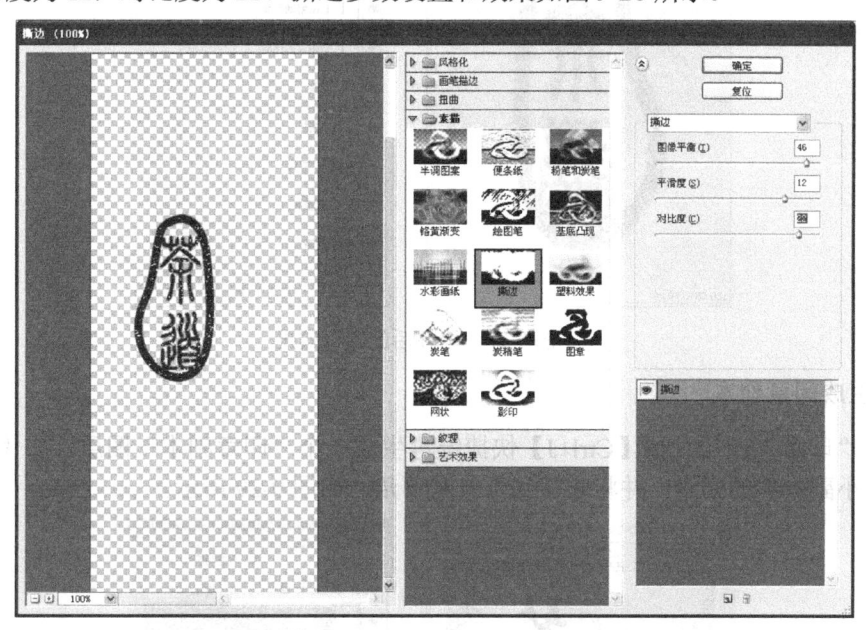

图9-26 撕边滤镜的参数设置和效果

6. 制作油印边缘效果

选择"印章"图层，按【Ctrl+J】快捷键复制一个图层。将"印章副本"图层放在"印章"图层下方。再次选择"印章"图层，执行【滤镜】→【模糊】→【高斯模糊】命令制作油印边缘效果，模糊半径设为1.5，高斯模糊效果如图9-27所示。

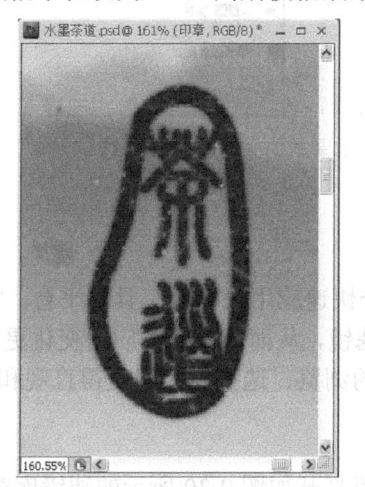

图9-27 高斯模糊效果

7. 完成印章制作

将"印章"图层的混合模式改为正片叠底，并按【Ctrl+E】快捷键向下合并图层，生成新的"印章"图层，合并后的印章效果如图9-28所示。

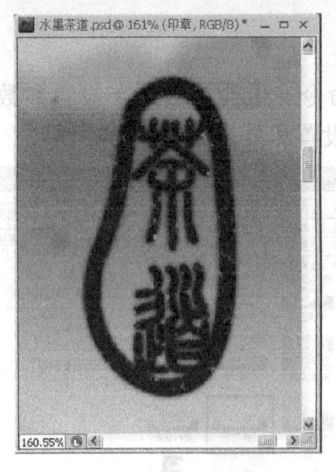

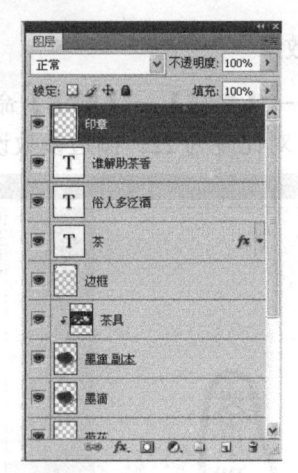

图 9-28 合并后的印章效果

8. 生成印章副本

选中"印章"图层，按【Ctrl+J】快捷键再生成一个"印章副本"图层，按【Ctrl+T】快捷键缩小副本中的印章，并将它移到画布左下角，如图 9-29 所示。

图 9-29 印章副本的大小与位置

知识加油站

滤镜库是 Photoshop 提供给用户的一个快速应用滤镜的工具和平台，它允许重叠使用若干种不同的滤镜，也可以重复使用某一种滤镜，从而使滤镜的应用变化更多，获得的图像效果也更加丰富。此外，滤镜库还能使滤镜的浏览、选择和应用变得直观和简单。

1. 滤镜库对话框

执行【滤镜】→【滤镜库】命令，即可打开如图 9-30 所示的滤镜库对话框。

(1) 图像预览窗口：用于预览滤镜的应用效果。

(2) 滤镜参数设置区：当选择不同的滤镜时，该区域就会显示出相应的滤镜参数，供用户进行设置。

(3) 滤镜命令选择区：以缩览图的形式，列出了风格化、扭曲、画笔描边、素描、纹理、艺术效果等滤镜组的一些常用滤镜，这些滤镜可以叠加使用。但是有些滤镜无法重复使用，因此这些滤镜命令不会出现在滤镜库中。

（4）滤镜效果图层区：应用到图像上的滤镜效果图层列表。该列表按照先后次序，列出了当前所有应用到图像的滤镜命令产生的效果图层。选择其中的某个滤镜命令，用户可以对其参数进行修改。

■ 图9-30 滤镜库对话框

2．添加效果图层

（1）打开一个图像文件或者选择一个有图像的图层后，执行【滤镜】→【滤镜库】命令打开滤镜库对话框，选择一个滤镜命令，在图像预览窗口中会显示应用该滤镜后的效果，如图9-31所示为添加照亮边缘滤镜后的效果。

■ 图9-31 添加照亮边缘滤镜后的效果

（2）如果要在第一个效果图层的基础上继续添加新的效果图层，可以单击【新建效果图层】按钮 。新建的效果图层将延续上一个效果图层的滤镜命令及其参数。如果需要使用同一滤镜命令以加强该滤镜的效果，则无需重复选择滤镜命令，通过调整新效果图层中的参数，即可得到满意的效果。

（3）如果需要叠加不同的滤镜效果，可以选择新建的效果图层，在滤镜命令选择区中选择新的滤镜命令，滤镜参数设置区中的参数将同时发生变化，调整这些参数，即可得到满意的效果，如图9-32所示为添加喷溅滤镜后的效果。

图形图像处理（Photoshop CS4）

图 9-32　叠加喷溅滤镜后的效果

（4）如果使用两个效果图层仍然无法得到满意的效果，可以按同样的方法再新建效果图层并修改滤镜命令或者参数，叠加多种滤镜效果，直至得到满意的效果。

3. 改变效果图层的顺序

使用效果图层时除了可以叠加滤镜效果，还可以通过修改效果图层的顺序，改变这些滤镜应用到图像上的效果。如图 9-32 中的福娃添加了照亮边缘和喷溅两种滤镜效果，如果拖曳喷溅命令到照亮边缘命令下面，则改变效果图层顺序后所得到的效果如图 9-33 所示。

图 9-33　改变效果图层顺序后的效果

4. 隐藏及删除效果图层

如果希望单独查看某一种滤镜命令的效果或者某几个效果图层组合起来得到的效果时，可以单击效果图层左侧的显示/隐藏图标，将不需要的效果图层隐藏起来。如图 9-34 所示为隐藏了照亮边缘的图像效果。

198

项目九
水墨茶道——滤镜特效设计

图 9-34 隐藏效果图层后的图像效果

对于不需要的效果图层可以将其删除。选中要删除的效果图层后，单击【删除效果图层】按钮 ，就可以删除这些效果图层了。

实训演练

根据前面所学知识，综合利用各种滤镜特效模式制作一个啤酒广告海报，具体操作步骤如下。

（1）新建文件命名为"啤酒广告"，文件参数设置如图 9-35 所示。

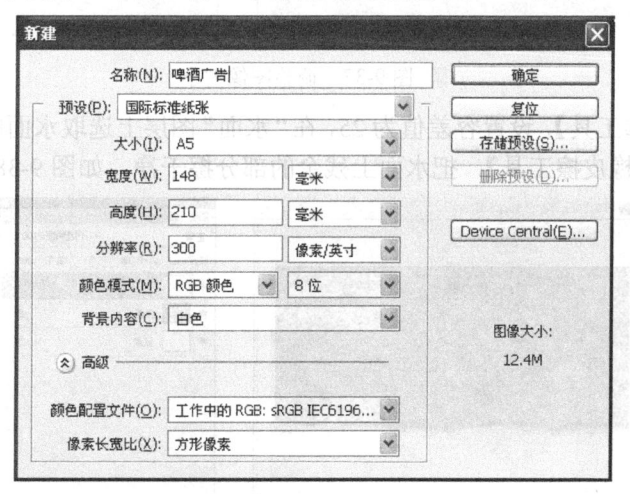

图 9-35 "啤酒广告"文件参数设置

（2）执行【图像】→【图像旋转】→【90度（顺时针）】命令，转为横向画布。新建一个名为"底色"的图层，使用【渐变工具】，设置线性渐变为墨绿色（#0b100b）到深绿色（#193c18）的渐变，在画布上拖曳，效果如图 9-36 所示。

199

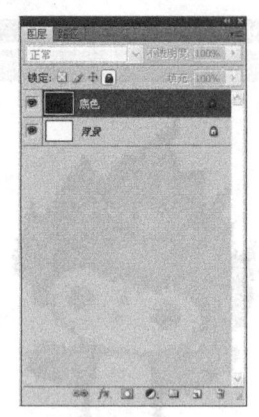

图形图像处理（Photoshop CS4）

图 9-36　填充渐变底色

（3）将光盘中"素材与实例→project09→素材"目录下的"水面.jpg"图片导入文件，新建图层为"水面"。按【Ctrl+T】快捷键执行自由变换命令，此时右击，在弹出的快捷菜单中执行【水平翻转】命令，并调整图像大小，将图片铺满画布的下部，如图 9-37 所示。

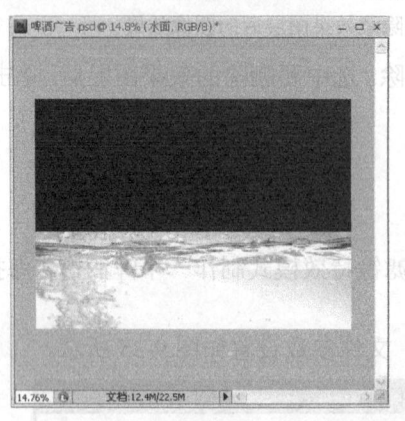

图 9-37　调整图像大小

（4）选择【魔棒工具】，设置容差值为 25，在"水面"图层上选取水面的上部，按【Delete】键删除。再选择【橡皮擦工具】，把水面上残余的部分擦干净，如图 9-38 所示。

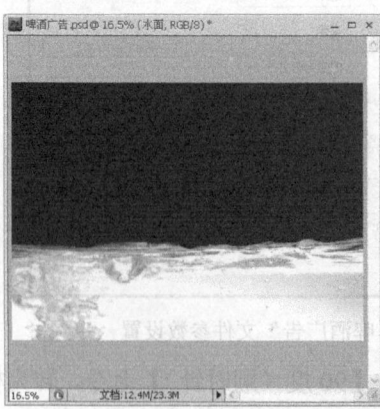

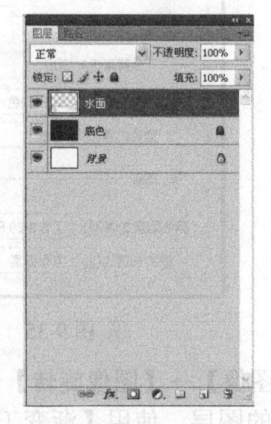

图 9-38　擦除水面边缘

（5）在图层面板中按住【Ctrl】键并单击"水面"图层的缩略图，载入水面选区。执行

【选择】→【修改】→【收缩】命令，设置收缩值为 3 像素。收缩后的效果如图 9-39 所示。

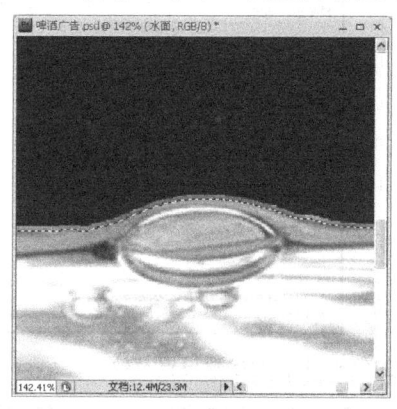

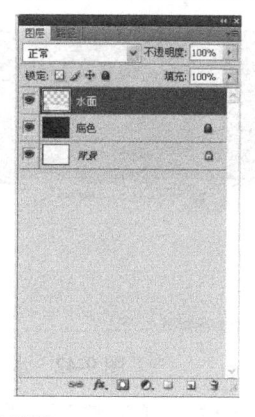

图 9-39 收缩后的效果

（6）按【Ctrl+Shift+I】组合键执行反选操作，选中水面的外边缘，然后执行【滤镜】→【模糊】→【高斯模糊】命令，设置模糊半径为 4，模糊后的效果如图 9-40 所示。

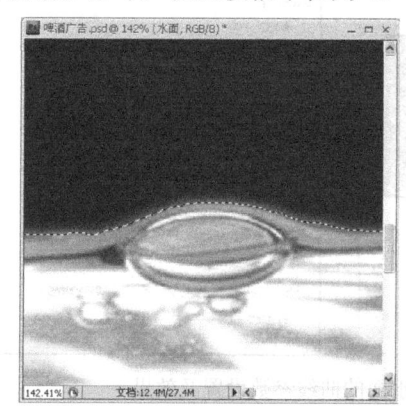

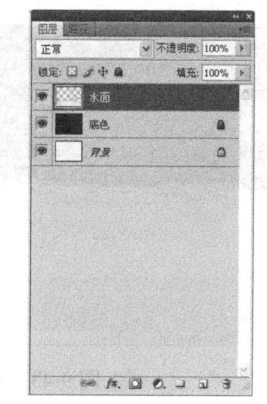

图 9-40 高斯模糊后的效果

（7）执行【图像】→【调整】→【色阶】命令增加水面的明暗对比度。参数设置和效果如图 9-41 所示。

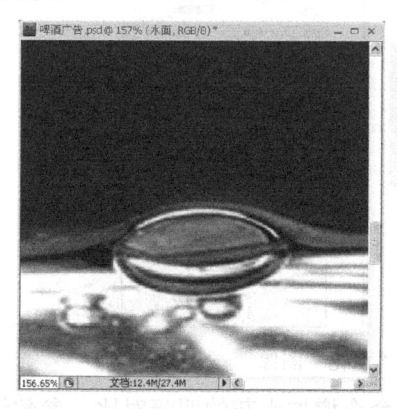

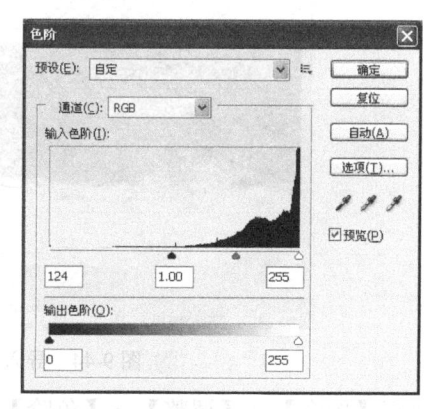

图 9-41 水面的色阶参数设置及效果

（8）执行【图像】→【调整】→【色相/饱和度】命令，将水面调成啤酒的黄色。参数设置和效果如图 9-42 所示。

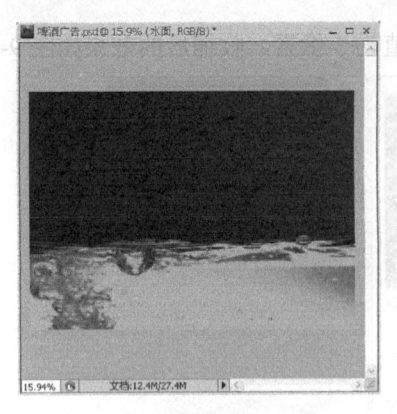

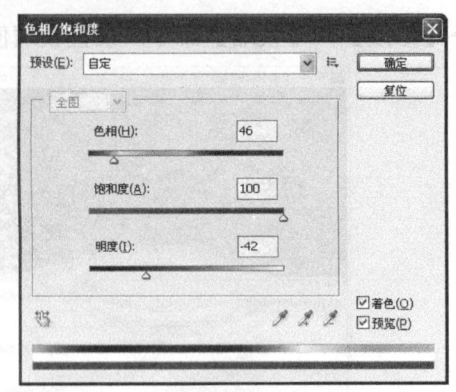

图 9-42 水面的色相/饱和度参数设置及效果

（9）执行【图像】→【调整】→【曲线】命令，调节图像颜色使其接近啤酒的黄色。参数设置和效果如图 9-43 所示。

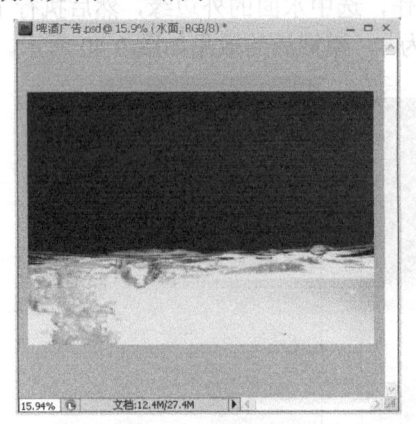

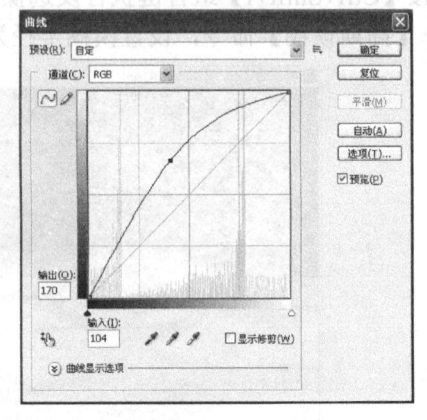

图 9-43 水面的曲线参数设置及效果

（10）将光盘中"素材与实例→project09→素材"目录下的"水花.jpg"图片导入文件，新建图层为"水花"。按【Ctrl+T】快捷键调整图像大小，并放在如图 9-44 所示的位置。

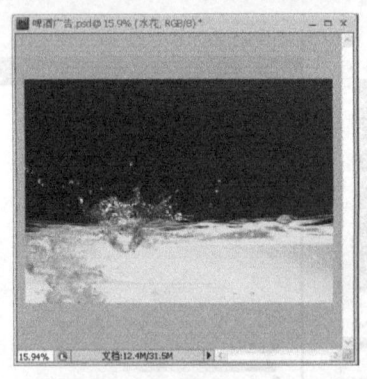

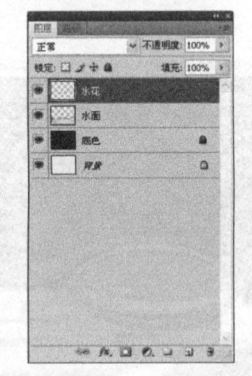

图 9-44 导入"水花"图像

（11）执行【图像】→【调整】→【色阶】命令增加水花的明暗对比。参数设置和效果如图 9-45 所示。

（12）执行【图像】→【调整】→【色相/饱和度】命令，将水花调成啤酒的黄色。参数设置和效果如图 9-46 所示。

项 目 九

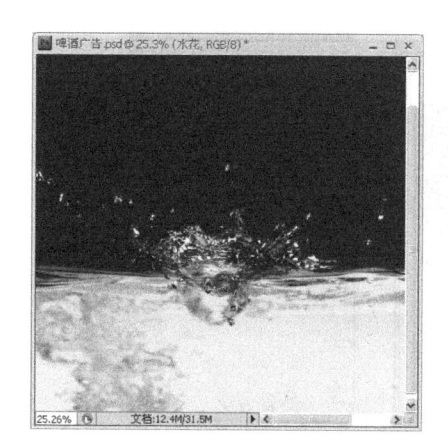

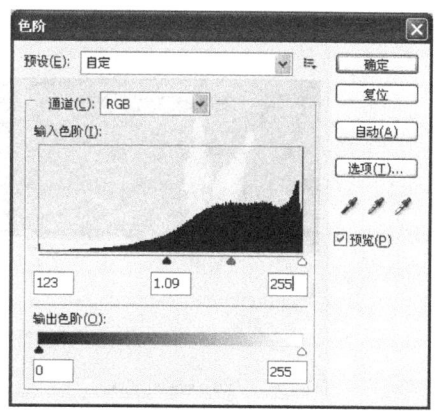

水墨茶道——滤镜特效设计

图 9-45 水花的色阶参数设置及效果

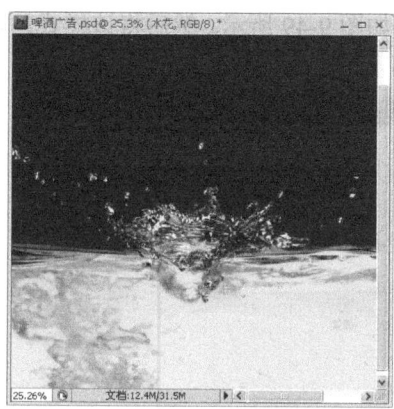

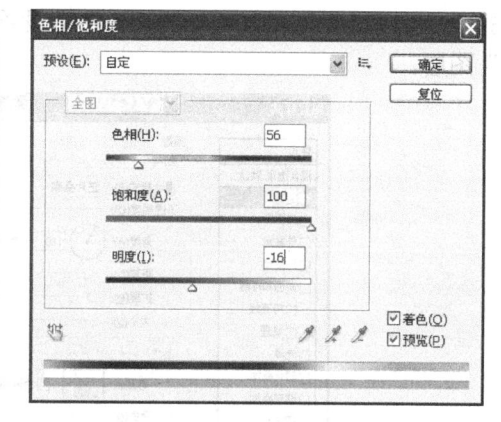

图 9-46 水花的色相/饱和度参数设置及效果

（13）执行【图像】→【调整】→【曲线】命令，调节图像颜色使其接近啤酒的黄色。参数设置和效果如图 9-47 所示。

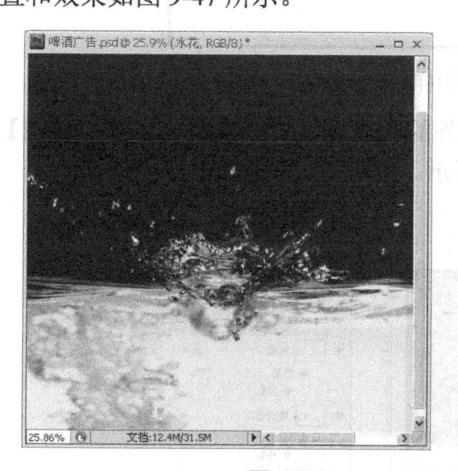

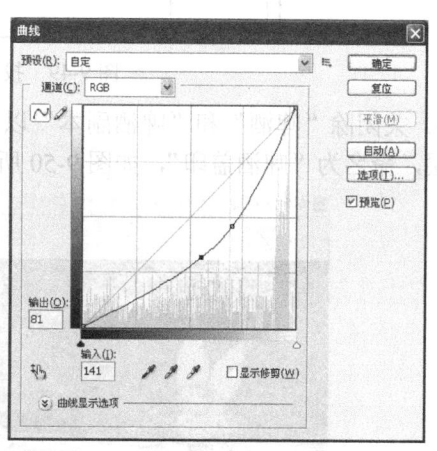

图 9-47 水花的曲线参数设置及效果

（14）将光盘中"素材与实例→project09→素材"目录下的"啤酒.png"图片导入文件，新建图层为"啤酒"。按【Ctrl+T】快捷键调整图像大小，并放在"水花"图层下方。再按【Ctrl+J】快捷键复制一个副本图层。用自由变换命令旋转图层，放在"啤酒"图层下方。如图 9-48 所示。

203

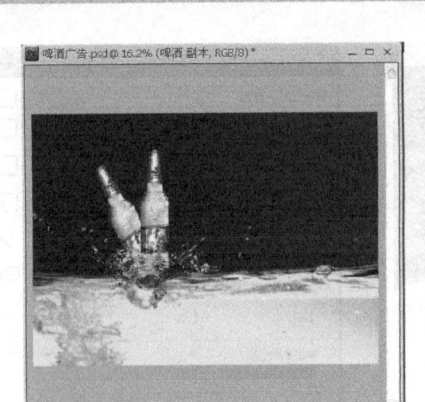

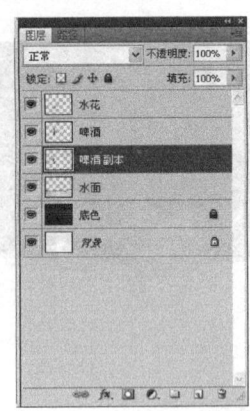

图形图像处理（Photoshop CS4）

图 9-48 添加啤酒图像

（15）为"啤酒"图层添加投影样式，参数设置如图 9-49 所示。然后将该样式粘贴到"啤酒副本"图层。

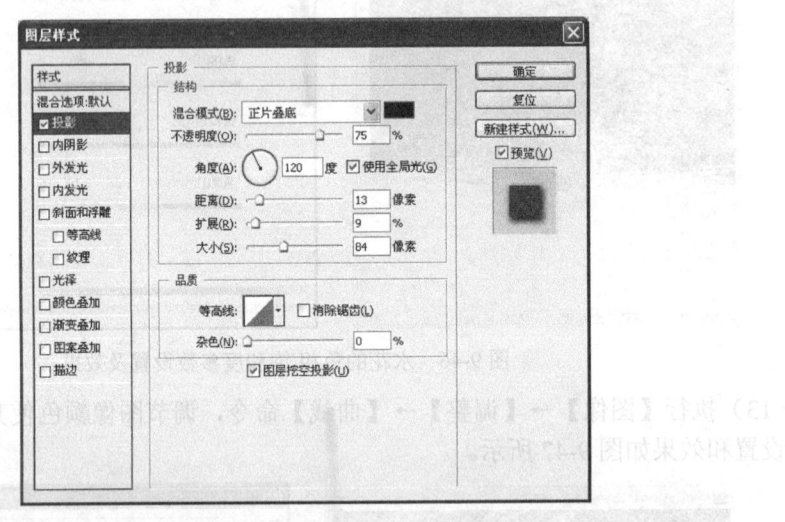

图 9-49 投影样式参数设置

（16）关闭除"啤酒"和"啤酒副本"以外的图层显示，按【Ctrl+Shift+Alt+E】快捷键盖印图层，命名为"啤酒盖印"，如图 9-50 所示。

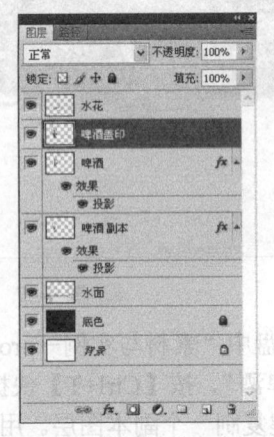

图 9-50 生成"啤酒盖印"图层

（17）关闭"啤酒"和"啤酒副本"两个图层的显示，为"啤酒盖印"图层添加内阴影效果，参数设置如图9-51所示，其中颜色为棕红色（#553104）。

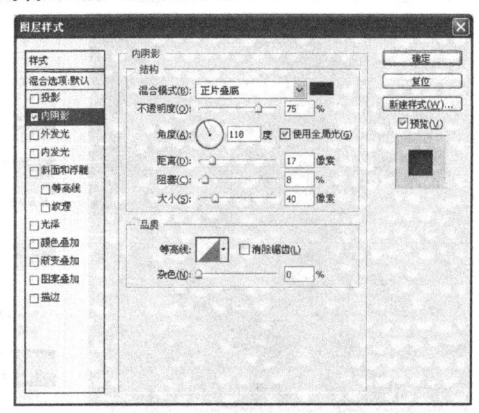

图9-51 内阴影样式的参数设置和效果

（18）新建一个名为"小水珠"的图层，将前景色设置为白色，按【Alt+Delete】快捷键将图层填充为白色。将前景色设为白色，背景色设为黑色，执行【滤镜】→【渲染】→【纤维】命令，参数设置和效果如图9-52所示。

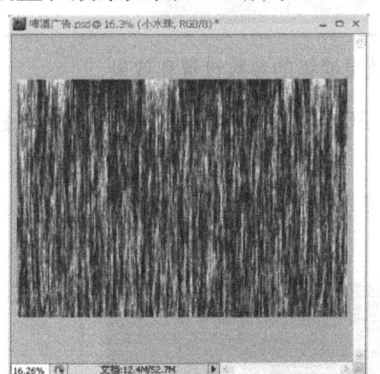

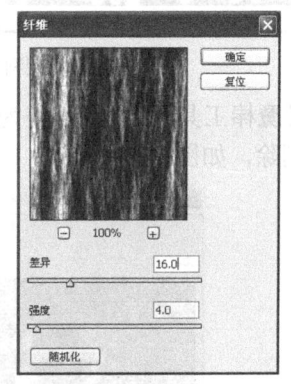

图9-52 纤维滤镜的参数设置和效果

（19）设置前景色为黑色，背景色为白色，执行【滤镜】→【纹理】→【染色玻璃】命令，参数设置如图9-53所示。

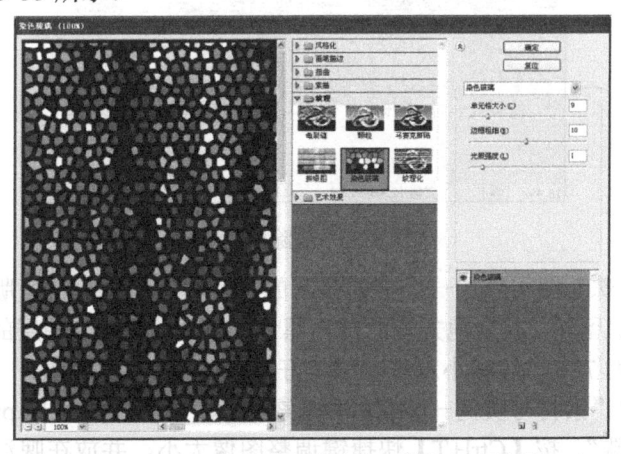

图9-53 染色玻璃滤镜的参数设置和效果

图形图像处理（Photoshop CS4）

（20）执行【滤镜】→【素描】→【塑料效果】命令，参数设置如图 9-54 所示。

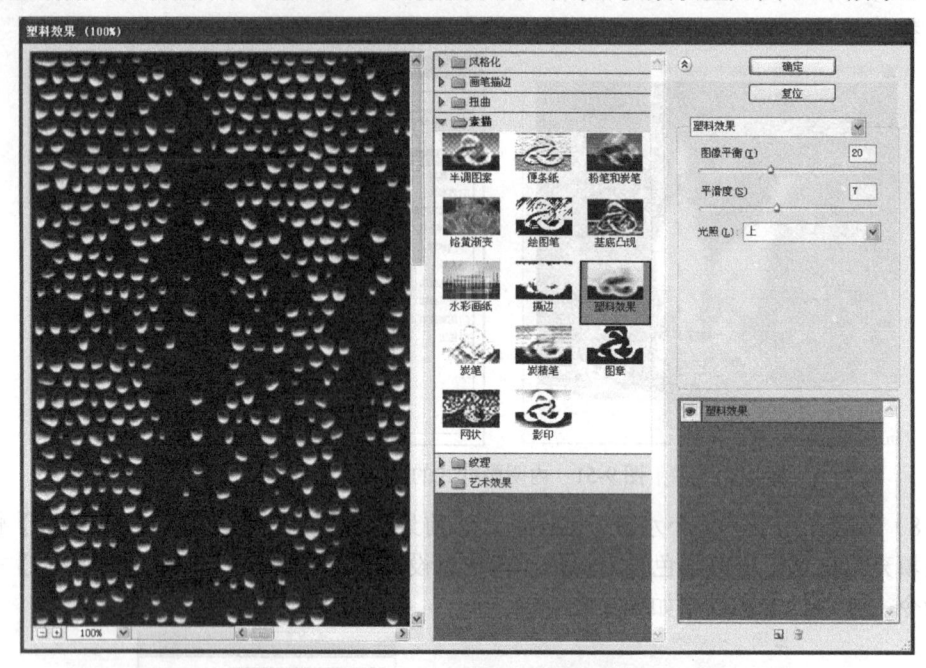

■ 图 9-54 塑料效果滤镜的参数设置和效果

（21）选择【魔棒工具】，设置容差为 30，单击画面中大块的黑色，建立黑色选区，并按【Delete】键删除，如图 9-55 所示。

■ 图 9-55 删除黑色选区

（22）为"小水珠"图层添加一个全部显示的蒙版，使用画笔在蒙版上涂抹，除两个啤酒瓶以及水面区域保留外，其余地方均涂抹为黑色。将"小水珠"图层的混合模式修改为叠加，不透明度设置为 75%，这样小水珠就制作好了，如图 9-56 所示。

（23）将光盘中"素材与实例→project09→素材"目录下的大水珠.png 图片导入文件，新建图层为"大水珠"。按【Ctrl+T】快捷键调整图像大小，并放在啤酒瓶上。修改图层混合模式为强光,如图 9-57 所示。

图 9-56 叠加小水珠效果

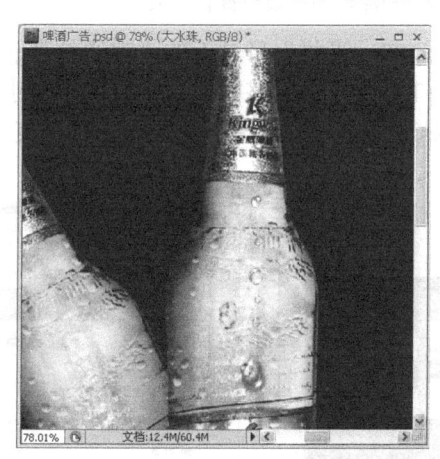

图 9-57 添加大水珠效果

(24)选择【横排文字工具】,分层输入文字"畅爽体验"和"一触即发"。设置字体为长城特粗黑体,大小为 40 点,浑厚,白色。修改"爽"字和"触"字字体大小为 60 点,如图 9-58 所示。

(25)为文字图层添加斜面和浮雕图层样式,参数设置和效果如图 9-59 所示。

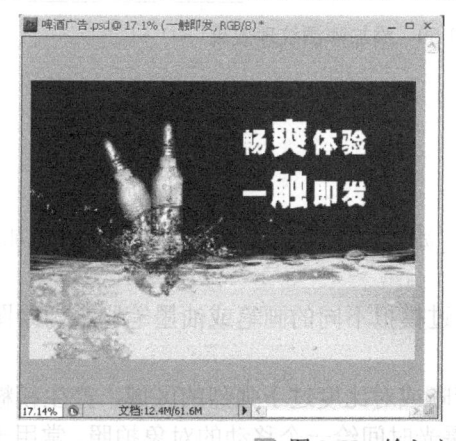

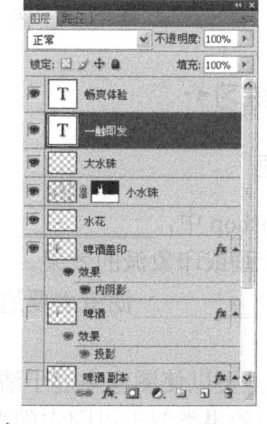

图 9-58 输入文字

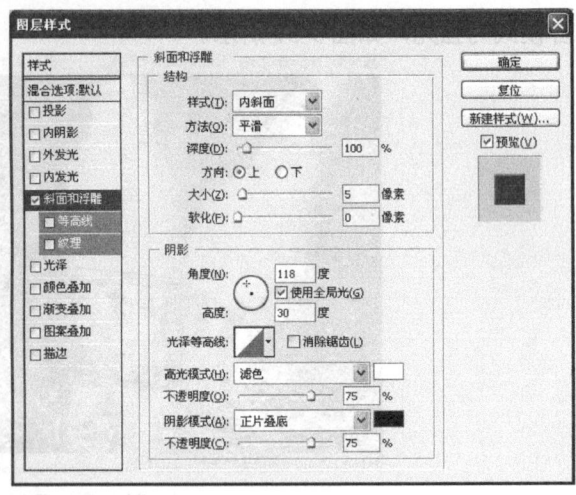

图 9-59　斜面和浮雕的参数设置和效果

（26）将光盘中"素材与实例→project09→素材"目录下的"啤酒纹理.jpg"图片导入文件，新建图层为"啤酒纹理"。按【Ctrl+T】快捷键调整图像为"爽"字大小，并放在"爽"字上。然后右击，在弹出的快捷菜单中执行【创建剪贴蒙版】命令，以"爽"字形状为轮廓透出啤酒纹理，如图 9-60 所示。

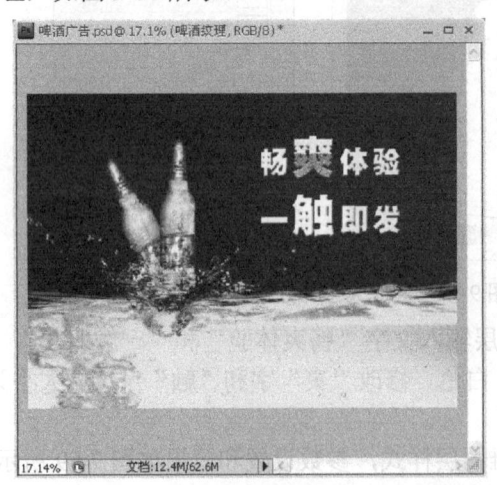

图 9-60　添加啤酒纹理效果

拓展与练习

一、填空题

1. 在 Photoshop 中，_____滤镜通过置换像素和通过查找并增加图像的对比度，在选区中生成绘画或印象派的效果。

2. _____滤镜主要通过模拟不同的画笔或油墨笔刷来勾绘图像，产生绘画效果。

3. 模糊滤镜可以使图像中过于清晰或对比度过于强烈的区域，产生模糊效果。其中，_____的效果类似于以固定的曝光时间给一个移动的对象拍照，常用于一些表现速度感的图像中。

4. _____滤镜用于创建手绘图像的效果，简化图像的色彩。

5. _____是 Photoshop 提供给用户的一个快速应用滤镜的工具和平台，它允许重叠使用若干种不同的滤镜。

6. Photoshop 中的大部分滤镜都具有_____的特点，这一特点保证了作品效果的多样性。

二、拓展题

利用前面学过的文字处理方法，灵活运用合适的滤镜制作下雪文字特效，具体操作步骤提示如下。

1. 打开素材中"素材与实例→project09→素材"目录下的"雪地.jpg"图片，另存为"下雪文字.psd"，使用【横排文字工具】，输入文字"下雪了"。设置字体为长城特粗黑体，大小为 100 点，浑厚，蓝色（#0484e7），字间距为 100，如图 9-61 所示。

图 9-61　输入文字

2. 按住【Ctrl】键并单击文字图层的缩览图，载入文字选区，执行【选择】→【修改】→【扩展】命令，扩展 7 个像素。在通道面板中单击【创建新通道】按钮，新建一个 Alpha 通道，填充为白色，如图 9-62 所示。

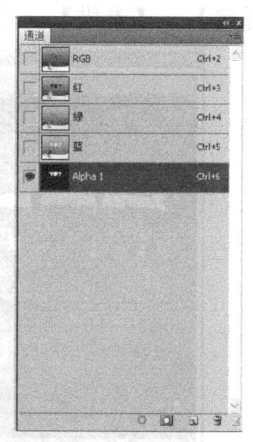

图 9-62　新建 Alpha 通道

3. 回到图层面板，再次载入文字选区，执行【选择】→【修改】→【扩展】命令，再扩展 8 个像素。回到通道面板，选择刚才新建的 Alpha 通道，使用【移动工具】向右下角拖曳选区，并填充黑色，如图 9-63 所示。

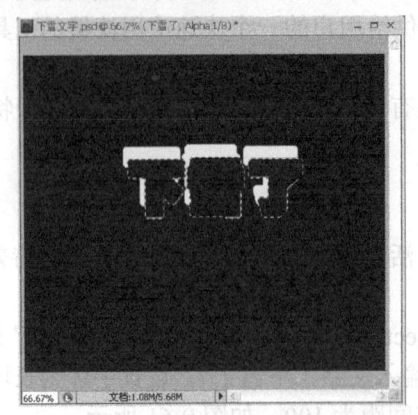

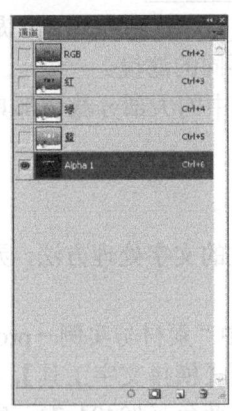

图 9-63　在 Alpha 通道中填充黑色

4．按【Ctrl+D】快捷键取消选区，执行【滤镜】→【画笔描边】→【喷色描边】命令，参数设置和效果如图 9-64 所示。

图 9-64　喷色描边滤镜的参数设置和效果

5．执行【滤镜】→【素描】→【图章】命令，参数设置和效果如图 9-65 所示。

图 9-65　图章滤镜的参数设置和效果

6．执行【编辑】→【变换】→【旋转90度（顺时针）】命令，将图像转为横向。执行【滤镜】→【风格化】→【风】命令，采用默认参数。然后按【Ctrl+F】快捷键再次执行风滤镜以加强效果，如图9-66所示。

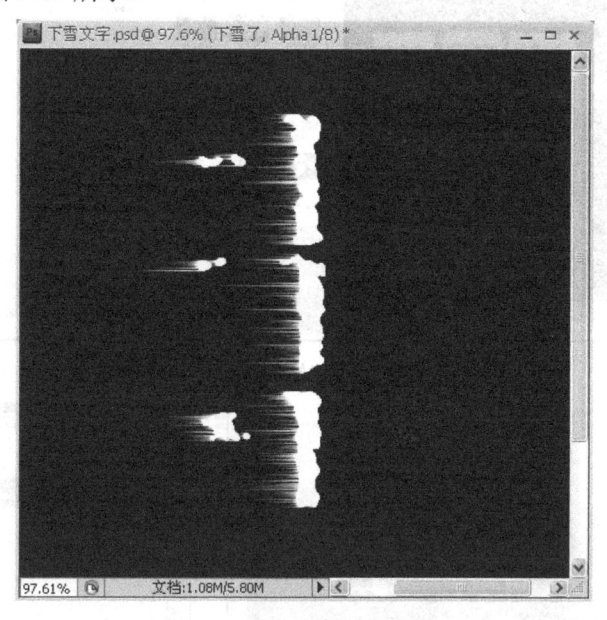

图9-66 风滤镜的效果

7．执行【编辑】→【变换】→【旋转90度（逆时针）】命令，将图像还原。执行【滤镜】→【模糊】→【特殊模糊】命令，参数设置与效果如图9-67所示。

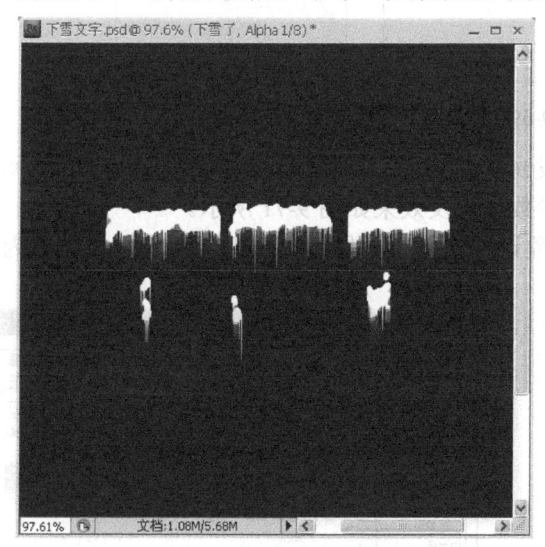

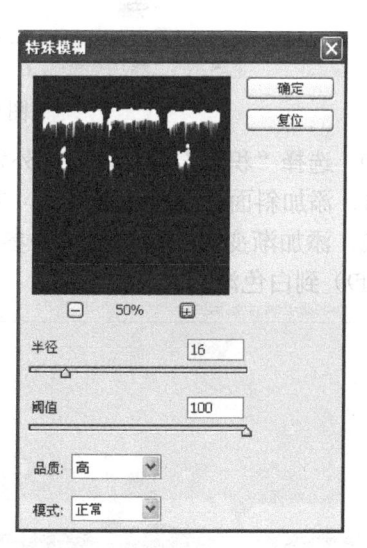

图9-67 特殊模糊滤镜的参数设置和效果

8．执行【滤镜】→【素描】→【撕边】命令，参数设置与效果如图9-68所示。
9．在通道面板中单击【将通道作为选区载入】按钮，载入白色选区。回到图层面板，新建一个名为"积雪"的图层，将选区填充为白色，并调整积雪位置，如图9-69所示。

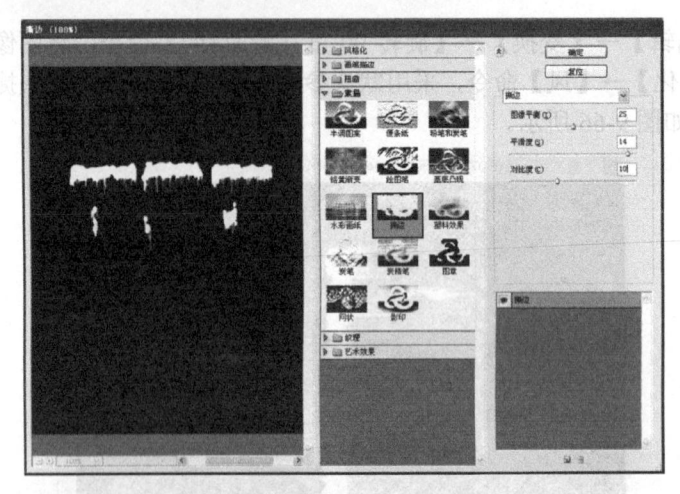

图形图像处理（Photoshop CS4）

图 9-68 撕边滤镜的参数设置和效果

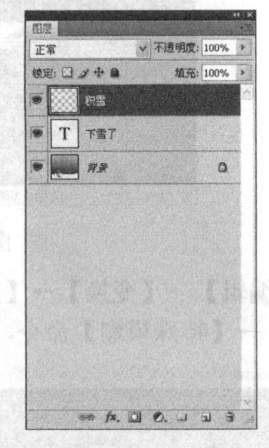

图 9-69 新建"积雪"图层

10．选择"积雪"图层，添加外发光图层样式，参数设置及效果如图 9-70 所示。
11．添加斜面和浮雕图层样式，参数设置及效果如图 9-71 所示。
12．添加渐变叠加图层样式，参数设置及效果如图 9-72 所示。其中，颜色为浅青色（#f0fdf9）到白色渐变。

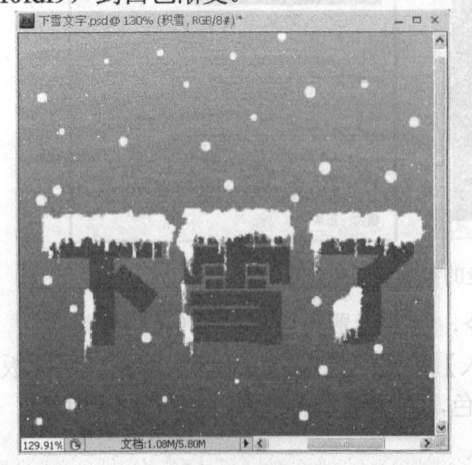

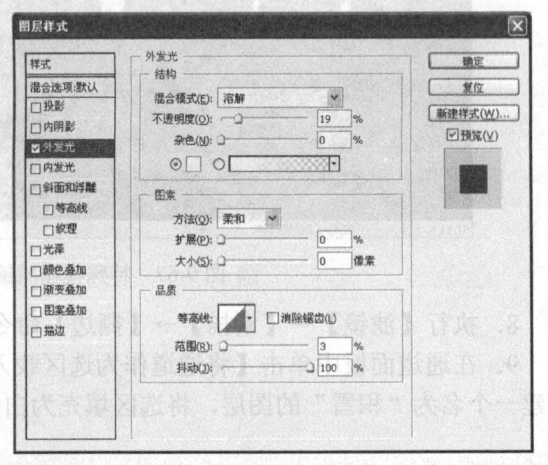

图 9-70 积雪的外发光样式参数设置及效果

212

项目九

水墨茶道——滤镜特效设计

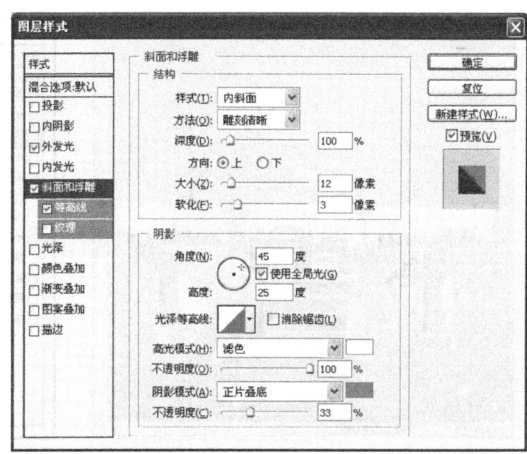

图9-71 积雪的斜面和浮雕参数设置及效果

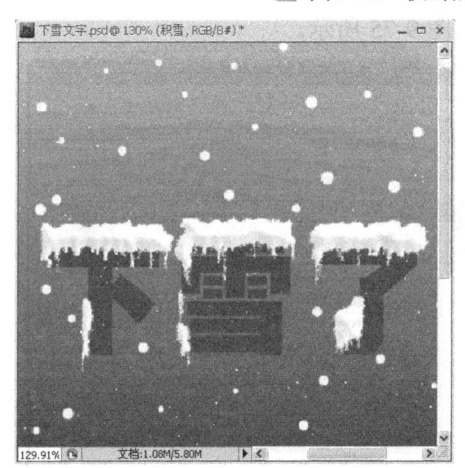

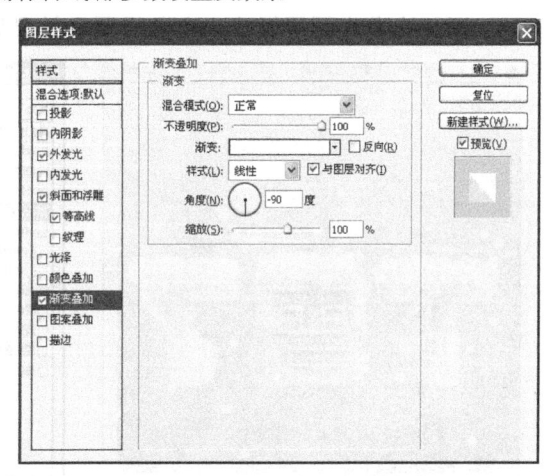

图9-72 积雪的渐变叠加参数设置及效果

13. 选择下雪了文字图层，添加内阴影图层样式，参数设置及效果如图9-73所示。

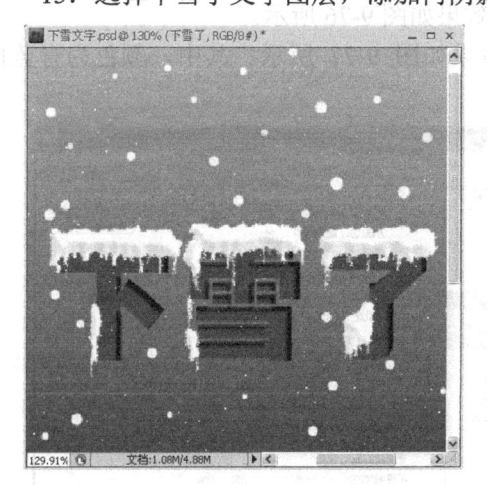

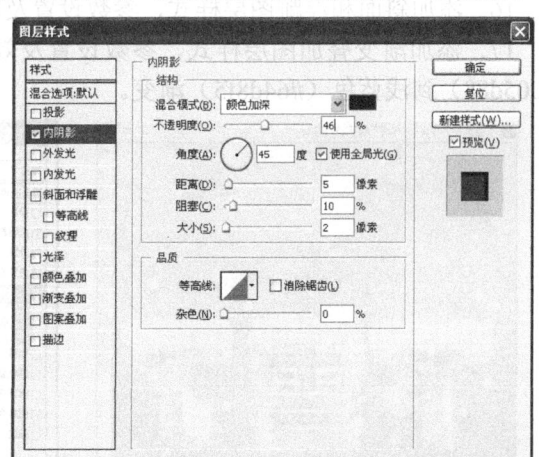

图9-73 文字的内阴影参数设置及效果

14. 添加外发光图层样式，参数设置及效果如图9-74所示。

213

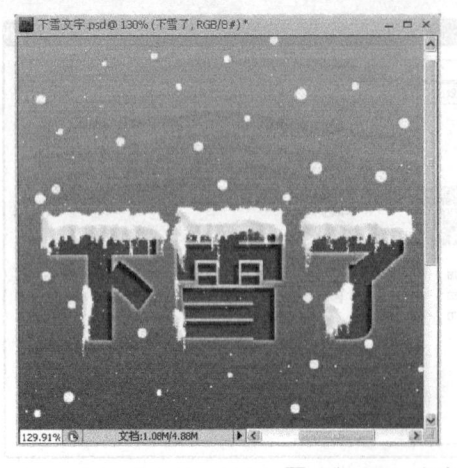

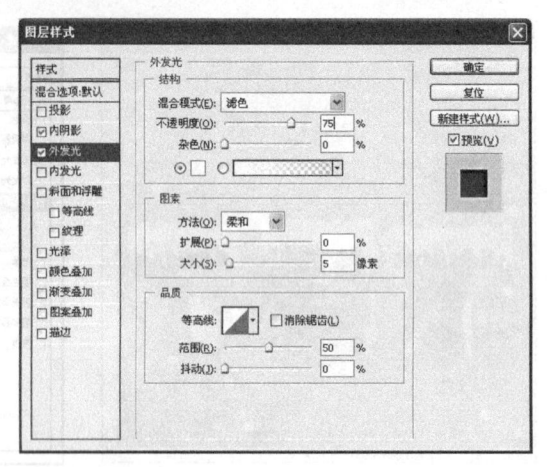

图形图像处理（Photoshop CS4）

■ 图9-74 文字的外发光参数设置及效果

15. 添加内发光图层样式，参数设置及效果如图9-75所示。

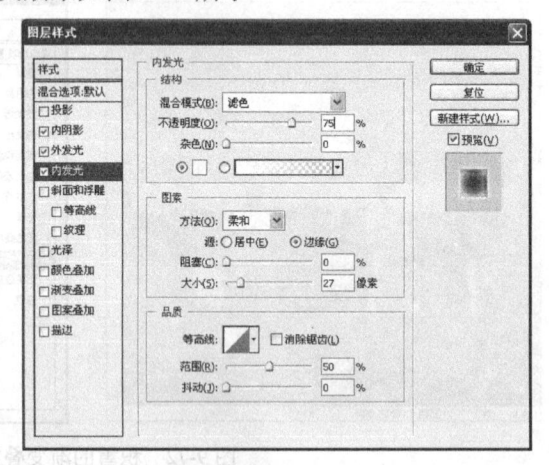

■ 图9-75 文字的内发光参数设置及效果

16. 添加斜面和浮雕图层样式，参数设置及效果如图9-76所示。
17. 添加渐变叠加图层样式，参数设置及效果如图9-77所示。其中，颜色为青蓝色（#005d88）到浅蓝色（#64d8f5）渐变。

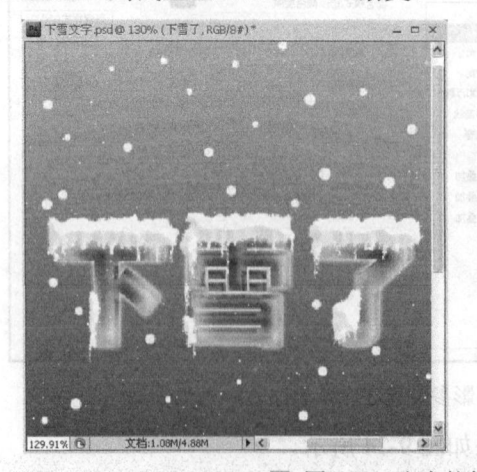

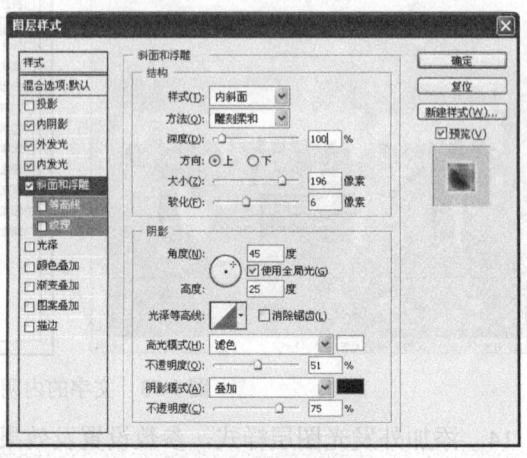

■ 图9-76 文字的斜面和浮雕参数设置及效果

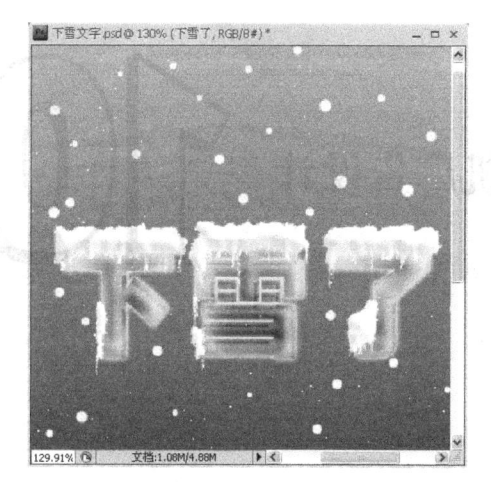

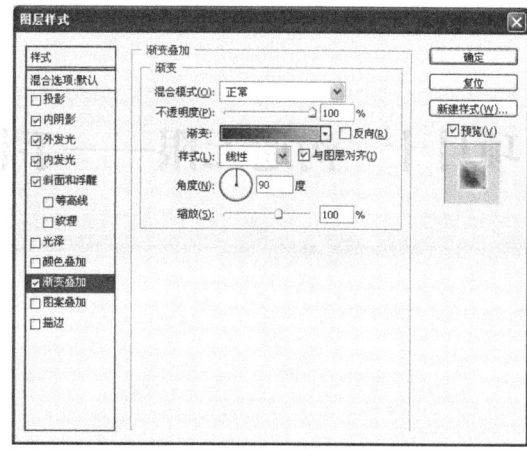

图 9-77 文字的渐变叠加参数设置及效果

18. 隐藏"背景"图层，按【Ctrl+Shift+Alt+E】快捷键盖印"积雪"和文字图层，命名为"盖印文字"。显示"背景"图层，隐藏"积雪"与文字图层，选择"盖印文字"图层，按【Ctrl+T】快捷键调节文字大小和位置，最终得到如图 9-78 所示效果。

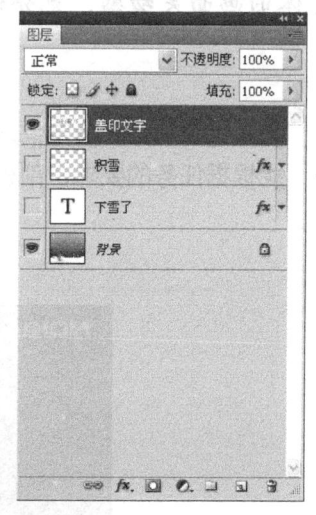

图 9-78 下雪文字的最终效果

项目十 沟通无限——手机广告设计

本实例以诺基亚手机广告为主题,采用香槟色为主色调,大量运用了矢量绘图的方式制作图案,还采用钢笔路径描边的方式添加了光线彩条,增加了整体的画面灵动感,充分体现了诺基亚手机时尚、典雅、灵动的特点。

能力目标

◆ 能通过问题分析确定信息需求,选择合适的素材,合理安排时间。
◆ 能根据任务的要求,剖析图像设计与处理的基本步骤,并学会评价作品。

实例效果

图 10-1 实例效果图

任务一　制作手机广告背景

一、新建空白文件

新建一个名为"诺基亚手机广告"的.psd文件，文件参数设置为宽15厘米，高21厘米，分辨率300像素/英寸，背景内容透明，如图10-2所示。

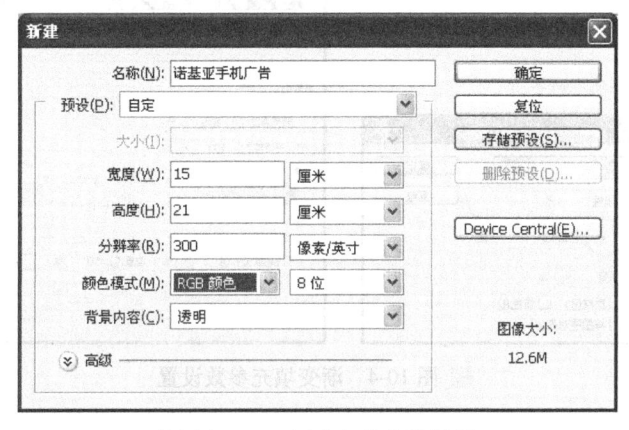

图10-2　新建文件参数设置

二、为背景填充颜色

1. 填充纯色

在图层面板底部，单击【创建新的填充或调整图层】按钮，在下拉列表里选择纯色填充，填充为棕色（#9d5d0b），如图10-3所示。

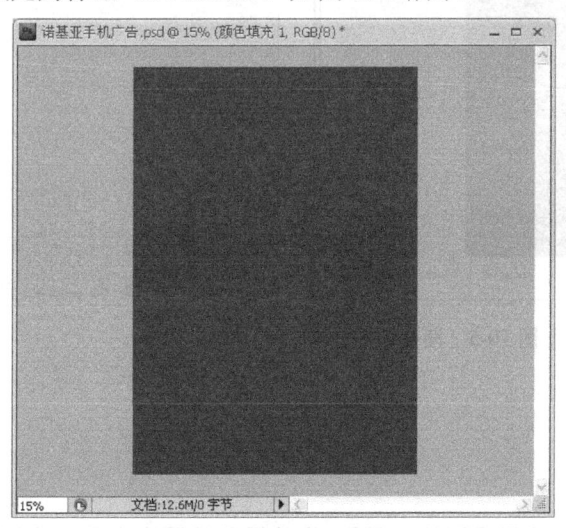

图10-3　纯色填充

2. 填充渐变色

再次单击【创建新的填充或调整图层】按钮，在下拉列表里选择渐变填充。打开"渐变填充"窗口，更改渐变填充参数。参数设置如图 10-4 所示，渐变色为两侧棕色（#623b08），不透明度为 100%，中间 50%处设置不透明度为 0%；渐变样式为线性；渐变角度为 82.41 度。填充后的效果如图 10-5 所示。

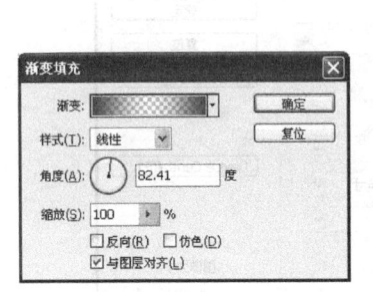

图 10-4 渐变填充参数设置

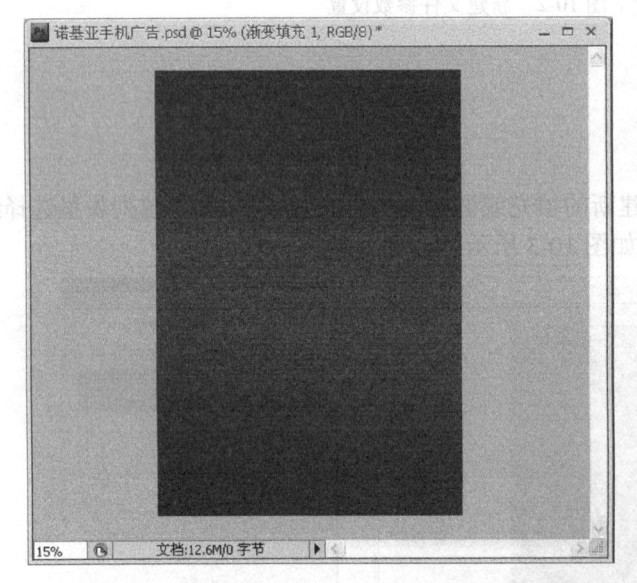

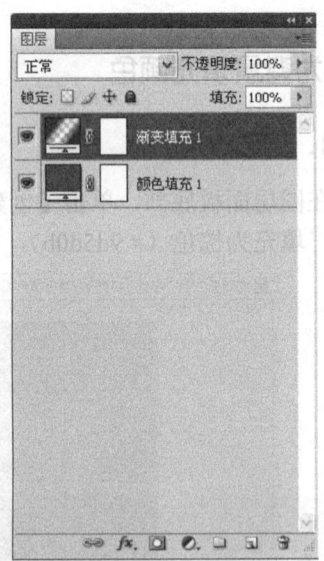

图 10-5 渐变填充效果

三、制作底圆图案

1. 绘制圆形图案

新建一个名为"底圆"的图层，选择【画笔工具】，将前景色设置为白色，选择柔角 300 像素的笔头在画布的中央涂抹出一个圆形，如图 10-6 所示。

项目十

沟通无限——手机广告设计

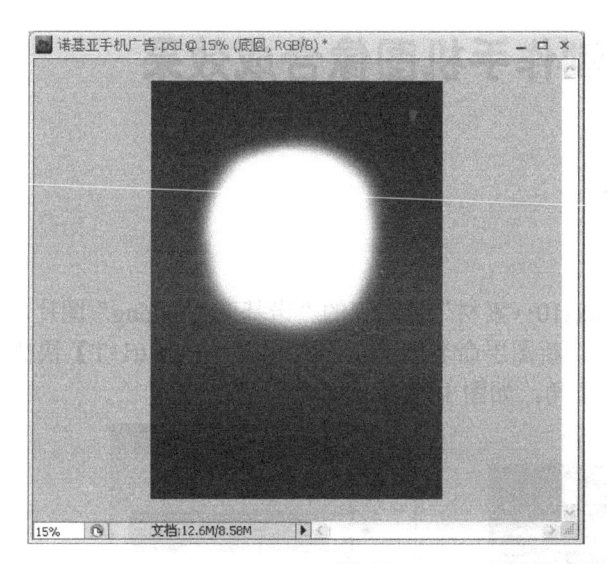

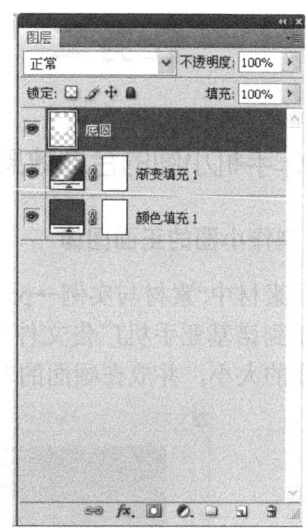

图 10-6 绘制白色底圆

2. 制作底圆的模糊叠加效果

执行【滤镜】→【模糊】→【高斯模糊】命令，将模糊半径设为 250 像素，如图 10-7 所示。然后更改底圆图层的混合模式为叠加，不透明度为 35%，效果如图 10-8 所示。

图 10-7 高斯模糊参数设置

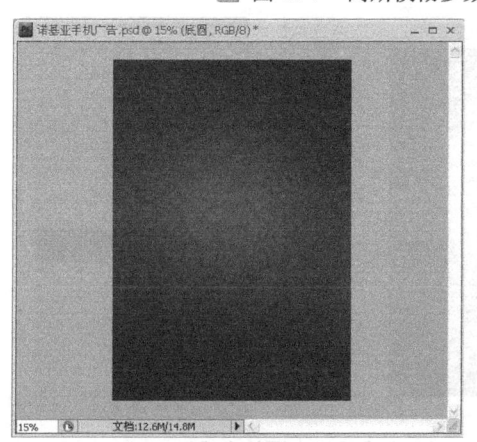

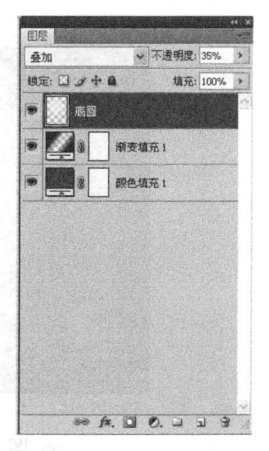

图 10-8 模糊叠加后的底圆效果

219

任务二　制作手机图像合成效果

一、制作手机小图的合成效果

1. 制作小图的正面图像

打开素材中"素材与实例→project10→素材"目录下的"诺基亚正面.png"图片，将图像全部复制到诺基亚手机广告文件中，新图层命名为"正面"。然后按【Ctrl+T】快捷键调整手机图像的大小，并放在画面的左下角，如图 10-9 所示。

图 10-9　制作手机小图正面图像

2. 制作小图的背面和侧面图像

分别打开素材中"素材与实例→project10→素材"目录下的"诺基亚背面.png"和"诺基亚侧面.png"两张图片，将图像全部复制到诺基亚手机广告文件中，分别命名为"背面"和"侧面"。然后按【Ctrl+T】快捷键分别调整每个手机图像的大小，并放在画面的左下角，如图 10-10 所示。

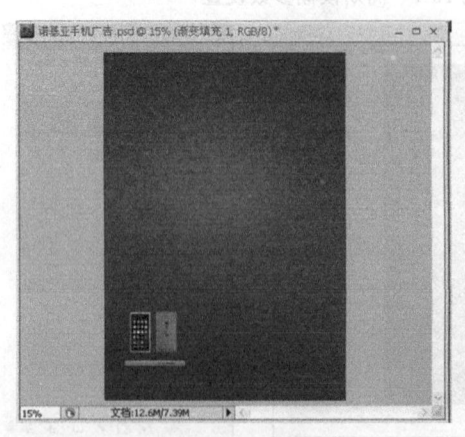

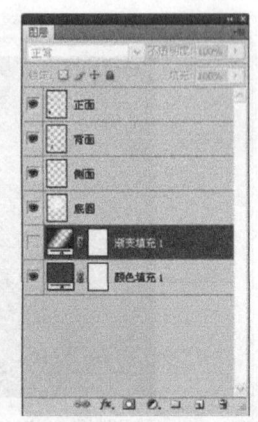

图 10-10　完成手机小图的合成

二、制作手机大图的合成效果

1．制作手机大图的正面效果

新建一个名为"手机盖印"的图层，将手机正面图像复制到该图层，然后按【Ctrl+T】快捷键调整手机图像的大小，并将变形的中心点移到左下角，在工具选项栏中将旋转角度设为-10 度，完成图像以左下角为中心逆时针旋转 10 度的操作，如图 10-11 所示。

图 10-11　制作手机大图正面效果

2．制作手机大图的背面效果

复制手机背面图像，用自由变换命令调整大小后，将变形中心点移到图像右下角，在工具选项栏中将旋转角度设为 10 度，完成图像以右下角为中心顺时针旋转 10 度的操作，如图 10-12 所示。

图 10-12　制作手机大图背面效果

三、制作手机倒影效果

1．创建倒影图层

选中"手机盖印"与"图层 1"两个图层，按【Ctrl+E】快捷键合并图层为"手机盖印"，复制"手机盖印"图层并将新建的副本图层重命名为"倒影"。执行【编辑】→【变换】→【垂直翻转】命令将"倒影"图层垂直翻转，并放到原手机图像的下方，如图 10-13 所示。

图 10-13　创建"倒影"图层

2. 制作倒影效果

单击图层面板下方的【添加图层蒙版】按钮，为"倒影"图层添加一个显示全部内容的图层蒙版。使用【渐变工具】，在选项工具栏中选择线性黑白渐变，然后将鼠标从手机图像的中间部位向上拖动，在蒙版中制作出渐变显示的倒影效果，最后将该图层透明度修改为 70%，完成的手机倒影效果如图 10-14 所示。

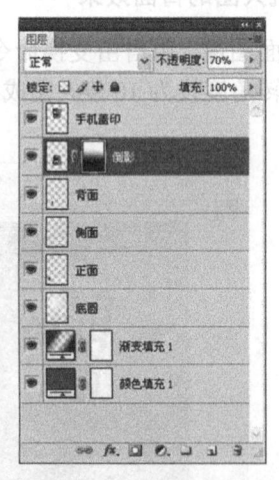

图 10-14　手机倒影效果

四、制作手机投影效果

在"手机盖印"图层下方新建一个名为"投影"的图层，选择【画笔工具】，大小为柔角 100 像素，前景色为黑色，在手机的右侧涂抹出一个投影图案，不满意时可以用橡皮擦修改，反复绘制，最终得到满意的投影图案，再将投影图层的不透明度修改为 22%，如图 10-15 所示。

项目十
沟通无限——手机广告设计

图 10-15　制作手机投影效果

五、制作手机高光效果

1. 建立高光填充区域

在"手机盖印"图层上方新建一个名为"高光"的图层，使用【多边形套索工具】沿手机正面图像的左侧建立一个三角形选区，并用【油漆桶工具】填充为白色，如图 10-16 所示。

2. 制作高光效果

为"高光"图层添加一个全部显示的图层蒙版，再用合适大小的黑色画笔在高光区域的右侧涂抹，制作自然的过渡效果，然后将"高光"图层的不透明度修改为 10%，完成的高光效果如图 10-17 所示。

图 10-16　建立高光填充区域

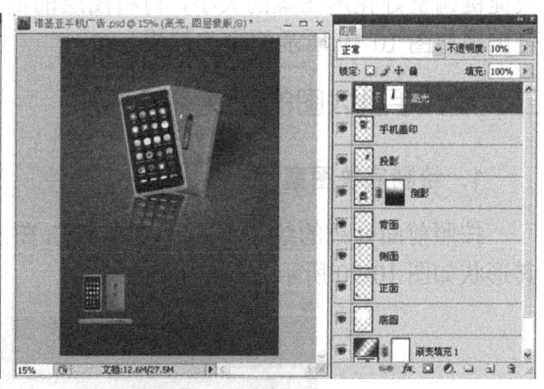

图 10-17　制作高光效果

任务三　制作光线彩条与底纹

一、制作手机小图的底纹

在"正面"图层下方新建一个名为"手机小图底纹"的图层，选择【自定形状工具】，在【形状】下拉列表中单击右上角的三角按钮，选择【装饰】选项导入装饰图案形状，此时系统会提示是否用装饰中的形状替换当前形状，如果单击【追加】按钮，就会把装饰中的形状追加到当前形状的后面，如图 10-18 所示。

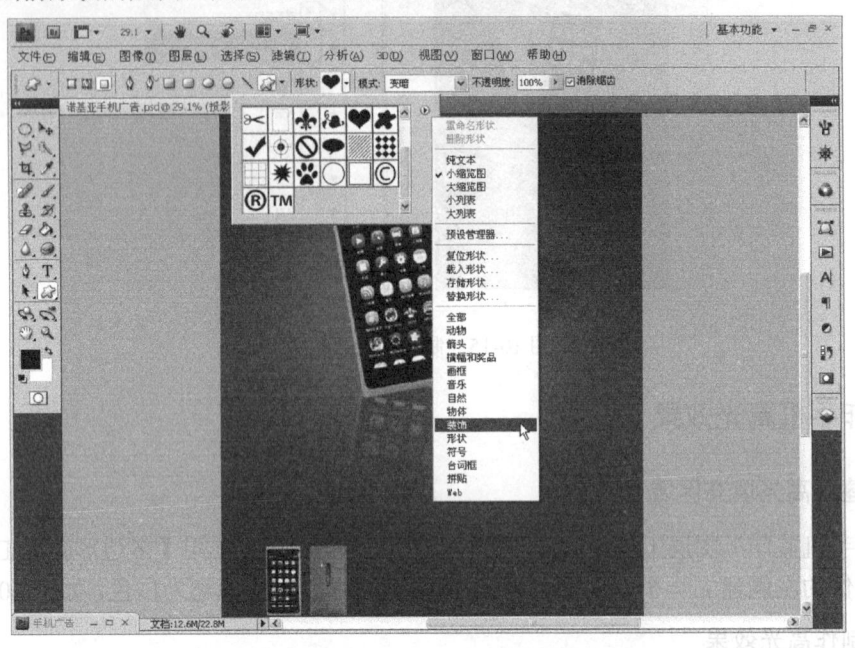

图 10-18 导入装饰形状

在工具选项栏中单击【像素填充】按钮，再选择花形装饰 2 的形状，将前景色设置为白色，在手机小图的位置按住【Shift】键拖动鼠标，用像素填充出一个花形图案，按【Ctrl+T】快捷键调整好花形图案的大小，再将图层的混合模式修改为叠加，不透明度修改为 15%，即可出现如图 10-19 所示的底纹效果。

二、制作手机大图的底纹

1. 绘制底纹图案

按照前面介绍的绘制小图底纹的方式，在大图下方建立 4 个图层分别绘制 4 个装饰图案。其形状如图 10-20 所示。

图 10-19 制作手机小图底纹效果

（a）左上　　　　　　（b）左下　　　　　　（c）右上　　　　　　（d）右下

图 10-20　4 个图层的装饰图案

2．制作底纹效果

设置"左上"图层混合模式为叠加，不透明度 35%；"左下"图层混合模式为叠加，不透明度 56%；"右上"图层混合模式为叠加，不透明度 25%；"右下"图层混合模式为叠加，不透明度 55%。分别调整 4 个图层的图像大小和方向，叠放在一起，完成底纹效果的制作，如图 10-21 所示。

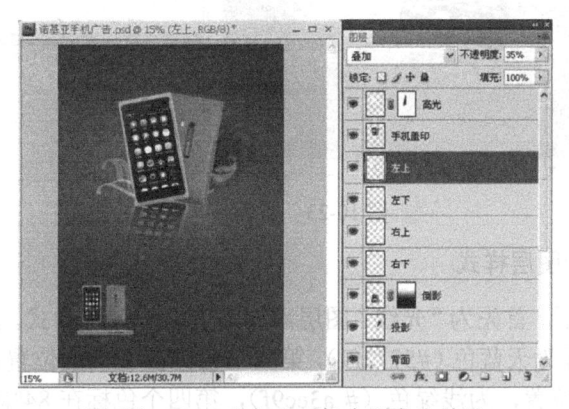

图 10-21　叠加出手机大图底纹效果

三、制作光线彩条效果

1．绘制光线路径

在"高光"图层上方新建一个名为"光线"的图层，选择【钢笔工具】，模式为路径，勾画出围绕手机的光线曲线路径，如图 10-22 所示。

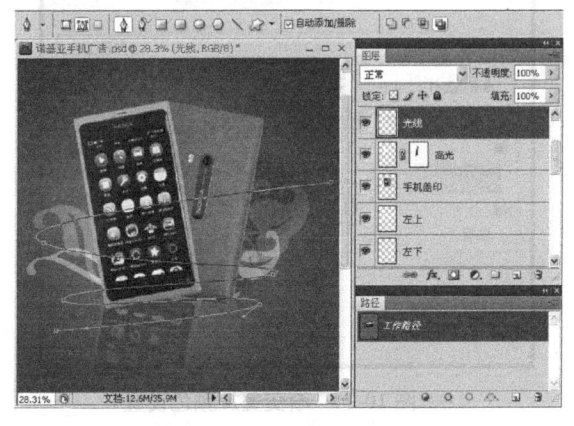

图 10-22　绘制光线曲线路径

2. 描边光线路径

选择【画笔工具】，将画笔大小设置为尖角 10 像素，前景色设置为白色。在路径面板中选择刚刚绘制的工作路径，右击，在弹出的快捷菜单中执行【描边路径】命令。在打开的对话框中选择画笔，并勾选【模拟压力】选项（可以保证曲线的头部和尾部是尖的，曲线态势由轻到重），描边后的效果如图 10-23 所示。

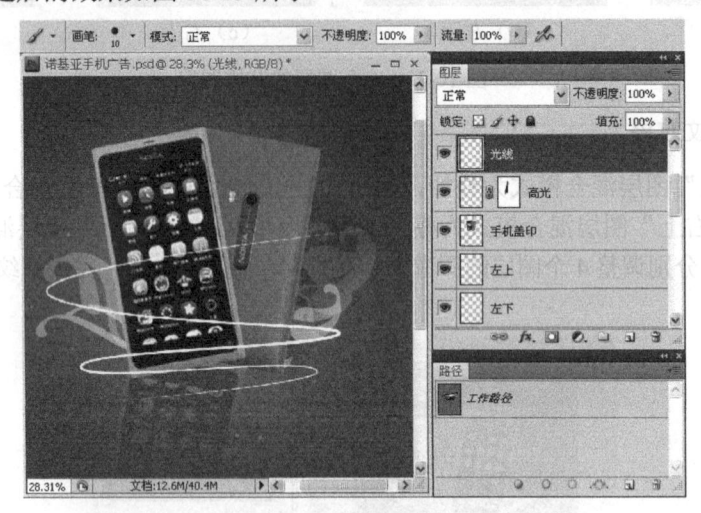

图 10-23 描边后的效果

3. 添加渐变叠加图层样式

用画笔描边路径后，首先为"光线"图层添加渐变叠加图层样式。渐变色设置如图 10-24 所示，左面第一个色标为天蓝色（#5772f9），第二个色标在 35%的位置，为乳黄色（# fcf99f），第三个色标在 60%的位置，为浅绿色（# a3ec9f），第四个色标在 84%的位置，为浅粉色（# f492da）。添加渐变叠加后的彩条如图 10-25 所示。

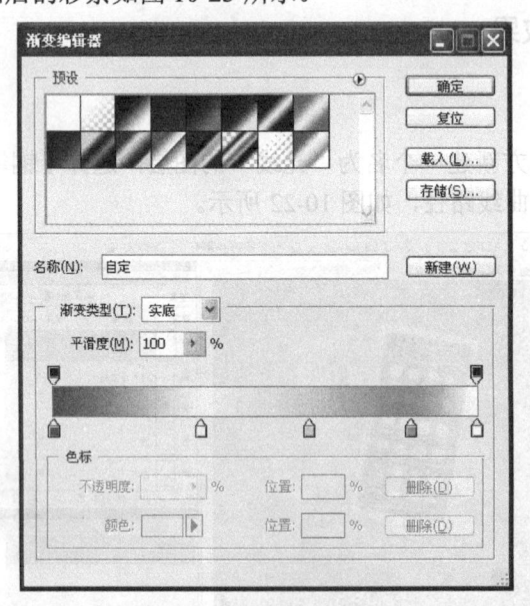

图 10-24 渐变叠加颜色设置

226

项目十
沟通无限——手机广告设计

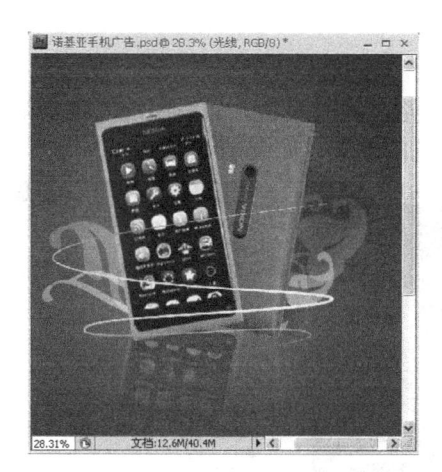

图 10-25 渐变叠加效果

4. 添加外发光图层样式

为"光线"图层添加外发光图层样式，参数设置如图 10-26 所示，不透明度为 62%，扩展为 1%，大小为 21 像素。添加外发光的效果如图 10-27 所示。

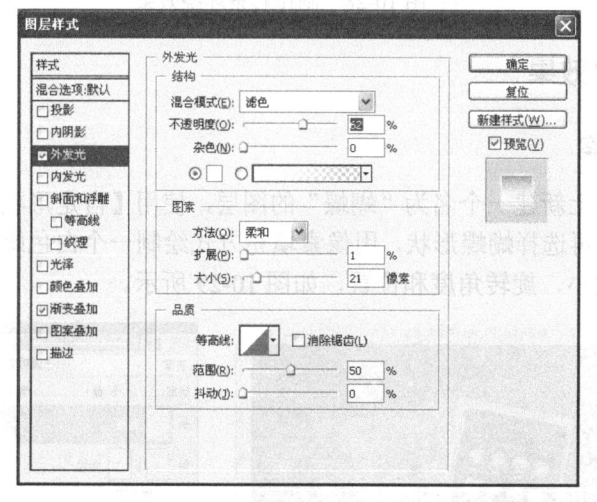

图 10-26 外发光参数设置

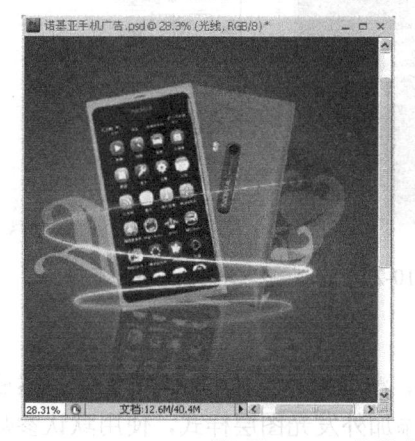

图 10-27 外发光效果

227

5. 制作环绕效果

为"光线"图层添加一个显示全部内容的图层蒙版，然后用纯黑色画笔将被手机遮挡的光线彩条涂抹掉，制作光线彩条环绕手机的效果，如图10-28所示。

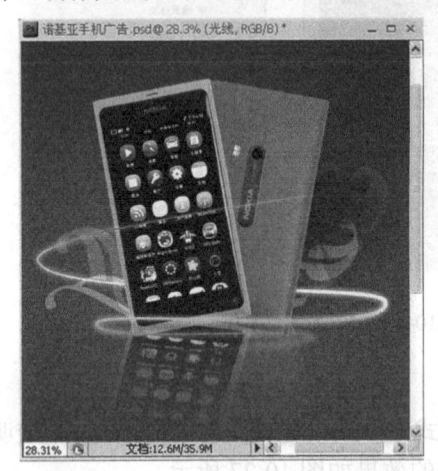

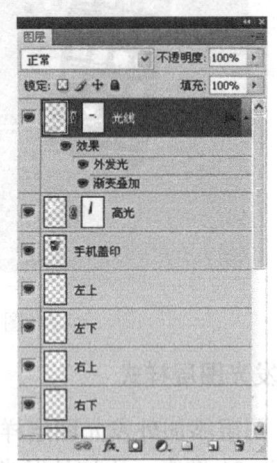

图10-28　制作彩条环绕效果

四、制作蝴蝶飞舞效果

1. 绘制蝴蝶图案

在"光线"图层上新建一个名为"蝴蝶"的图层，使用【自定形状工具】，导入【自然】选项下的所有形状，再选择蝴蝶形状，用像素填充方式绘制一个白色蝴蝶的图案，用自由变换命令调整蝴蝶的大小，旋转角度和位置，如图10-29所示。

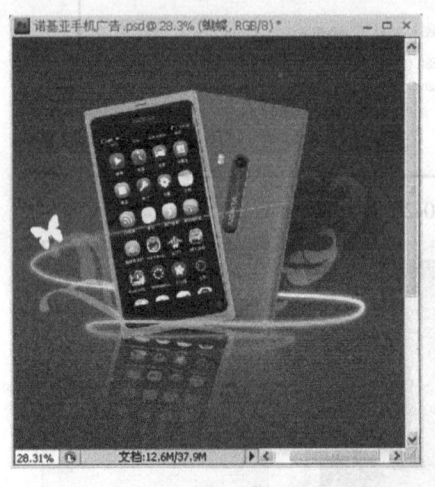

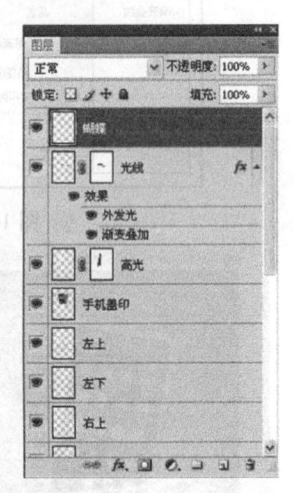

图10-29　绘制蝴蝶图案

2. 添加图层样式

首先为蝴蝶添加渐变叠加图层样式，渐变色设置如图10-30所示。然后添加内发光图层样式，参数设置如图10-31所示。最后添加外发光图层样式，使用默认参数。添加完图层样式后的蝴蝶效果如图10-32所示。

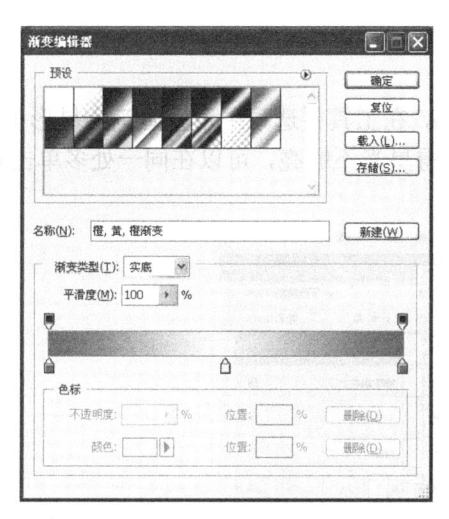

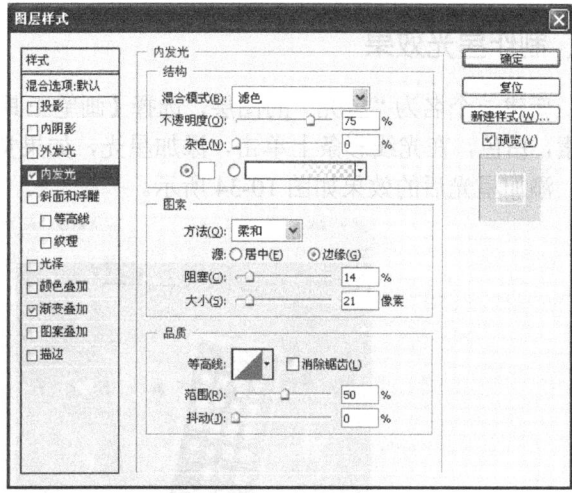

图 10-30 渐变色设置

图 10-31 内发光参数设置

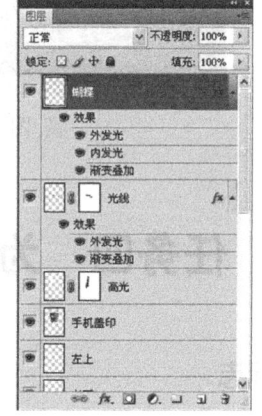

图 10-32 添加图层样式后的蝴蝶效果

3. 添加另外两只蝴蝶

复制两个"蝴蝶"图层,利用自由变换命令改变蝴蝶的大小、旋转方向和形状,分别放置在手机周围,制作蝴蝶飞舞效果如图 10-33 所示。

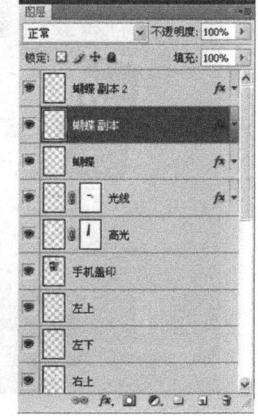

图 10-33 完成蝴蝶飞舞效果

图形图像处理（Photoshop CS4）

五、制作星光效果

新建一个名为"星光"的图层，选择【画笔工具】，在工具栏选项中设置画笔为星形 150 像素，白色，在光线彩条上单击，添加星光，如果觉得星光不够亮，可以在同一处多单击几次，添加星光后的效果如图 10-34 所示。

图 10-34　完成星光效果

任务四　为手机广告添加文字

一、添加品牌标志

单击图层面板下方的【新建图层组】按钮，新建一个名为"文字"的图层组。在"文字"图层组中新建一个"标志"图层，打开素材中"素材与实例→project10→素材"目录下的"诺基亚标志.png"图片，将图像全部复制到"标志"图层，用自由变换命令调整图像大小后，将图像放在画布的左上角，然后为图层添加投影样式，效果如图 10-35 所示。

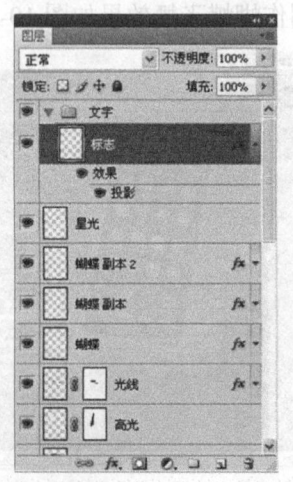

图 10-35　导入品牌标志图片

230

二、添加标志文字

使用【横排文字工具】，输入文字"N9"，设置字体为Consolas，样式为Bold，大小为20，浑厚，颜色为橙色（#ff9600）。然后为文字图层添加投影图层样式，效果如图10-36所示。

图10-36　投影样式效果

三、添加白色宣传文字

使用【横排文字工具】，分6个图层输入6行宣传文字，设置字体为微软雅黑，大小为10，浑厚，白色。将第1、3、5行的第一个字和第2、4、6行的最后一个字大小修改为18。使用【移动工具】调整文字的位置，文字排列如图10-37所示。

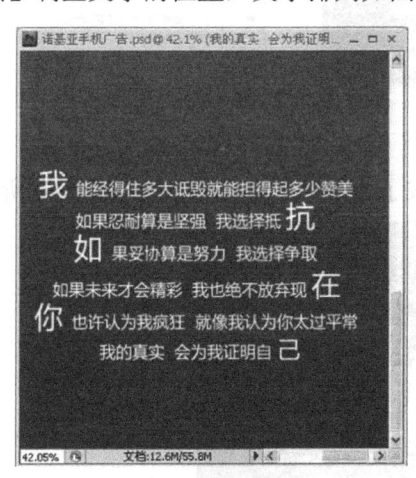

图10-37　白色宣传文字排列

四、添加橙色广告文字

使用【横排文字工具】，输入文字"诺基亚 N9　不跟随"，设置字体为方正粗圆简体，大小为18，浑厚，颜色为橙色（#ff9600）。为图层添加投影图层样式，参数设置如图10-38所示。最后使用【移动工具】调整文字的位置，放在白色宣传文字下方，如图3-39所示。

231

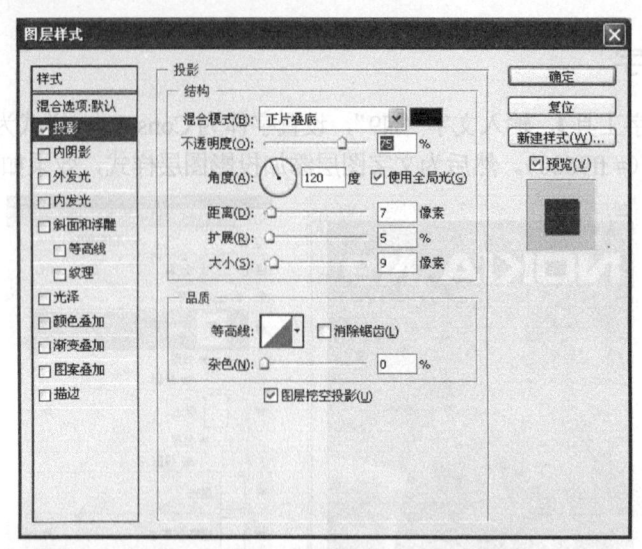

图形图像处理（Photoshop CS4）

■ 图10-38 投影样式参数设置

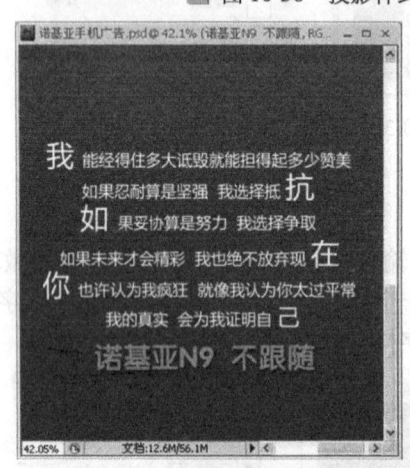

■ 图10-39 制作橙色广告文字

添加文字后，本手机广告就制作完成了，最终的设计效果如图10-40所示。

■ 图10-40 手机广告最终设计效果

项目十

沟通无限——手机广告设计

实训演练

设计一款三星手机广告,以红黑为主色调,利用漩涡纹样、钻石文字、时尚美女等设计元素体现手机的时尚、简约、奢华、典雅的特点。具体操作步骤如下。

(1)新建一个名为"三星手机广告"的.psd 文件,参数设置如图 10-41 所示。执行【图像】→【旋转画布】→【90 度(顺时针)】命令,将画布顺时针旋转 90 度,成为标准横向 A4 设计版面。

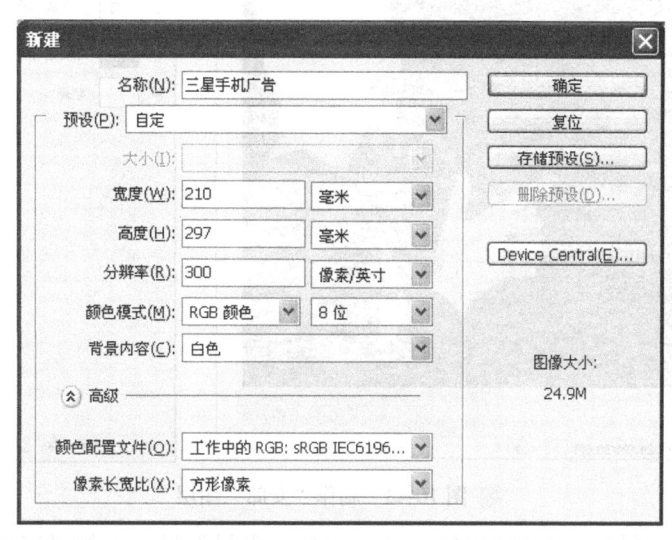

图 10-41 新建文件参数设置

(2)新建一个名为"背景色"图层,制作渐变背景。使用【渐变工具】,设置渐变色为左边深红色(#690500),右边黑色,返回工具选项栏单击【径向渐变】按钮,按住鼠标左键从画面左上角向右下角拖动,制作如图 10-42 所示渐变背景。

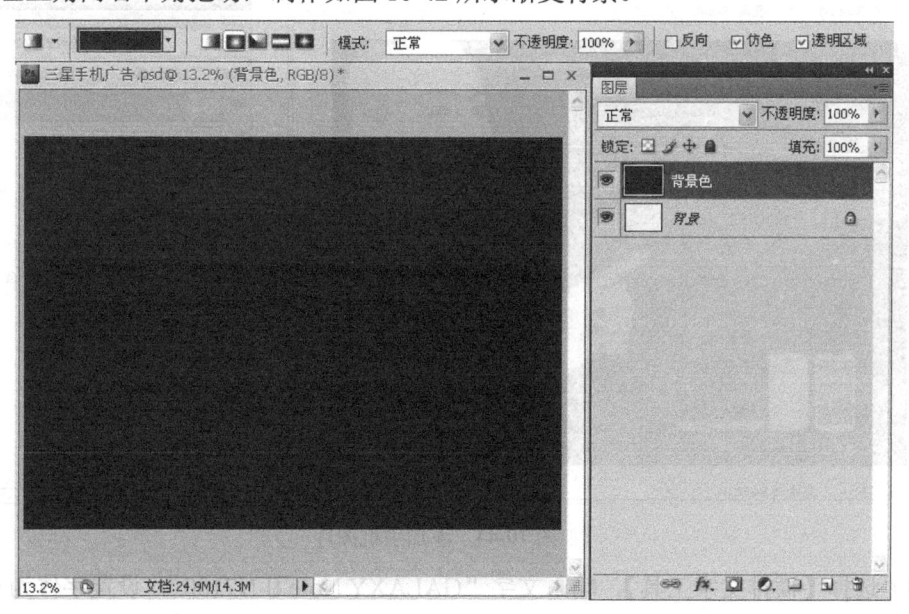

图 10-42 渐变背景效果

233

图形图像处理（Photoshop CS4）

（3）打开素材中"素材与实例→project10→素材"目录下的"女郎.jpg"图片，将图像全部复制到"三星手机广告"文件中，新图层命名为"女郎"。按【Ctrl+T】快捷键调整图像的大小，并放在广告的右边，然后在图层面板中将"女郎"图层的混合模式修改为滤色，如图10-43所示。

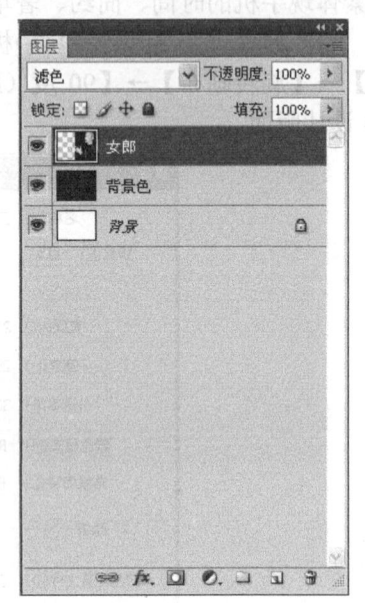

图10-43 制作"女郎"图层

（4）分别打开素材中"素材与实例→project10→素材"目录下的"三星正面"、"三星背面"和"三星侧面"3张手机图片，将图像全部复制到"三星手机广告"文件中，分别命名为"正面"、"背面"和"侧面"。然后按【Ctrl+T】快捷键分别调整每个手机图像的大小，并放在画面的左下角，如图10-44所示。

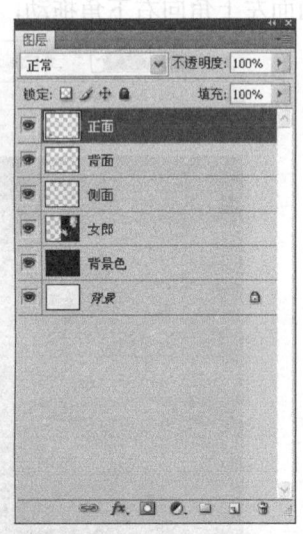

图10-44 添加手机图片

（5）选择【横排文字工具】，输入文字"GALAXY Note II N7100"，设置字体为Century Gothic，样式为Regular，字号为18，浑厚，白色。用【移动工具】把文字放在手机图片的下方，并同自由变换命令把文字的宽度调整到与手机图片等宽，如图10-45所示。

图10-45 添加手机文字

（6）选择【横排文字工具】，分3个图层输入文字"DESIGNED""FOR"和"HUMANS"。设置字体为Corbel，样式为bold，大小为60，浑厚，黑色，如图10-46所示。将3个图层分别进行栅格化文字操作，将文字图层转换为像素图层。

图10-46 添加主题文字

（7）为"DESIGNED"图层添加投影图层样式，参数设置和效果如图10-47所示，其中投影颜色为暗金色（#5b4c27）。

（8）添加内阴影图层样式，参数设置和效果如图10-48所示，其中内阴影颜色为白色。

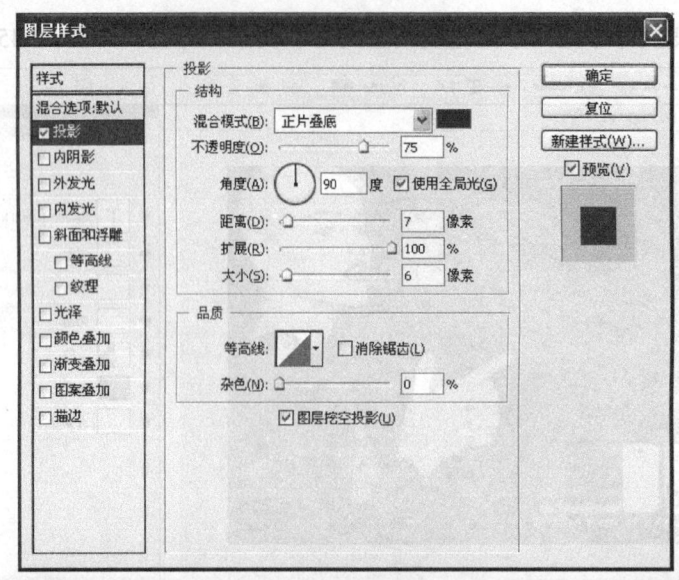

图形图像处理（Photoshop CS4）

■ 图 10-47　投影样式参数设置和效果

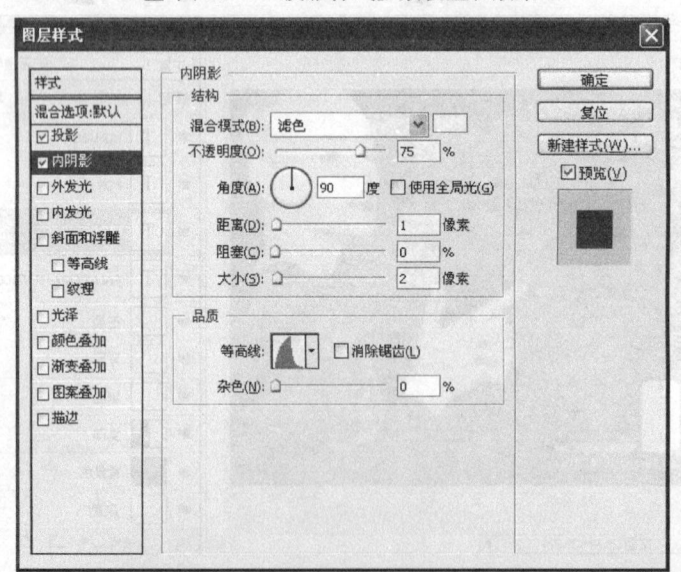

■ 图 10-48　内阴影样式参数设置和效果

（9）添加外发光图层样式，参数设置和效果如图 10-49 所示，其中外发光颜色为黄灰色（#433909）。

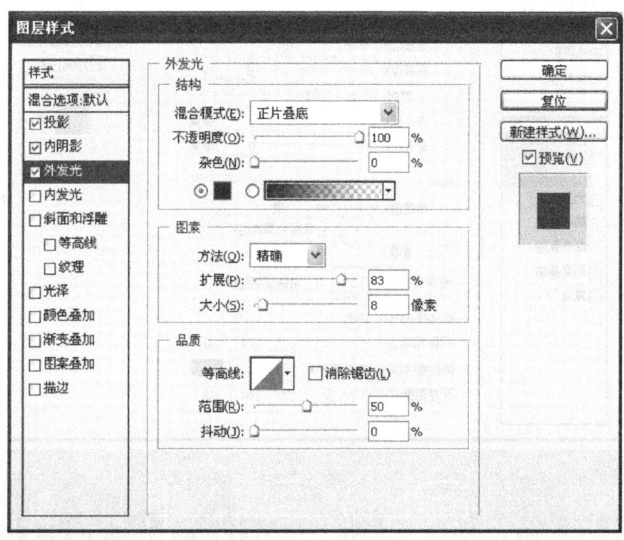

图 10-49 外发光样式参数设置和效果

（10）添加内发光图层样式，参数设置如图 10-50 所示，其中内发光颜色为黑色。

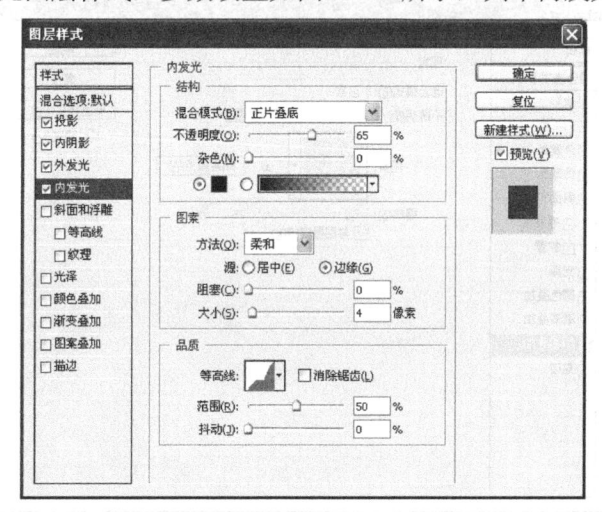

图 10-50 内发光样式参数设置

（11）添加斜面和浮雕图层样式，参数设置和效果如图 10-51 所示，其中等高线的范围为 10%。
（12）添加颜色叠加样式，叠加的颜色为灰色（#9b9b9b），不透明度为 100%。

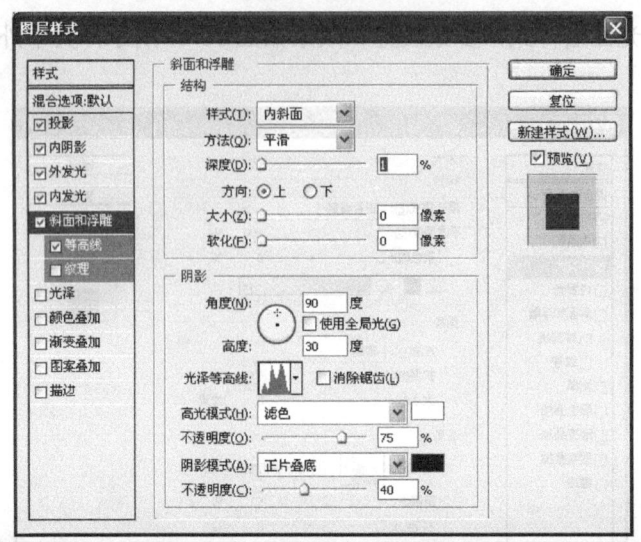

图形图像处理（Photoshop CS4）

图 10-51 斜面和浮雕参数设置和效果

（13）添加图案叠加样式。参数设置和效果如图 10-52 所示，其中图案需要用户自己加载。在【图案】下拉列表中单击右侧的三角，执行菜单中【载入图案】命令，载入光盘中"素材与实例→project10→素材"目录下的"zuanshizi.pat"文件，完成钻石图案的加载。

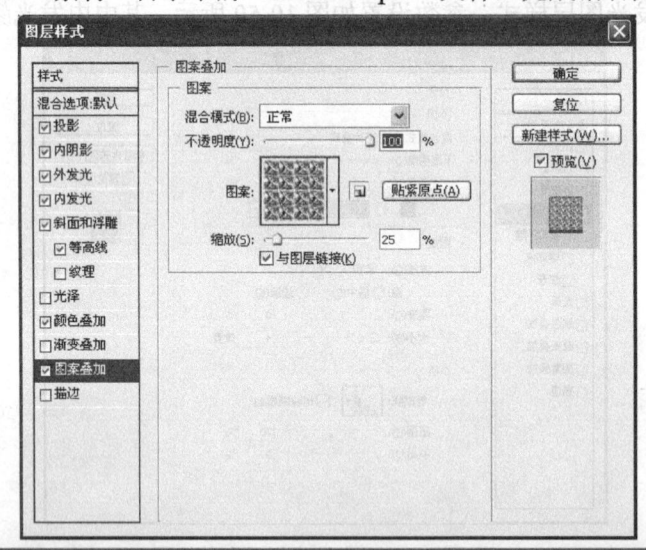

图 10-52 图案叠加参数设置和效果

238

（14）添加描边样式，参数设置和效果如图 10-53 所示，其中填充的渐变色采用深金色（#a09042）、浅金色（#dcc65d）和白色来制作。

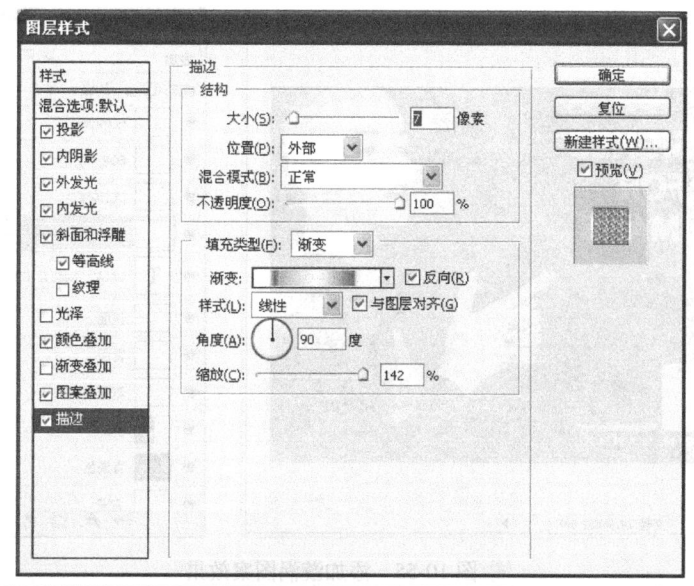

图 10-53　描边样式参数设置和效果

（15）将"DESIGNED"图层的样式复制到另外两个主题文字的图层中，完成钻石文字的制作，如图 10-54 所示。

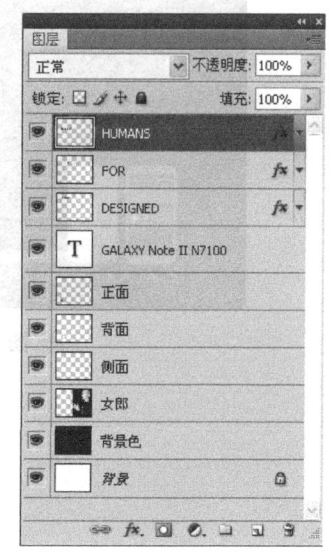

图 10-54　钻石文字效果

（16）打开素材中"素材与实例→project10→素材"目录下的"漩涡纹.png"图片，将图像全部复制到文件中,新图层命名为"漩涡纹",将图层混合模式改为叠加,再用自由变换命令调整图案,使漩涡的尾部指向美女的指尖,效果如图10-55所示。

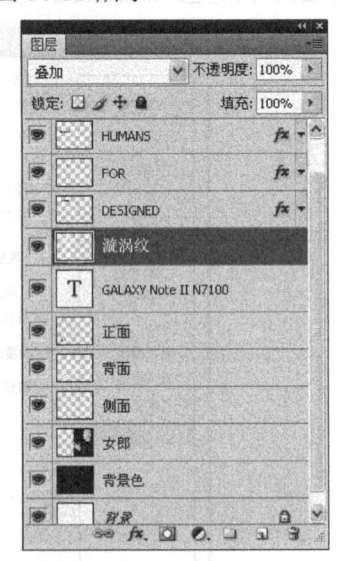

图10-55 添加漩涡图案效果

(17)新建一个名为"星光"的图层,按照前面介绍的添加星光的方法,在钻石文字和人物指尖上添加星光效果,最终完成三星手机广告的设计,如图10-56所示。

图10-56 三星手机广告最终效果

项目十一　光影世界——电影海报设计

本实例设计了一款电影海报，考虑到电影是围绕女主角的故事展开的，于是设计将电影标题与女主角图像融合，并占据海报最显眼的位置，以突出女主角的核心地位。整幅海报主要运用了图层混合模式和图层样式两种图像合成的方法，画面简洁、色彩素雅，充分展现了电影充满活力、清新脱俗的风格。

能力目标

- ◆ 学生能根据设计作品的需要，综合、灵活地运用以前所学知识解决实际问题。
- ◆ 培养学生在作品完成过程中的合作设计能力和创新能力。

实例效果

图 11-1　实例效果图

任务一　制作电影标题文字

一、新建文件

新建一个名为"日记本"的.psd"文件，设置文件大小为国际标准纸张 A4，分辨率为 300 像素/英寸，背景为白色，如图 11-2 所示。

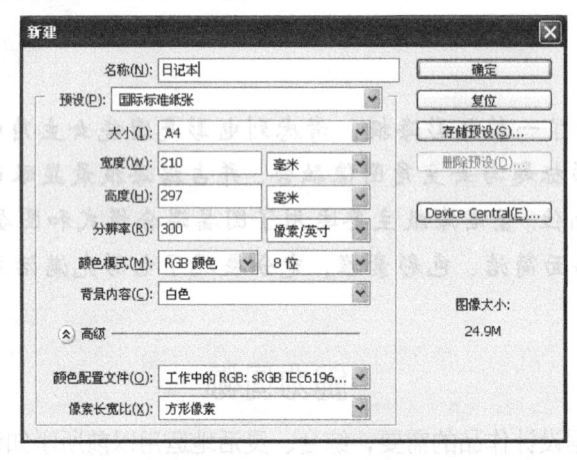

图 11-2　新建文件参数设置

二、建立中线参考线

为使海报对称美观，在海报的中间建立一个参考线。按【Ctrl+R】快捷键调出标尺，从左侧标尺按住鼠标拖出一条参考线，放置在宽 10.5 厘米处，如图 11-3 所示。

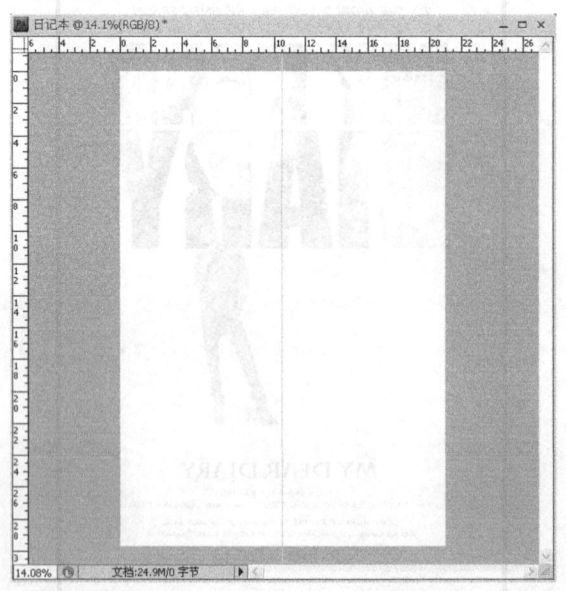

图 11-3　建立中线参考线

三、编辑标题文字

使用【横排文字工具】，分两个图层输入两行文字"MY DEAR"和"DIARY"。设置字体为 Impact，样式为 Regular，锐利，颜色为黑色，"MY DEAR"的大小为 136 点，"DIARY"的大小为 195 点。文字的位置和效果如图 11-4 所示。

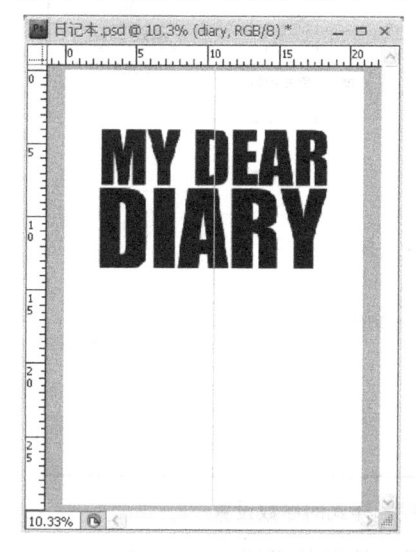

图 11-4　标题文字的位置和效果

四、制作文字盖印图层

1. 建立文字盖印图层

隐藏"背景"图层，按【Ctrl+Shift+Alt+E】快捷键盖印两个文字图层，把新生成的图层命名为"文字盖印"。恢复"背景"图层的显示，并将两个文本图层隐藏，如图 11-5 所示。

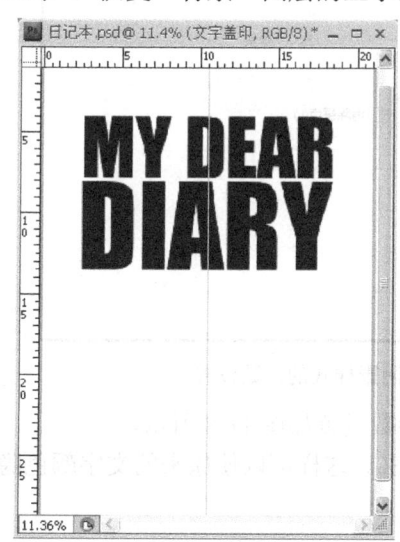

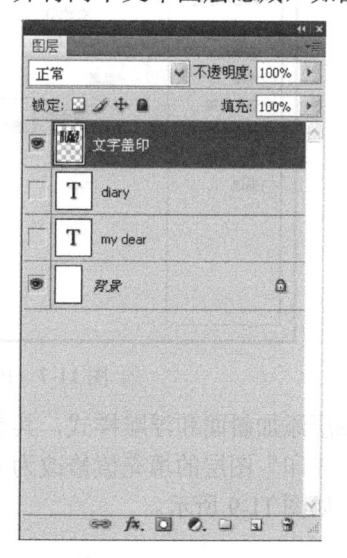

图 11-5　隐藏两个文本图层

2. 为文字盖印添加图层样式

首先为"文字盖印"图层添加投影样式。投影样式的参数设置如图 11-6 所示。

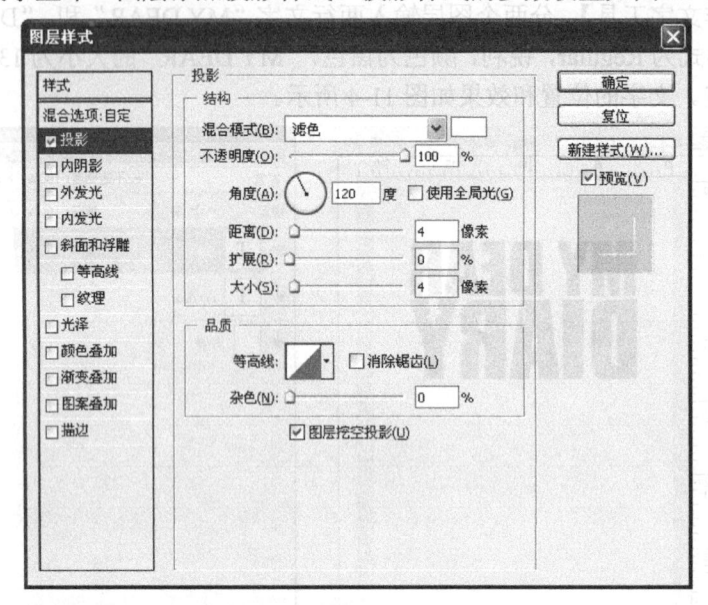

■ 图 11-6　投影样式的参数设置

然后为图层添加内阴影样式。内阴影样式的参数设置如图 11-7 所示。

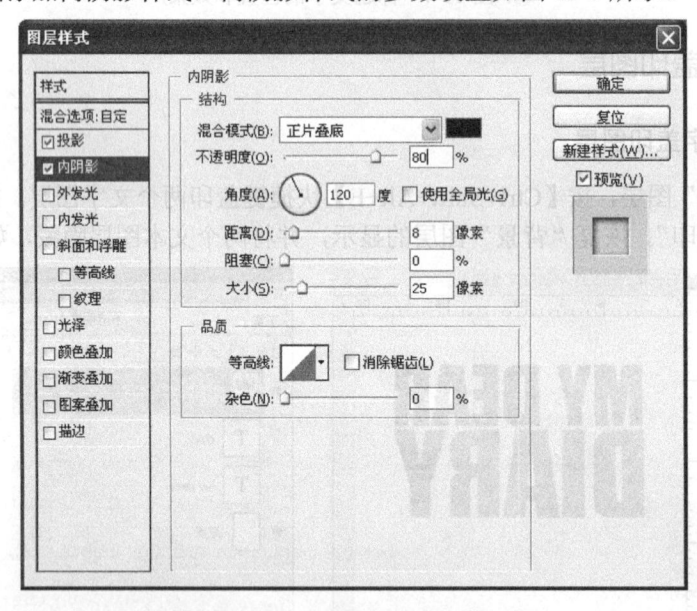

■ 图 11-7　内阴影样式的参数设置

最后为图层添加斜面和浮雕样式，其参数设置如图 11-8 所示。

将"文字盖印"图层的填充值修改为 0%。这样可以使原来的文字颜色隐藏，而保留文字图层样式，如图 11-9 所示。

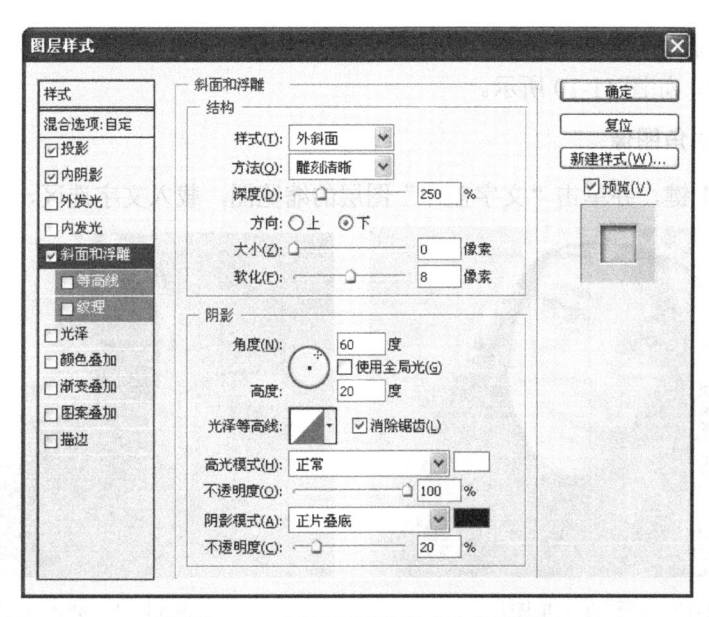

图 11-8　斜面和浮雕样式的参数设置

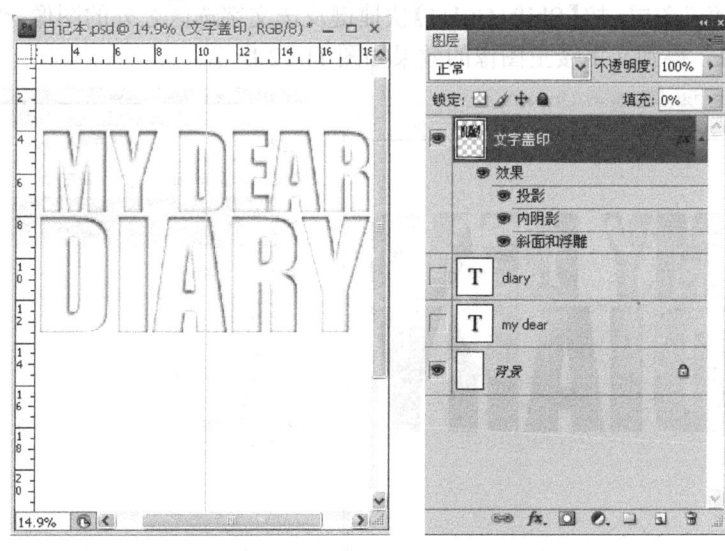

图 11-9　"文字盖印"图层的样式

任务二　制作女主角图像合成效果

一、建立女主角图层

1. 导入女主角图像

打开素材中"素材与实例→project11→素材"目录下的"女主角.jpg"图片，将图像全部复制到文件中，新图层命名为"女主角"。将"女主角"图层放在"文字盖印"图层下方，按【Ctrl+T】快捷键调整女主角图片，使图片在文字盖印上能显示最佳效果，重点是人物眼睛必须显示出来，如图 11-10 所示。

2. 剪切女主角图像

按住【Ctrl】键，并单击"文字盖印"图层的缩览图，载入文字选区，如图 11-11 所示。

■ 图 11-10　调整女主角图片　　　　　　■ 图 11-11　载入文字选区

选择"女主角"图层，按【Shift+Ctrl+I】快捷键反选文字选区之外的图像，然后按【Delete】键删除选中图像。得到文字镂空图像的效果如图 11-12 所示。

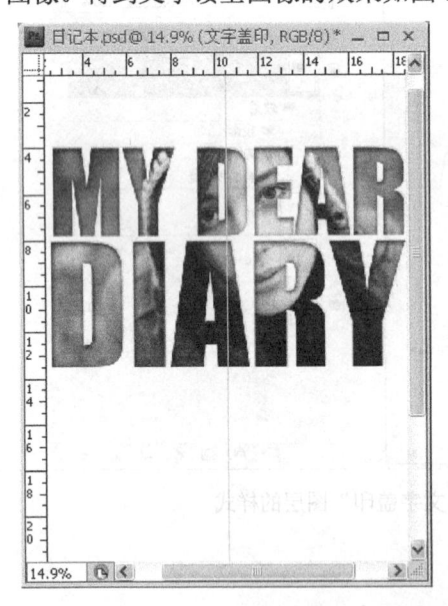

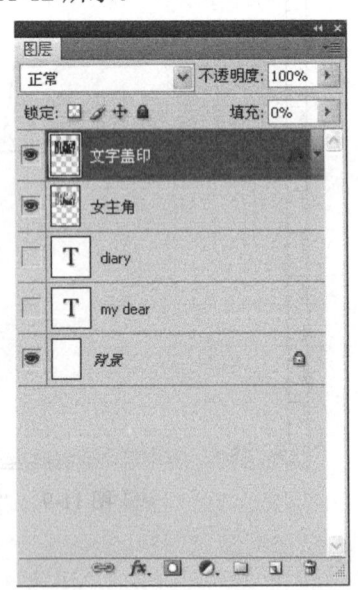

■ 图 11-12　文字镂空图像的效果

二、添加调整图层

1. 添加浅黄色调整图层

首先载入文字选区，然后在"女主角"图层上方添加一个调整图层，在菜单中选择纯色填充，颜色为浅黄色（#faff9b）。修改图层混合模式为变暗，不透明度为 50%。填充效果如图 11-13 所示。

项目十一
光影世界——电影海报设计

■ 图 11-13 添加浅黄色调整图层后的效果

2. 添加蓝色调整图层

再次载入文字选区，并添加一个蓝色（#6165ff）的调整图层，图层混合模式为颜色减淡，不透明度为 30%。填充效果如图 11-14 所示。

■ 图 11-14 添加蓝色调整图层后的效果

3. 添加色阶调整图层

在蓝色调整图层上再添加一个调整图层，在菜单中执行【色阶】命令。在打开的调整面板中，设置输入色阶的参数为（24，1，237）。色阶调整图层的参数设置和效果如图 11-15 所示。

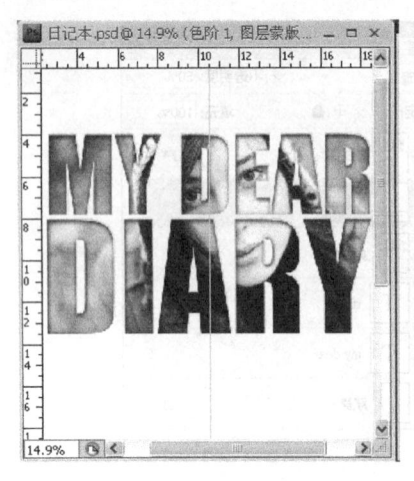

图形图像处理（Photoshop CS4）

图 11-15　色阶调整图层的参数设置和效果

任务三　制作男主角图像合成效果

一、抠出人物图像

1. 绘制人物轮廓路径

打开素材中"素材与实例→project11→素材"目录下的"男主角.jpg"图片，选中"背景"图层，按【Ctrl+J】快捷键复制一个背景副本，命名为"图层 1"。选择【钢笔工具】，沿着人物的外边缘绘制路径，注意路径要贴近人物不能超过边缘，建立人物的轮廓路径，如图 11-16 所示。

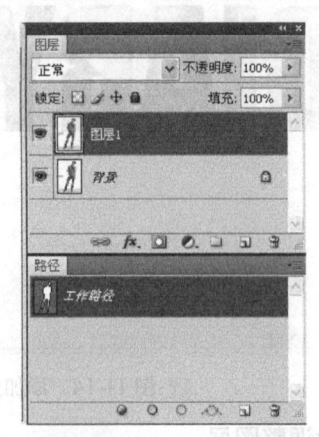

图 11-16　绘制人物轮廓路径

2. 复制选区内的人物图像

在路径面板中单击【将路径作为选区载入】按钮，将路径转换为选区。执行【选择】→【修改】→【羽化】命令，将羽化值设为 2，回到图层面板选中"图层 1"，按【Ctrl+J】快捷键复制生成人物大致轮廓的新图层，命名为"图层 2"。用钢笔抠出的人物图像如图 11-17 所示。

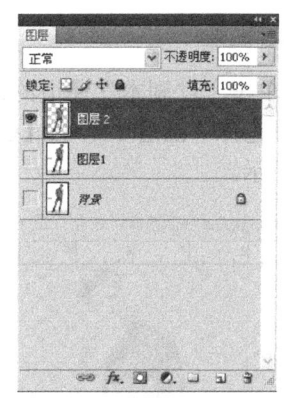

图 11-17　用钢笔抠出的人物图像

3. 复制通道副本

隐藏"图层 2",选择"图层 1",打开通道面板,分别观察各通道颜色,红通道中背景与人物颜色反差最大,拖曳红通道到通道面板底部的【创建新通道】按钮上,复制红通道副本,如图 11-18 所示。

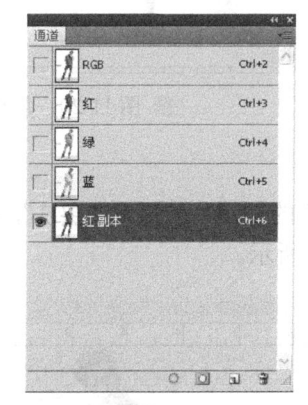

图 11-18　复制红通道副本

4. 增加通道图像对比度

选中"红副本"通道,按【Ctrl+M】快捷键调出曲线面板,增加图像的对比度,如图 11-19 所示。

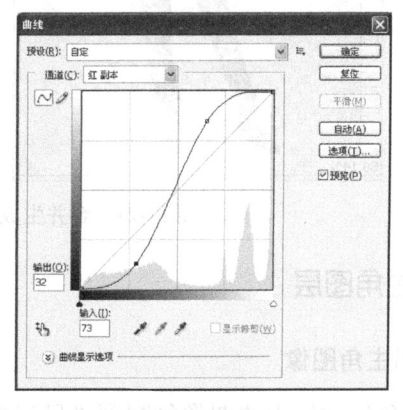

图 11-19　增加"红副本"通道的对比度

5. 建立通道内容图层

按住【Ctrl】键单击"红副本"通道的缩览图载入选区，然后按【Ctrl+Shift+I】快捷键反选，返回图层面板选择"图层1"，按【Ctrl+J】快捷键复制红通道选区的内容，新建"图层3"，如图11-20所示。

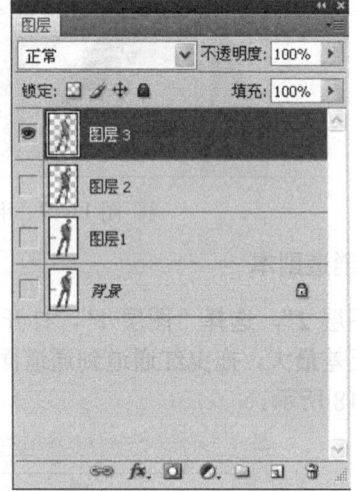

图11-20 复制红通道选区的内容

6. 合并图层

恢复"图层2"的显示，选择"图层3"，按【Ctrl+E】快捷键向下合并图层，命名为"男主角"，如图11-21所示。

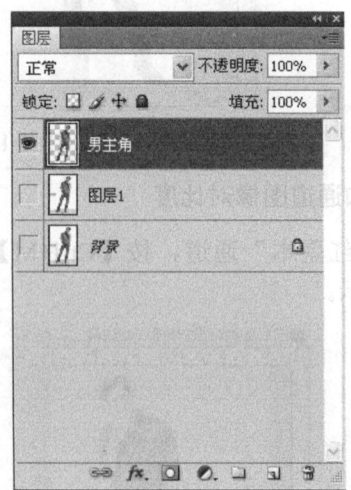

图11-21 合并生成"男主角"图层

二、制作男主角图层

1. 导入男主角图像

将"男主角"图层中的图像复制到"日记本"文件中，新图层命名为"男主角"。按

项目十一

光影世界——电影海报设计

【Ctrl+T】快捷键调整人物大小,并放到合适的位置,如图 11-22 所示。

图 11-22　导入男主角图像

2. 绘制阴影路径

使用【钢笔工具】在男主角的脚下绘制阴影路径,如图 11-23 所示。

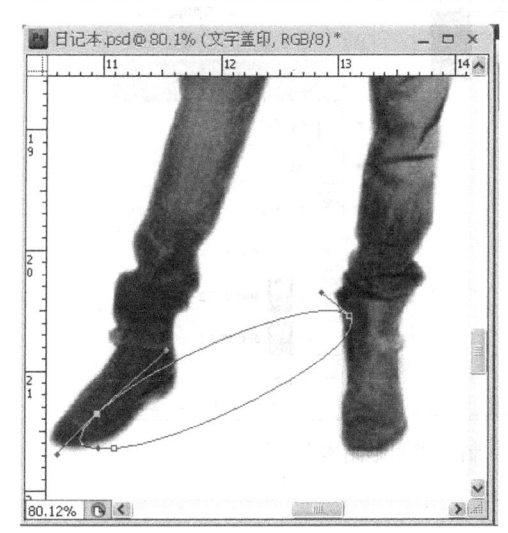

图 11-23　绘制阴影路径

3. 填充阴影渐变色

将路径作为选区载入,返回图层面板,在"男主角"图层下方新建图层命名为"阴影"。选择黑白渐变填充色,在"阴影"图层中的选区内进行填充,填充效果如图 11-24 所示。

图 11-24　填充阴影渐变色

4. 复制阴影图层

复制"阴影"图层，按【Ctrl+T】快捷键调整"阴影副本"图层的大小和方向，如图 11-25 所示。

图 11-25　制作"阴影副本"图层

任务四　添加宣传文字

一、制作标题上方文字效果

选择【横排文字工具】，在海报上方输入文本"TO THE WORLD YOU MAY BE ONE PERSON, BUT TO ONE PERSON YOU MAY BE THE WORLD."。设置字体为 MV Boli，样式为 Regular，大小为 18 点，锐利，颜色为棕色（#563500），文字效果如图 11-26 所示。

项目十一
光影世界——电影海报设计

图 11-26　标题上方文字效果

二、制作电影名称文字效果

使用【横排文字工具】，在海报的下方输入电影名称"MY DEAR DIARY"。设置字体为 Charlemagne Std，样式为 Bold，大小为 30 点，浑厚，颜色为棕色（#563500），文字效果如图 11-27 所示。

图 11-27　电影名称文字效果

三、制作电影信息文字效果

分两个图层输入文字"A FILM BY LAWRENCE KASDAN"和"WITTEN BY LAWRENCE KASDAN & MEG KASDAN　　DIRECTED BY LAWRENCE KASDAN"。设置字体为 Nyala，样式为 Regular，浑厚，颜色为棕色（#563500），其中大字为 14 点，小字为 10 点。文字效果如图 11-28 所示。

253

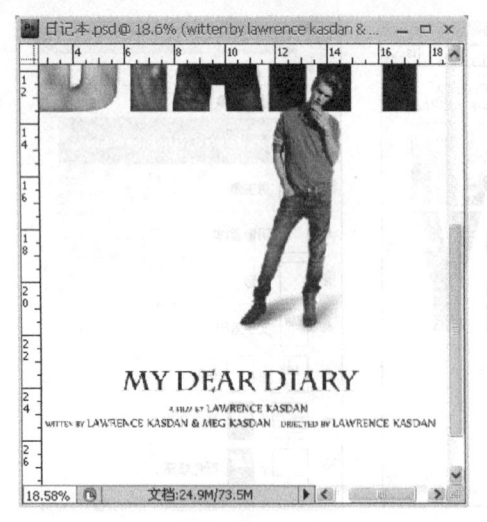

图 11-28 电影信息文字效果

四、制作电影介绍文字效果

分两个图层输入文字"WHEN EVERY LOVE COMES TO THE END, IF YOU LOOK BACK."和"YOU WILL FIND FLOWERS AND SORROWS, BUT IT'S ALWAYS BEAUTIFUL."。设置字体为 MV Boli，样式为 Regular，大小为 10 点，浑厚，颜色为棕色（#563500）。文字效果如图 11-29 所示。

图 11-29 电影介绍文字效果

五、制作电影日期文字效果

输入电影的上映日期"FEBRUARY 14"，设置字体为 Charlemagne Std，样式为 Bold，大小为 24 点，浑厚，颜色为棕色（#563500）。文字效果如图 11-30 所示。

项目十一

光影世界——电影海报设计

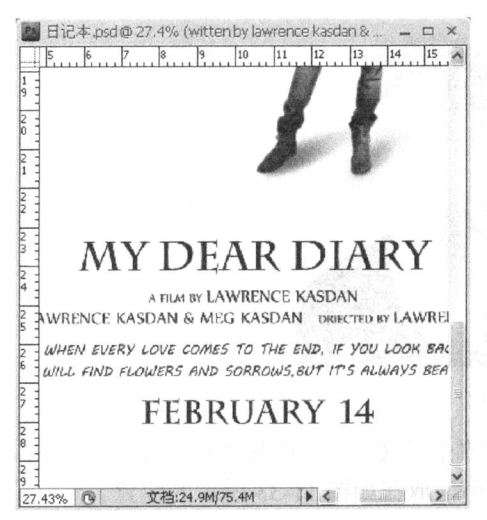

图 11-30　电影日期文字效果

实训演练

设计一款电影海报，画面上部突出男女主角 3 人头像，下面用电影场景以及天空合成整体画面。利用各种颜色调整方法改变图像色彩，以咖啡色为主色调，突出电影浓郁的复古风。具体操作步骤参考如下。

（1）新建一个文件，命名为"芭比外传.psd"，参数设置为标准 A4 大小，分辨率 300 像素/英寸，背景白色。新建一个名为底色的图层，使用【渐变工具】，制作一个深咖啡色（#040201）到浅咖啡色（#582d03）的渐变图层，如图 11-31 所示。

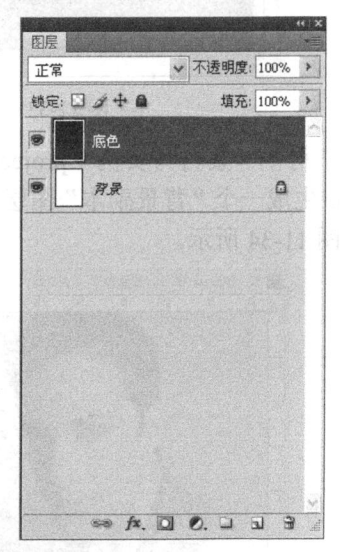

图 11-31　填充渐变底色

（2）打开素材中"素材与实例→project11→素材→实战演练"目录下的"男一号.jpg"图片，由于人物与背景的色差较大、边缘清晰，可以选择【磁性套索工具】建立人物选区，按【Ctrl+Shift +I】快捷键反选选区，按【Delete】键删除人物背景，得到男一号的人物图像，如图 11-32 所示。

图形图像处理（Photoshop CS4）

图 11-32 抠出男一号人物图像

（3）将男一号人物图像复制到"芭比外传"文件中，新图层命名为"男一号"。按【Ctrl+T】快捷键将人物水平翻转，并调整人物大小，放在如图 11-33 所示的位置。

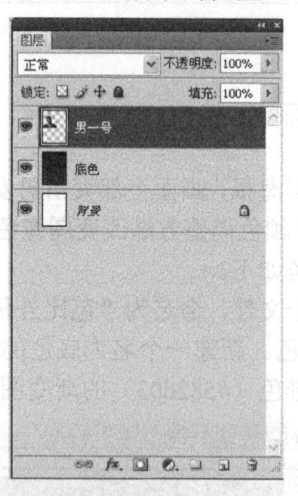

图 11-33 导入男一号人物图像

（4）打开素材中"素材与实例→project11→素材→实战演练"目录下的"男二号.jpg"图片，复制背景生成一个"背景副本"图层，使用【快速选择工具】在背景副本上拖动画笔，建立选区，如图 11-34 所示。

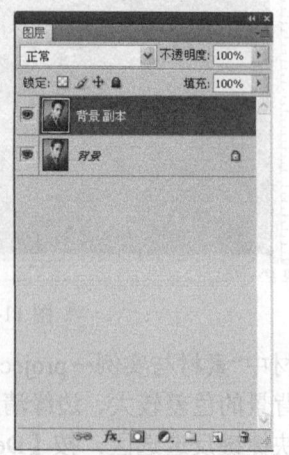

图 11-34 建立男二号人物选区

256

（5）按【Ctrl+Shift+I】快捷键反选选区，再按【Delete】键删除人物背景，得到男二号的人物图像。选择【橡皮擦工具】，选择柔角画笔，降低画笔的不透明度和流量，修饰人物发梢。修饰完后，把男二号的人物图像复制到"芭比外传"文件中，新图层命名为"男二号"，按【Ctrl+T】快捷键调整人物大小，放在如图 11-35 所示的位置。

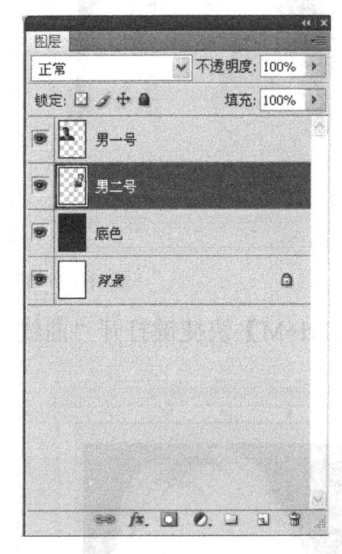

图 11-35 导入男二号人物图像

（6）打开素材中"素材与实例→project11→素材→实战演练"目录下的"女主角.jpg"图片，复制图层命名为"主体"。隐藏"背景"图层，选择【橡皮擦工具】，擦除人物周围背景及散乱的头发。如图 11-36 所示。

图 11-36 擦除人物背景及散乱的头发

（7）隐藏"主体"图层，显示"背景"图层，打开通道面板，选择背景与人物颜色反差较大的红通道，复制生成"红副本"通道，按【Ctrl+L】快捷键打开"色阶"对话框，参数设置如图 11-37 所示。

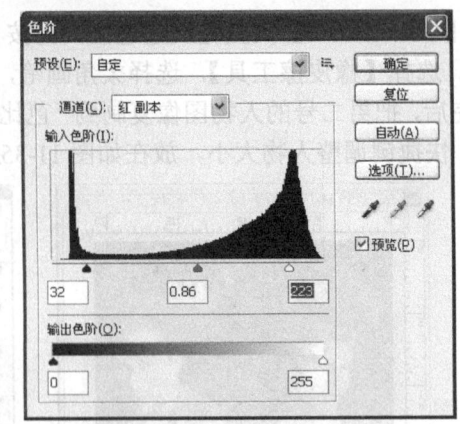

图 11-37 "色阶"参数设置

（8）按【Ctrl+M】快捷键打开"曲线"对话框，参数设置如图 11-38 所示。

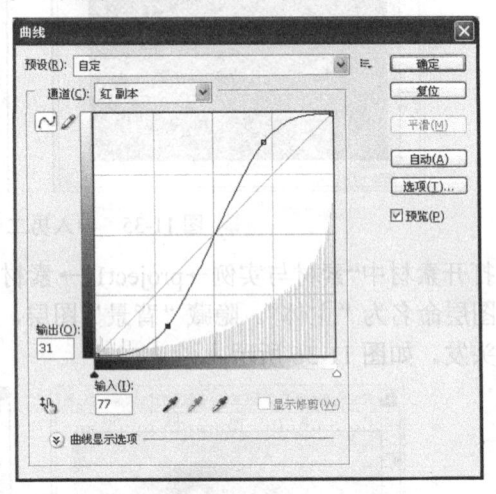

图 11-38 "曲线"参数设置

（9）按【Ctrl】键选择"红副本"通道载入选区，回到图层面板选中"背景"图层，按【Ctrl+J】快捷键复制生成新图层，将图层命名为"头发"。如图 11-39 所示。

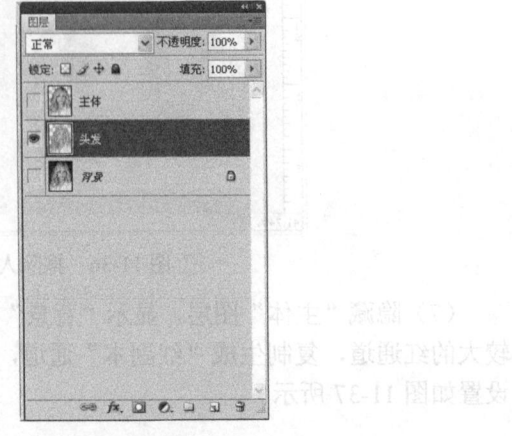

图 11-39 建立"头发"图层

（10）将"主体"和"头发"两个图层合并，得到女主角的人物图像，如图 11-40 所示。

■ 图 11-40　合并生成女主角图像

（11）复制女主角图像到"芭比外传"文件中，新图层命名为"女主角"。按【Ctrl+T】快捷键调整人物大小，放在如图 11-41 所示的位置。

■ 图 11-41　导入女主角图像

（12）为 3 个人物图层添加图层蒙版，选择【柔角画笔工具】，由高到低不断调节不透明度和流量，擦除人物身体周围僵硬的边框，使女主角与两个男主角图像融合，如图 11-42 所示。

■ 图 11-42　人物图层添加蒙版后的效果

图形图像处理（Photoshop CS4）

（13）将同目录下的"小镇.jpg"图片中的图像导入"芭比外传"文件中，按【Ctrl+T】快捷键调整小镇的图像大小，使其充满画布底部，如图11-43所示。

■ 图11-43　导入小镇图像

（14）选择"小镇"图层，按【Ctrl+Shift+U】快捷键执行去色操作，然后按【Ctrl+U】快捷键打开"色相/饱和度"对话框，参数设置如图11-44所示。

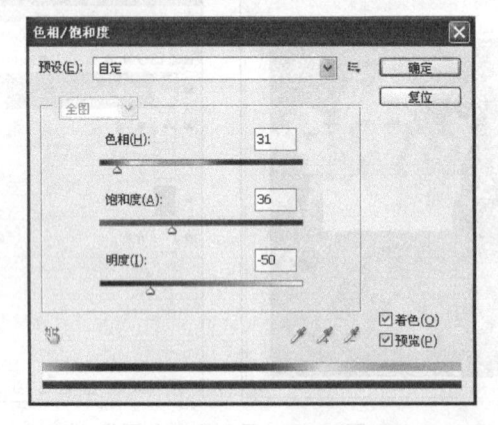

■ 图11-44　小镇的"色相/饱和度"参数设置

（15）为"小镇"图层添加图层蒙版，用画笔将小镇图像边缘减淡，制作自然的过渡效果，如图11-45所示。

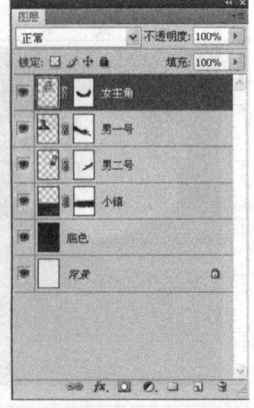

■ 图11-45　小镇添加蒙版后的效果

260

项目十一

光影世界——电影海报设计

（16）隐藏除男女主角以外的所有图层，按【Ctrl+Shift+Alt+E】快捷键盖印3个人物图层，命名为"人物盖印"。选择"人物盖印"图层，按【Ctrl+Shift+U】快捷键执行去色命令。然后按【Ctrl+U】快捷键打开"色相/饱和度"对话框，参数设置如图11-46所示。

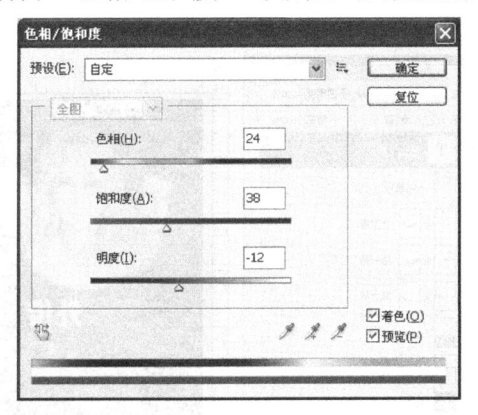

■ 图11-46　"色相/饱和度"参数设置

（17）按【Ctrl+L】快捷键打开"色阶"对话框，参数设置和图像效果如图11-47所示。

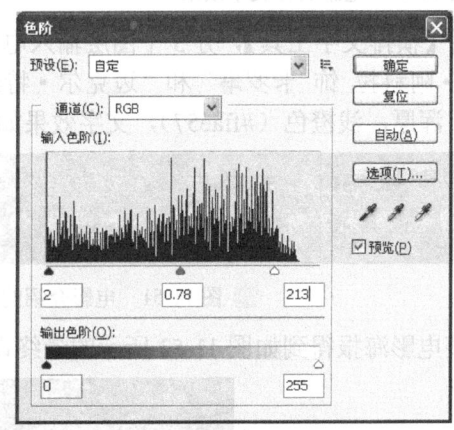

■ 图11-47　"色阶"参数设置和图像效果

（18）将同目录下"云.jpg"图片中的图像导入"芭比外传"文件，按【Ctrl+T】快捷键调整云图像的大小，修改图层混合模式为正片叠底，不透明度为70%。然后为"云"图层添加图层蒙版，使云与小镇自然融合，如图11-48所示。

■ 图11-48　"云"图层添加蒙版后的效果

261

（19）使用【横排文字工具】，输入电影名称"芭比外传"，设置字体为长城特粗黑体，大小为72点，浑厚，"芭比"为红色（#e20000），"外传"为白色。文字效果如图11-49所示。

（20）为文本图层添加投影与斜面和浮雕效果，采用默认参数，添加样式后的效果如图11-50所示。

图11-49　电影名称文字效果

图11-50　添加样式后的文字效果

（21）使用【横排文字工具】，分3个图层输入电影介绍的文字"约瑟夫·摩根 饰 克劳斯"、"坎迪丝·阿科拉 饰 卡罗琳"和"迈克尔·特维诺 饰 泰勒"。设置字体为华文新魏，大小为14点，浑厚，浅橙色（#ffae57），文字效果如图11-51所示。

图11-51　电影介绍的文字效果

（22）调整电影海报得到如图11-52所示的最终设计效果。

图11-52　电影海报的最终设计效果

项目十二 山水华庭——房地产广告设计

本实例设计了一款以水畔湖景为主题的房地产广告，利用别墅、水岸、湖面、绿树、白鹭等素材，采用图层混合模式、蒙版和滤镜等技术手段，制作出亦真亦幻、清雅幽静的画面效果，烘托出楼盘坐拥山水间、怡然享天伦的特色。

能力目标

- ◆ 通过合理的图片素材加工来解决实际问题并能够进行创造性探索。
- ◆ 培养学生制作广告效果图的能力。

实例效果

图 12-1　实例效果图

任务一 制作广告背景

一、新建文件

新建一个名为"山水华庭"的.psd 文件,设置文件预设为国际标准纸张,大小为 A4,分辨率为 300 像素/英寸,背景内容为白色,如图 12-2 所示。

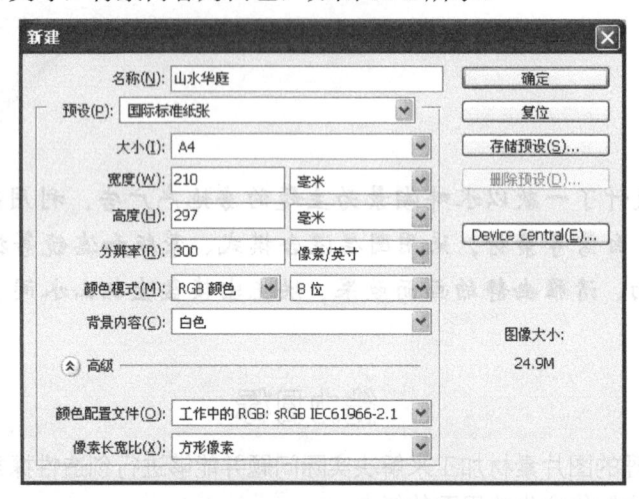

图 12-2 新建文件参数设置

二、制作背景底色

执行【图像】→【图像旋转】→【90 度(顺时针)】命令,转为横向画布。新建一个名为"底色"的图层,将前景色设置为紫红色(#68061f),然后按【Alt+Delete】快捷键对图层进行填充。填充后的效果如图 12-3 所示。

图 12-3 填充背景底色

三、添加边框花纹

将光盘中"素材与实例→project12→素材"目录下"边框.png"图片中的图像复制到"山水华庭"文件中，新建图层命名为"边框"。按【Ctrl+T】快捷键执行自由变换命令，此时右击，在弹出的快捷菜单中执行【旋转90度（顺时针）】命令，将边框转为横向并调整大小，放在画布的边缘，如图12-4所示。

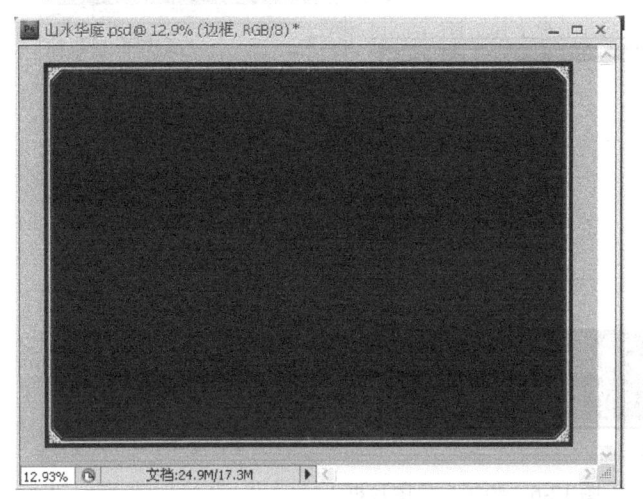

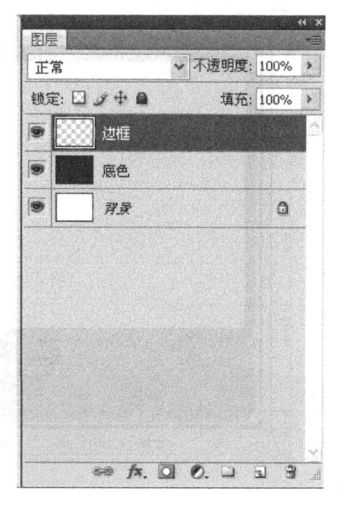

图12-4　添加边框花纹

四、绘制图片框

1．添加参考线

规划广告的整体布局，上面的大部分是图片展示，下面的小部分是文字说明。用鼠标拖出一条横向参考线，放在Y轴15.5厘米处，如图12-5所示。

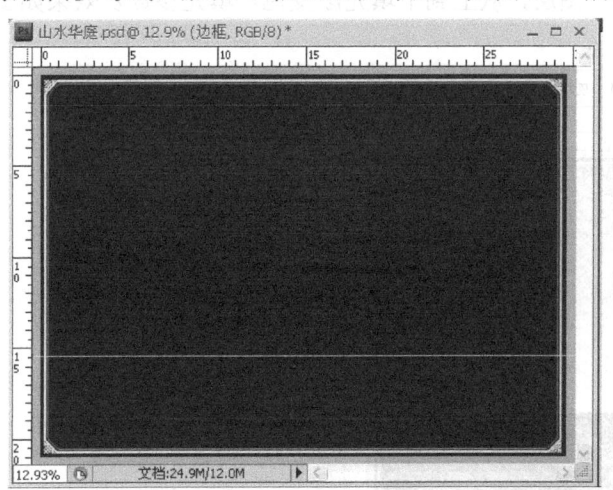

图12-5　添加横向参考线

2. 绘制白色图片框

新建一个名为"图片框"的图层，选择【圆角矩形工具】，绘制方式选择为像素填充，半径设置为 60 像素，前景色设置为白色。在参考线上绘制一个圆角矩形框，会自动生成一个白色填充的圆角矩形框，如图 12-6 所示。

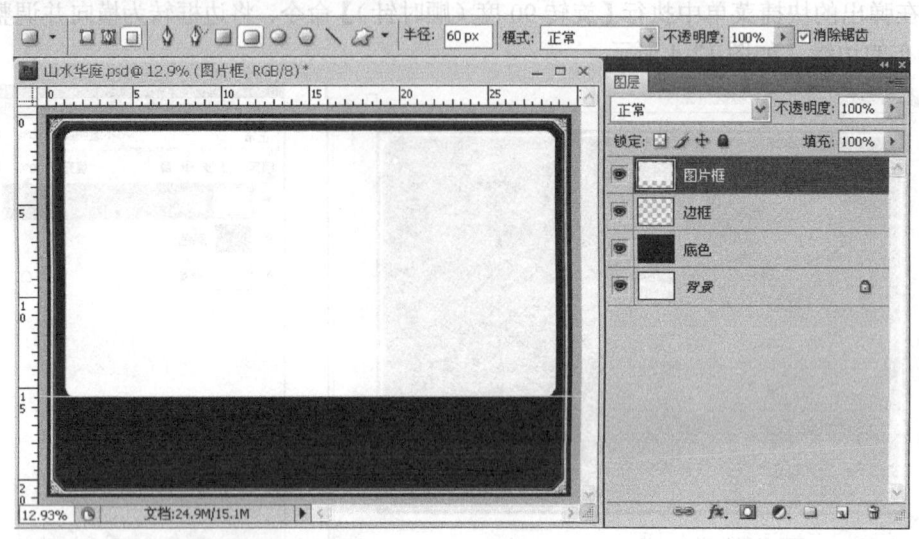

图 12-6 绘制白色图片框

五、制作图片框的渐变色

1. 填充渐变色

新建一个名为"天色"的图层，选择【渐变工具】，在工具选项栏中选择线性渐变，并设置渐变色为青蓝色（#2a796a）到乳黄色（#e9f6ae）。按住【Ctrl】键单击图片框的缩览图，载入图片框选区，然后选择"天色"图层，从上到下填充渐变色，填充参数及效果如图 12-7 所示。

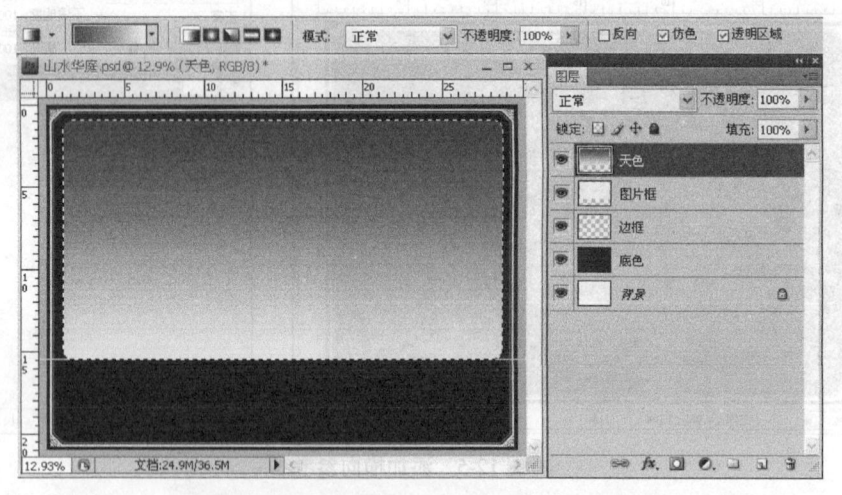

图 12-7 渐变色的参数设置和填充效果

2. 制作天色倒影

复制"天色"图层生成一个"天色副本"图层,按【Ctrl+T】快捷键,然后右击,在弹出的快捷菜单中执行【垂直翻转】命令进行垂直翻转。最后在 Y 轴的 11.5 厘米处添加一条参考线,以它作为地平线,压缩天色图像和天色副本图像,形成倒影效果,如图 12-8 所示。

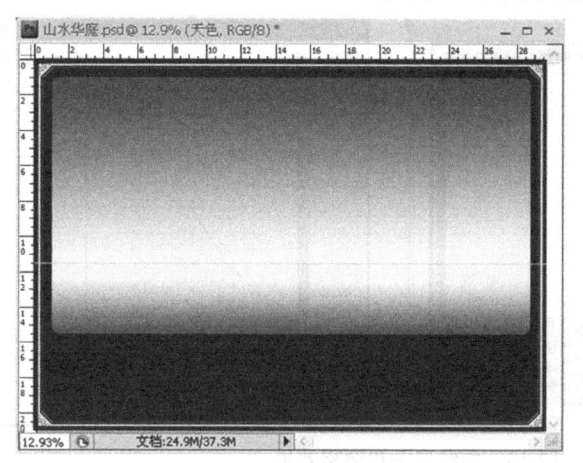

图 12-8　制作天色倒影效果

任务二　制作水畔别墅合成效果

一、制作别墅的合成效果

1. 导入别墅图像

打开素材中"素材与实例→project12→素材"目录下的"别墅.jpg"图片,将图像全部复制到文件中,新建图层命名为"别墅",使用【Ctrl+T】快捷键执行自由变换命令,调节图像的大小,并进行水平翻转,效果如图 12-9 所示。

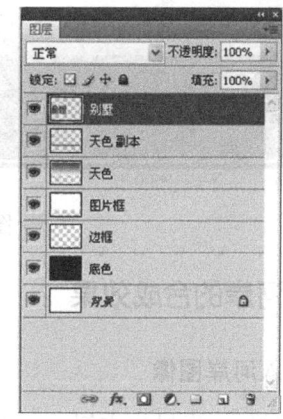

图 12-9　添加别墅图像

2. 增加图像对比度

为了突出别墅的主体地位，要为别墅增加对比度，使其清晰、醒目。按【Ctrl+M】快捷键打开"曲线"对话框，改变曲线的形状，实现阴影与高光的调整，具体的曲线形态和调整效果如图 12-10 所示。

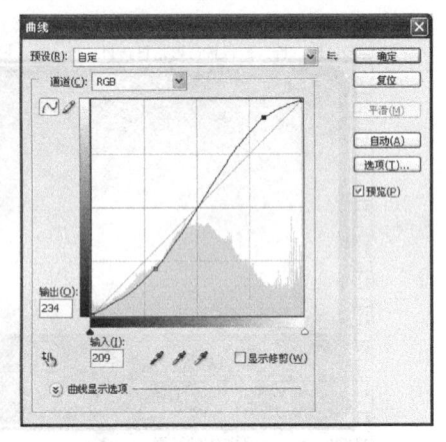

图 12-10　曲线形态和调整效果

3. 制作朦胧边缘效果

为"别墅"图层添加图层蒙版，选择柔角画笔，通过不断调整画笔的大小，以及不断改变不透明度和流量值，来涂抹别墅的边缘，制作朦胧的边缘效果，来突出别墅房屋的主体，图层蒙版的效果如图 12-11 所示。

图 12-11　别墅的朦胧边缘效果

二、制作河岸的合成效果

1. 导入河岸图像

打开素材中"素材与实例→project12→素材"目录下的"河岸.jpg"图片，将图像全部复制到文件中，新建图层命名为"河岸"。按【Ctrl+T】快捷键执行自由变换命令调节图像的

大小，放在如图 12-12 所示的位置。

■ 图 12-12　导入河岸图像

2．制作自然过渡效果

为"河岸"图层添加图层蒙版，选择柔角画笔，调节画笔合适的大小、不透明度和流量，将河岸周围环境擦除，并将图层的混合模式修改为正片叠底。如图 12-13 所示。

■ 图 12-13　河岸的自然过渡效果

任务三　制作湖波倒影合成效果

一、制作湖波效果

1．导入湖面图像

打开素材中"素材与实例→project12→素材"目录下的"湖面.jpg"图片，全部复制到文件中，新图层命名为"湖面"。按【Ctrl+T】快捷键，执行自由变换命令调节图像的大小，使湖面铺满图片框下方，如图 12-14 所示。

图形图像处理（Photoshop CS4）

图 12-14　导入湖面图像

2. 剪切湖面图像

按住【Ctrl】键单击图片框图层的缩览图，载入圆角矩形选区，然后按【Ctrl+Shift+I】快捷键反选，选择湖面图层按【Delete】键删除图片框外的水面，如图 12-15 所示。

图 12-15　剪切湖面图像

3. 制作湖波合成效果

将"湖面"图层的图层混合模式修改为叠加，不透明度修改为 38%，制作出湖水的波纹效果，如图 12-16 所示。

图 12-16　制作湖波合成效果

270

二、制作树的倒影效果

1. 制作树的混合效果

打开素材中"素材与实例→project12→素材"目录下的"树.png"图片,全部复制到文件中,新图层命名为"树"。按【Ctrl+T】快捷键调节图像的大小,将树放在别墅旁边,修改图层混合模式为变暗,如图12-17所示。

图12-17 制作树的混合效果

2. 制作树的倒影

复制"树"图层,生成的"树副本"图层重命名为"倒影"。将"倒影"图层中的树垂直翻转,并放在树的下方,修改图层混合模式为柔光,不透明度为60%,如图12-18所示。

图12-18 制作树的倒影

3. 制作倒影的波浪效果

选择"倒影"图层,执行【滤镜】→【模糊】→【高斯模糊】命令,模糊值设置为3。然后执行【滤镜】→【扭曲】→【波浪】命令,为倒影制作波浪扭曲效果,如图12-19所示。

图形图像处理（Photoshop CS4）

图 12-19　制作倒影的波浪扭曲效果

三、制作白鹭的合成效果

打开素材中"素材与实例→project12→素材"目录下的"白鹭.png"图片，全部复制到文件中，新图层命名为"白鹭"。按【Ctrl+T】快捷键调节图像的大小，将白鹭放在别墅上方天空，修改图片不透明度为75%，如图12-20所示。

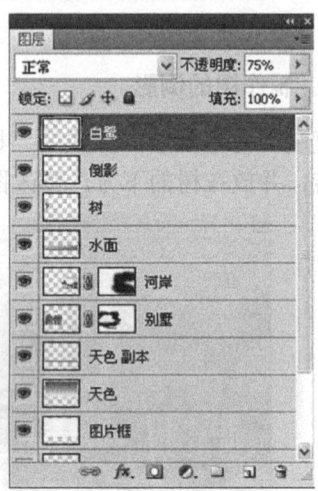

图 12-20　制作白鹭的合成效果

任务四　添加广告文字

一、制作标题文字效果

1. 制作标题大字

使用【横排文字工具】，输入文字"择隐山水　淡定天下"，放在天空的右侧。设置文字

272

字体为中山行书百年纪念版，大小为 46 点，锐利，红棕色（#68061f）。文字效果如图 12-21 所示。

图 12-21　标题大字的文字效果

2．制作标题花纹图案

打开素材中"素材与实例→project12→素材"目录下的"花纹 1.png"图片，全部复制到文件中，新图层命名为"花纹"。将前景色修改为棕黄色（#805400），按【Alt+Delete】快捷键将花纹填充为棕黄色。标题花纹图案效果如图 12-22 所示。

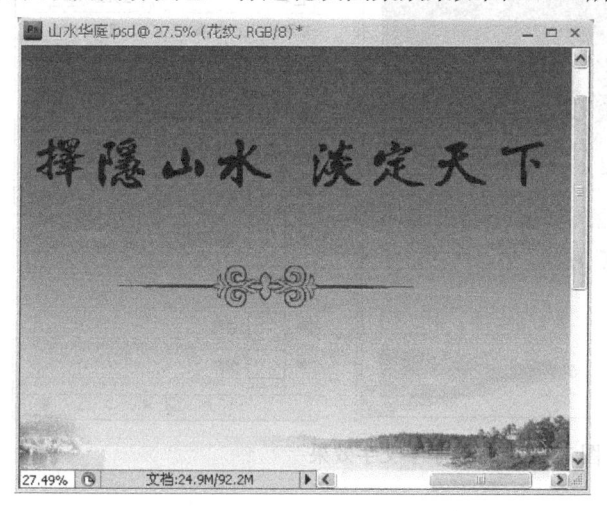

图 12-22　标题花纹图案效果

3．制作标题花纹文字

使用【横排文字工具】，输入文字"山水华庭"，放在标题大字的下方。设置文字字体为中山行书百年纪念版，大小为 30 点，浑厚，棕黄色（#805400）。使用【橡皮擦工具】将花纹中间的花心擦除，使用【矩形选框工具】选择左侧的花纹，剪切下来复制生成新图层，命名为"花纹 1"。将"花纹"和"花纹 1"图层中的花纹放在"山水华庭"文字的两侧，花纹文字效果如图 12-23 所示。

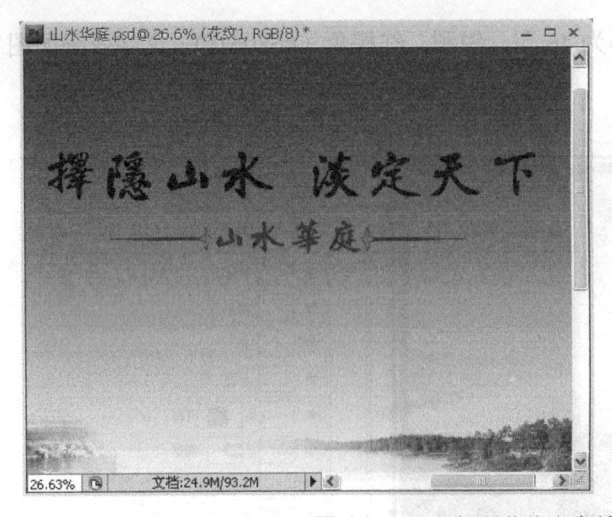

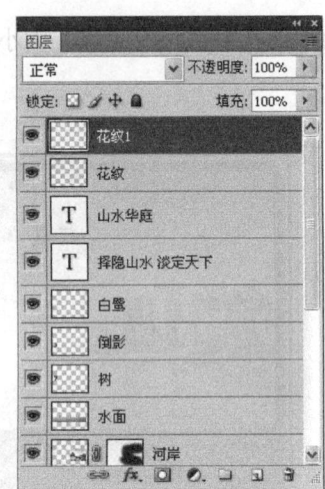

图形图像处理（Photoshop CS4）

图 12-23 标题花纹文字效果

4. 制作标题小字

使用【横排文字工具】，分两个图层输入文字"3000亩私家湖景府邸"和"坐拥真山真水真境界"。设置文字字体为中山行书百年纪念版，大小为24点，浑厚，棕黄色（#805400）。这样广告的上半部就制作完了，文字效果如图12-24所示。

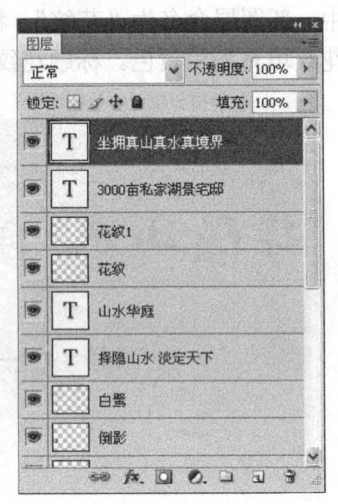

图 12-24 标题小字文字效果

二、制作广告宣传文字效果

1. 制作广告宣传的大字

使用【横排文字工具】，在图片框下方输入文字"至尊20席湖边豪宅荣耀开盘 值得传世收藏 尽请期待"。设置文字字体为方正粗圆简体，大小为30点，锐利，白色，文字效果如图12-25所示。

项目十二

山水华庭——房地产广告设计

■ 图 12-25 宣传的大字效果

2. 制作广告宣传的小字

分图层分别输入文字"完善配套：周边公园、中学、医院、超市一应俱全。"、"领先物管：保利物业，国家物管一级资质，已管理面积达 300 多万平方米。"、"领先生活：创新花园洋房，院落式住宅，送私家花园。"和"精心规划：超大湖景，三大中央景观，三级景观分布，超高绿化率。"，设置文字属性其他参数不变，文字大小修改为 14 点，文字效果如图 12-26 所示。

■ 图 12-26 宣传的小字效果

3. 制作广告宣传的中字

使用【文字工具】输入文字"电话：4008123123 4008823823　开发商：保利集团　保利品质 值得信赖"，设置文字属性其他参数不变，文字大小修改为 20 点，文字效果如图 12-27 所示。

275

图形图像处理（Photoshop CS4）

图 12-27　宣传的中字效果

4．制作徽章图案

新建一个名为"徽章"的图层，使用【自定形状工具】，采用填充像素绘图方式，选择徽章图案，将前景色设置为黄色（#ffb33b）。在第一行广告宣传小字前绘制一个黄色的徽章图案，然后复制 3 个徽章副本，放在其他 3 行小字前，文字效果如图 12-28 所示。

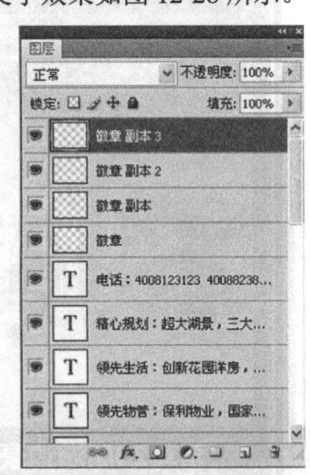

图 12-28　添加徽章图案的文字效果

实训演练

设计一款竖版的房地产广告，利用各种花纹图案、龙头门环、花体文字等素材叠加制作花园公寓的广告效果。具体操作步骤参考如下。

（1）新建一个文件，命名为"花园公寓.psd"，参数设置为标准 A4 大小，分辨率为 300 像素/英寸，背景为白色。新建一个名为"背景色"的图层，使用【油漆桶工具】，将图层填充为黑色（#090909）。然后新建一个名为"底色"的图层，按住【Ctrl】键单击"背景色"

图层的缩览图，载入选区，执行【选择】→【修改】→【收缩】命令，设置收缩量为20像素，并填充为棕色（#432d1b），效果如图12-29所示。

图12-29 填充背景色效果

（2）打开素材中"素材与实例→project12→素材"目录下的"底纹.jpg"图片，复制图像到文件中，并将图层命名为"底纹"。复制底纹图案复制并排列铺满整个画布，然后合并得到"底纹"图层。按住【Ctrl】键单击"底色"图层载入选区，选择"底纹"图层，按【Ctrl+Shift+I】快捷键反选选区，按【Delete】键删除边缘图像，修改"底纹"图层的混合模式为正片叠底，得到的底纹效果如图12-30所示。

图12-30 制作背景底纹效果

（3）新建一个名为"纸张"的图层，将"底色"图层载入选区，执行【选择】→【修改】→【收缩】命令，设置收缩量为30像素，并填充为浅肤色（#f8e3aa）。为"纸张"图层添加投影样式，投影参数设置和图层效果如图12-31所示。

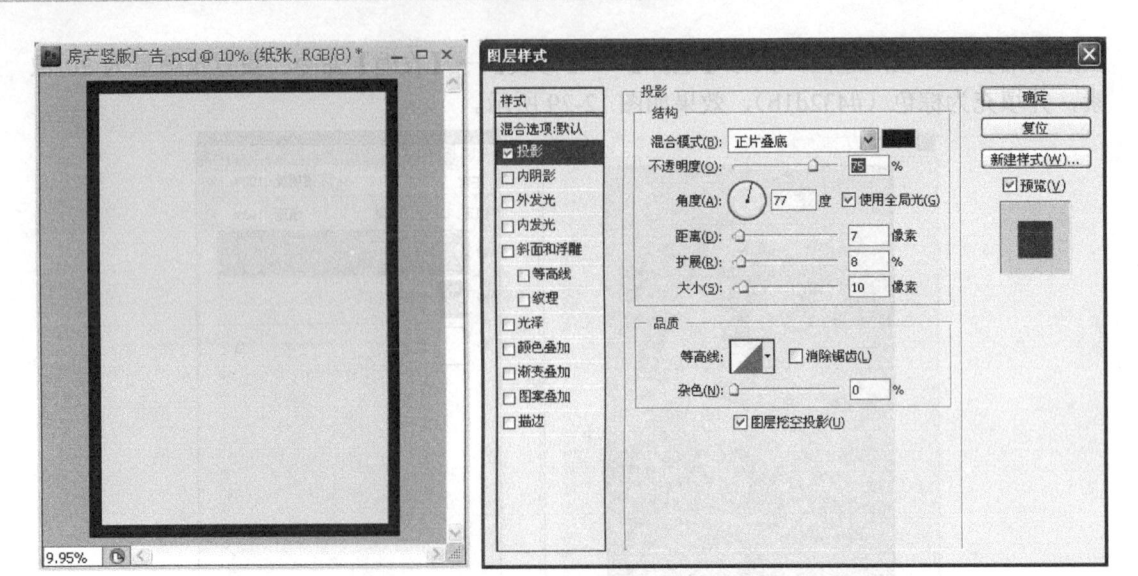

图 12-31 制作纸张的投影效果

(4) 打开素材中"素材与实例→project12→素材"目录下的"边框花纹.png"图片,复制边框花纹图像到文件中,调整图像的大小放到纸张的边角上,再复制 3 次,通过水平翻转和垂直翻转变换,将 4 个花纹分别放到 4 个角上,将这 4 个图层合并为一个图层,命名为"边角"。将边角图像载入选区,按【Alt+Delete】快捷键将图案填充为深棕色(#58371b),效果如图 12-32 所示。

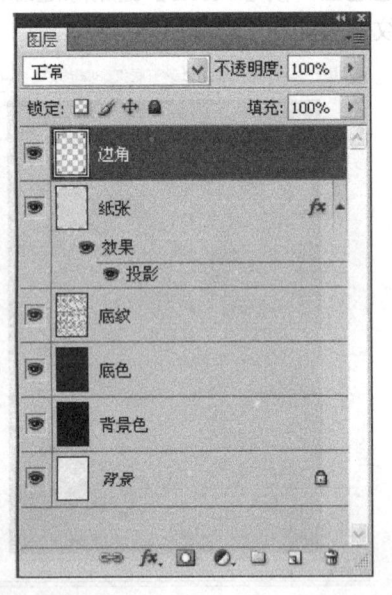

图 12-32 制作边角图案

(5) 选择边框花纹图像中的虚线,复制到文件中命名为"虚线"图层。将虚线复制多次合并在一起形成边角花纹之间的虚线边框,效果如图 12-33 所示。

项目十二

山水华庭——房地产广告设计

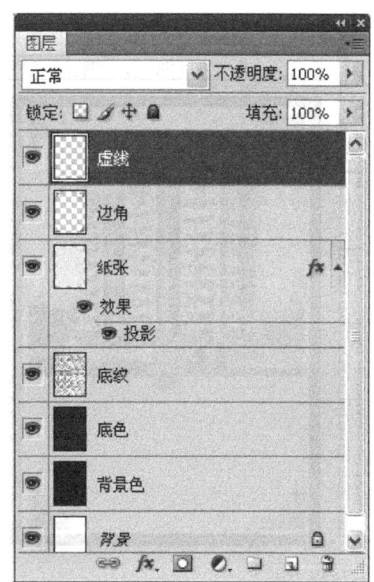

图 12-33　制作虚线边框

（6）作两条参考线，X 轴在 10.5 厘米处，Y 轴在 18.5 厘米处。将广告分为上下两部分，上面展示房产样图，下面是文字介绍。打开素材中"素材与实例→project12→素材"目录下的"楼盘.jpg"图片，复制图像到文件中，命名新图层为"楼盘"。调整图像的大小放在如图 12-34 所示的位置。

图 12-34　导入楼盘图像

（7）打开素材中"素材与实例→project12→素材"目录下的"门环.jpg"图片，复制图像到文件中，命名新图层为"门环"。调整图像的大小放在参考线交叉处，选择【魔棒工具】，设置容差为 30，将门环周围的黑色背景删除。制作门环效果如图 12-35 所示。

279

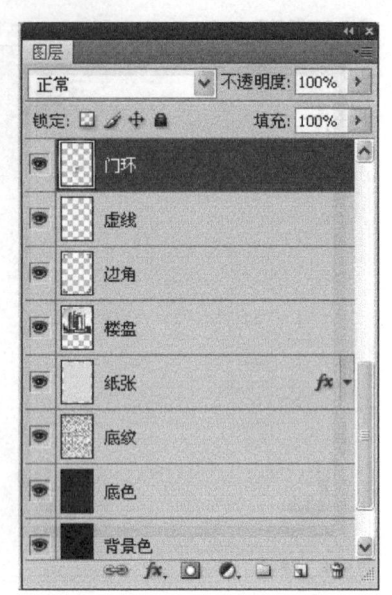

图 12-35 制作门环效果

（8）打开素材中"素材与实例→project12→素材"目录下的"红绸缎.jpg"图片，复制图像到文件中，命名新图层为"红绸缎"。调整图像的大小放在门环的左下方，再复制一个图层副本，水平翻转后放在门环右边，然后合并两个图层。选择【魔棒工具】，设置容差为30，将两个红绸缎周围的白色删除。将"楼盘"图层载入选区，按【Ctrl+Shift+I】快捷键反选后删除多余部分。按【Ctrl+T】快捷键将图像压扁一些。执行【图像】→【调整】→【色相/饱和度】命令，将饱和度设为-15。制作的红绸缎效果如图12-36所示。

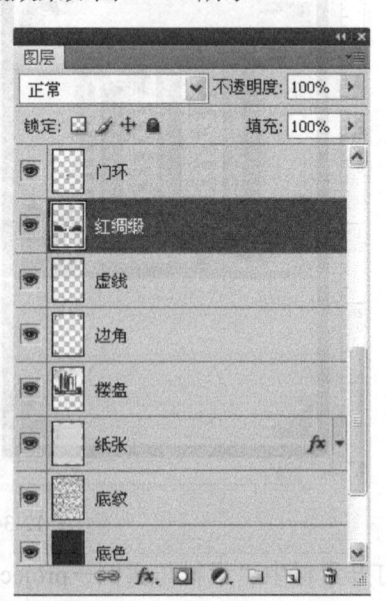

图 12-36 制作红绸缎效果

（9）打开素材中"素材与实例→project12→素材"目录下的"带子.png"图片，复制图像到文件中，调整图像大小并压扁，命名新图层为"带子"。将带子载入选区，填充为棕色

（#432d1b）。制作的带子效果如图12-37所示。

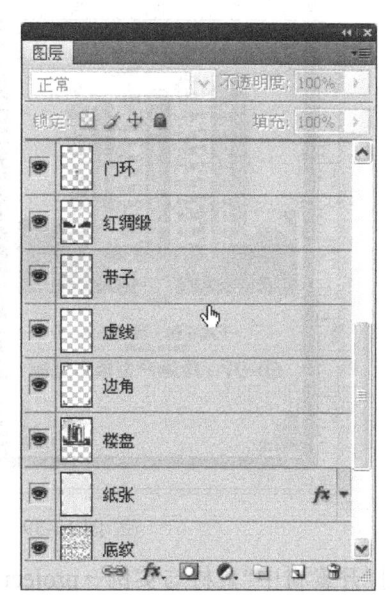

图12-37 制作带子效果

（10）使用【横排文字工具】，输入文字"天成花园·城市公寓"。设置文字字体为迷你简秀英，大小为32点，锐利，深棕色（#57361a），按照正文中制作花纹的方法，在文字两端添加花纹，花纹和文字效果如图12-38所示。

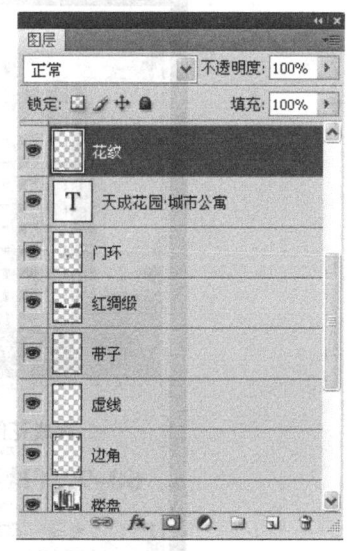

图12-38 制作花纹和文字效果

（11）使用【横排文字工具】，在"天成花园·城市公寓"下方输入文字"万科品质 值得信赖"，设置字体为方正粗圆简体，大小为14点，浑厚，深棕色。然后输入文字"60—97m^{2}珍稀户型精彩呈现"，字体为方正剪纸简体，大小40点，锐利，深棕色。文字效果如图12-39所示。

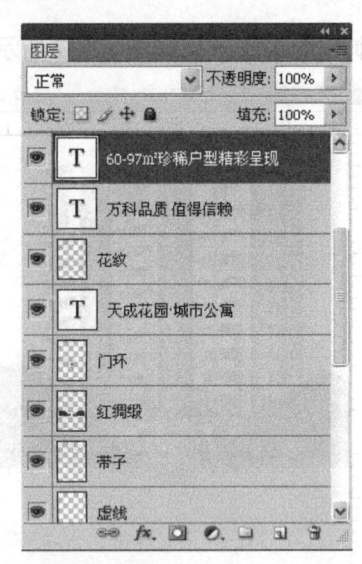

图 12-39 制作醒目文字效果

（12）打开素材中"素材与实例→project12→素材"目录下的"花纹 2.png"图片，分别复制上下两个花边图像到文件中，调整图像大小，分别命名为"花边"和"花边副本"。使用【横排文字工具】，分两层输入文字"电话：85880138 83950127"和"现在购买更可享受超低折扣，并赠送独立停车位"。设置字体为华文行楷，锐利，深棕色，大字为 30 点，小字为 18 点。最后完成广告的设计效果，如图 12-40 所示。

图 12-40 广告的最终设计效果

项目十三 雪花纷飞——GIF 动画设计

　　Photoshop 强大的图像处理能力使它可以随心所欲地设计各种静态图像。此外，它还提供了一个特殊的动画面板，使用户在 Photoshop 中就可以轻松地制作出基于位图图像的像素动画。本实例设计了一款以漫天飞雪为主题的 GIF 动画，在设计完背景图像和雪花效果后，利用动作面板，通过逐帧的移动雪花来实现雪花纷飞的动画效果。

能力目标

◆ 让学生能够掌握使用 Photoshop 制作 GIF 动画的方法。
◆ 通过合理的图片素材加工来解决实际问题或实现创造性探索，培养创作多媒体作品的能力。

实例效果

图 13-1　GIF 动画实例效果图

任务一 制作动画背景

一、制作渐变背景色

新建一个名为"雪花纷飞.psd"的文件,设置文件的高度为 30 厘米,宽度为 30 厘米,分辨率为 150 像素/英寸,背景内容为白色。新建一个名为"底色"的图层,使用【渐变工具】绘制渐变底色,设置渐变方式为径向渐变,渐变色为红色(#cd0005)到深红色(#91002b)渐变。渐变底色效果如图 13-2 所示。

图 13-2 渐变底色效果

二、制作积雪效果

1. 制作白色积雪

新建一个名为"积雪"的图层,使用【椭圆选框工具】,选择添加到选区模式,在画布的下部建立椭圆选区,叠加变成积雪外轮廓,然后将它填充为白色。如图 13-3 所示。

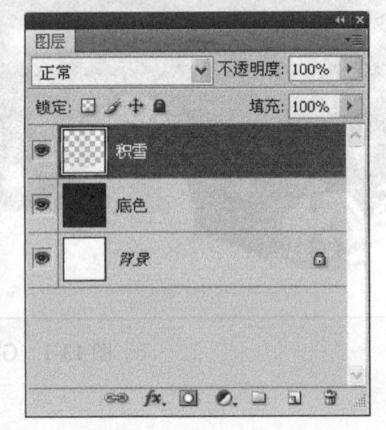

图 13-3 填充积雪效果

2. 制作积雪阴影

复制"积雪"图层，生成"积雪副本"图层，并将它载入选区，将前景色修改为蓝灰色（#68acbd），按【Alt+Delete】快捷键对选区进行填充。然后将"积雪副本"图层放置在"积雪"图层下方，向右上方移动并调节大小，做成积雪的阴影，如图13-4所示。

图 13-4　制作积雪阴影效果

三、导入背景中的图像素材

1. 导入房子图像

将光盘中"素材与实例→project13→素材"目录下的"房子.png"图片中的图像复制到文件中，将新图层命名为"房子"，调整图像的大小，放在画面的左下角，如图13-5所示。

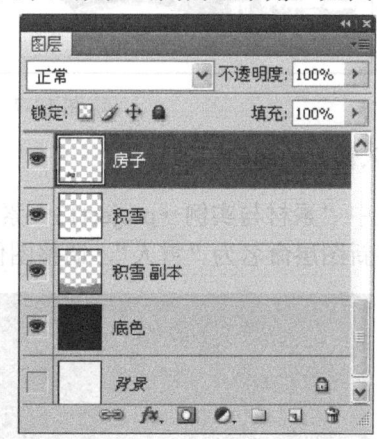

图 13-5　添加了房子的效果

2. 导入圣诞树图像

将光盘中"素材与实例→project13→素材"目录下"圣诞树.png"图片中的图像复制到文件中，将新图层命名为"圣诞树"，调整图像的大小，放在房子的左前方，如图13-6所示。

3. 导入树的图像

将光盘中"素材与实例→project13→素材"目录下"树.png"图片中的图像复制到文件

中，将新图层命名为"树",调整图像的大小,放在画布右侧,如图13-7所示。

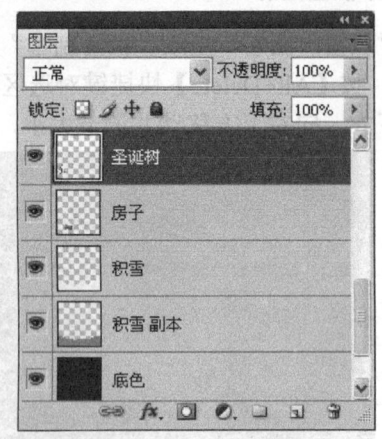

图13-6 添加了圣诞树的效果

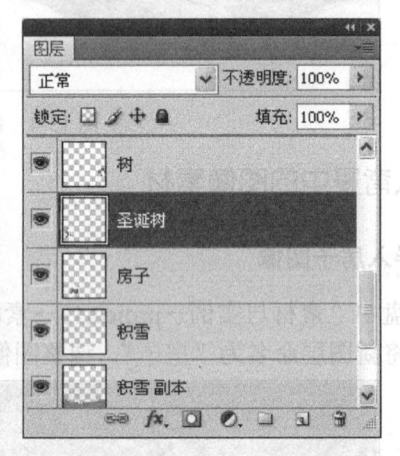

图13-7 添加了树的效果

4. 导入雪人的图像

将光盘中"素材与实例→project13→素材"目录下的"雪人.png"图片中的图像复制到文件中,将新图层命名为"雪人",调整图像的大小,放在右侧的积雪上,如图13-8所示。

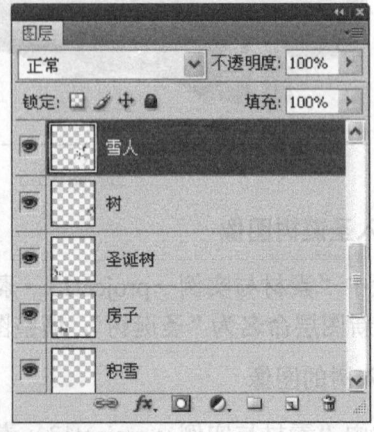

图13-8 添加了雪人的效果

任务二 制作漫天的雪花

一、制作雪花背景

新建一个名为"雪花"的图层，使用【自定形状工具】，选择雪花1图案，然后选择填充像素绘图方式，将前景色修改为鲜红色（#d40000），按住【Shift】键，直接绘制一个红色的雪花图像。复制多个雪花副本图层，分别调整各个图层中雪花的大小和不透明度，将它们散布在画面中。新建一个名为"雪花背景"的图层组，将这些雪花图层都放在图层组里面，如图13-9所示。

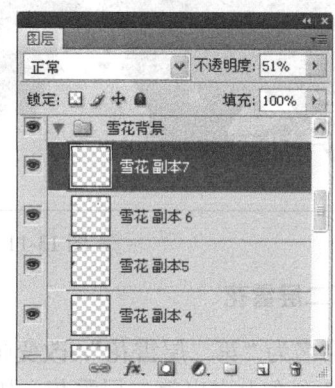

图13-9 雪花背景的效果

二、制作白色雪花顶

新建一个名为"白色雪花顶"的图层组，将光盘中"素材与实例→project13→素材"目录下的"白雪花.png"图片中的图像复制到文件中，新图层命名为"白雪花"，并将"白雪花"图层放在"白色雪花顶"图层组中。复制多个白雪花图层副本，分别调整每个图层中白雪花的大小和不透明度，将它们排列在画布顶端，如图13-10所示。

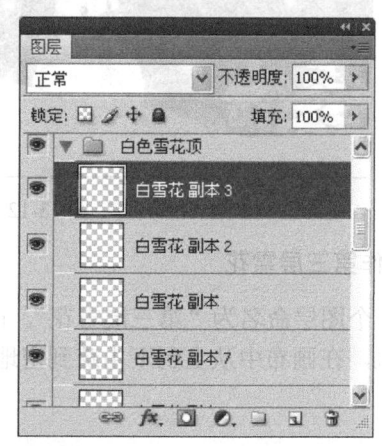

图13-10 白色雪花顶的效果

三、制作飘舞的雪花

1. 制作第一层雪花

新建一个图层，命名为"第一层雪花"。选择【画笔工具】，设置画笔大小为柔角 100 像素，不透明度和流量均为 100%。在画布上点出第一层雪花，如图 13-11 所示。

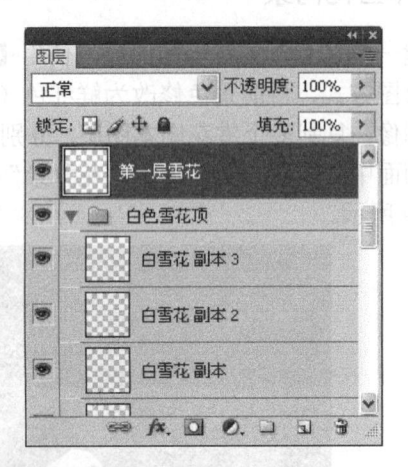

图 13-11　第一层雪花效果

2. 制作第二层雪花

新建图层命名为"第二层雪花"，改变画笔大小为柔角 200 像素，降低不透明度为 55%，流量为 74%，在画布上点出第二层雪花，如图 13-12 所示。

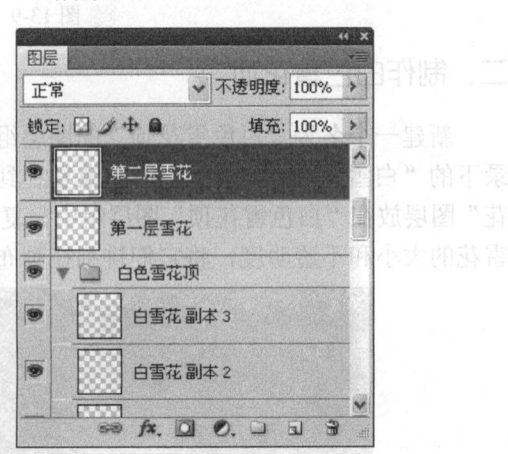

图 13-12　第二层雪花效果

3. 制作第三层雪花

新建一个图层命名为"第三层雪花"，改变画笔大小为柔角 65 像素，不透明度为 77%，流量为 74%，在画布中从上到下由疏到密地画细密的点，如图 13-13 所示。

项目十三
雪花纷飞——GIF 动画设计

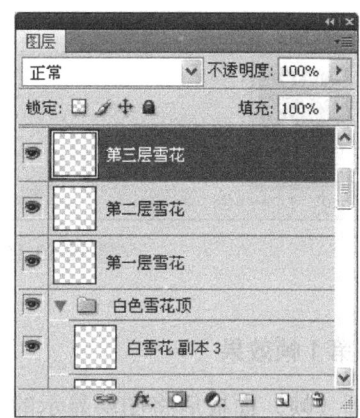

图 13-13　第三层雪花效果

四、制作盖印图层

隐藏除 3 层雪花外的所有图层，按【Ctrl+Shift+Alt+E】快捷键盖印 3 个雪花图层，命名为"雪花飘"。盖印完后隐藏 3 个雪花图层。然后再显示除"雪花飘"及三层雪花以外的所有图层，按【Ctrl+Shift+Alt+E】快捷键盖印，盖印图层命名为"背景环境"。盖印完成后，只显示"雪花飘"和"背景环境"两个盖印图层，其他所有图层都隐藏，如图 13-14 所示。

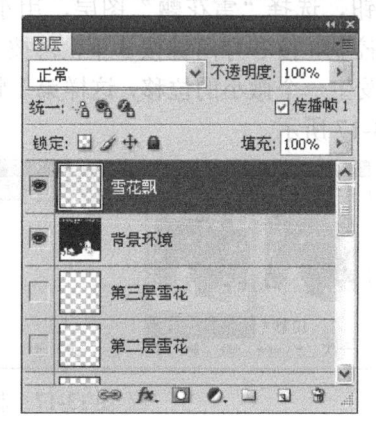

图 13-14　盖印图层效果

任务三　制作雪花飘飘动画效果

一、制作第 1 帧动画

1. 打开动画面板

执行【窗口】→【动画】命令，打开如图 13-15 所示的动画（帧）面板。一般我们在动画（帧）面板中编辑动画，如果当前显示的是时间轴动画面板，那么单击面板底部的【转换为帧动画】命令按钮，就可以切换到动画（帧）面板了。

图 13-15 动画（帧）面板

2. 制作第 1 帧效果

打开动画（帧）面板后将图层显示的内容作为动画的第 1 帧，选择"雪花飘"图层，按【Ctrl+T】快捷键执行自由变换命令放大雪花，为后面的雪花移动做好准备，放大后的效果如图 13-16 所示。

二、制作第 2 帧动画

单击动画（帧）面板底部的【复制所选帧】按钮，复制第 1 帧中的内容生成第 2 帧，单击工具栏中的【选择工具】按钮，选择"雪花飘"图层，用小键盘上的方向键来进行控制，按右方向键按 3 下，再按下方向键按 4 下，使雪花发生一个微小的位移，这样第 1 帧和第 2 帧之间就产生了一个雪花移动的动画效果，如图 13-17 所示。

图 13-16 雪花放大后的图层效果

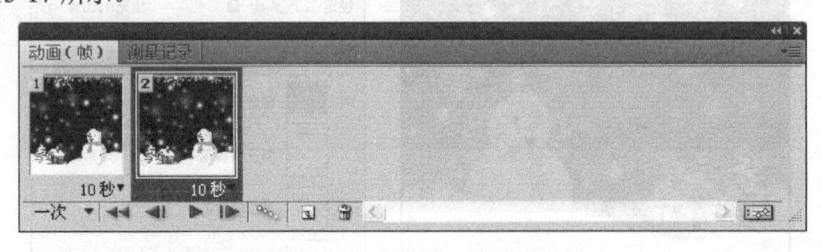

图 13-17 制作第 2 帧动画效果

三、制作其他帧的动画

按照制作第 2 帧的方式制作第 3～25 帧，使雪花发生一个连续的位移，单击面板底部的【播放】按钮，可以看到雪花飘落的动画效果。此时动画（帧）面板如图 13-18 所示。

图 13-18 制作 25 帧的动画效果

任务四　调整动画效果并输出 GIF 动画

一、改变动画间隔时间

观察动画的效果，发现帧之间的时间太长了，体现不出要达到的动画效果。为此，要按住【Shift】键，选择第 1 帧和第 25 帧，这样就选中了全部帧，单击第 1 帧画面下方数字 10 秒旁边的小三角，在弹出的时间菜单中选择【0.1 秒】，使所有选中的帧的间隔时间都修改为 0.1 秒。这样动画播放起来就非常流畅了。修改时间后的动画帧面板如图 13-19 所示。

图 13-19　修改时间后的动画（帧）面板

二、改变动画播放次数

在动画（帧）面板的左下角，有一个名为【一次】的按钮，它用来控制动画的播放次数。单击旁边小三角，在弹出的菜单中，选择【永远】选项，这样动画就可以一直循环播放。

三、输出 GIF 动画

设置好动画效果后，执行【文件】→【存储为 Web 和设备所用格式】命令，在弹出的对话框中，选择格式为 GIF，参数设置如图 13-20 所示。单击【存储】按钮即可输出 GIF 动画文件。

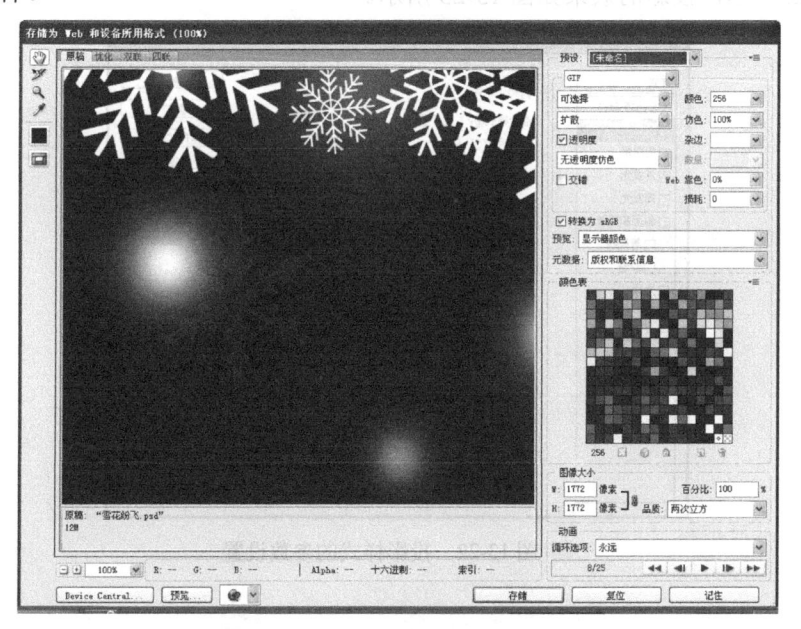

图 13-20　生成 GIF 动画参数设置

图形图像处理（Photoshop CS4）

实训演练

Photoshop 中制作的 GIF 动画，除了前面介绍的逐帧设计的形式外，还可以使用【过渡】命令让系统自动生成两帧之间的位置、不透明度或图层效果变化的动画效果。下面就来制作一个使用过渡方式制作的四季交替的 GIF 动画。具体操作步骤参考如下。

（1）新建一个文件，命名为"四季日历"。设置文件宽度为 40 厘米，高度为 36 厘米。分辨率为 72 像素/英寸，背景内容为白色。打开素材中"素材与实例→project13→素材"目录下的"木纹.jpg"图片，复制图像到文件中，新图层命名为"木纹"，放大图片，使其充满画布，如图 13-21 所示。

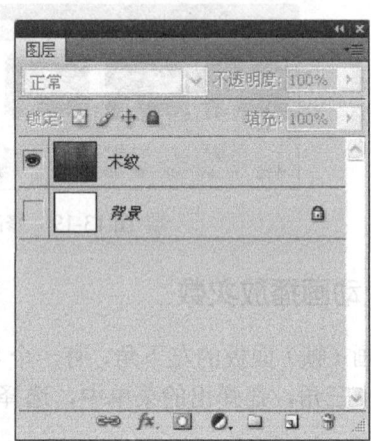

■ 图 13-21　添加木纹底图

（2）新建一个名为"日历"的图层组，在图层组下新建一个名为"底"的图层，用【矩形选框工具】绘制一个矩形选区，并填充为白色，再为它添加投影图层样式，投影的参数设置如图 13-22 所示，投影的效果如图 13-23 所示。

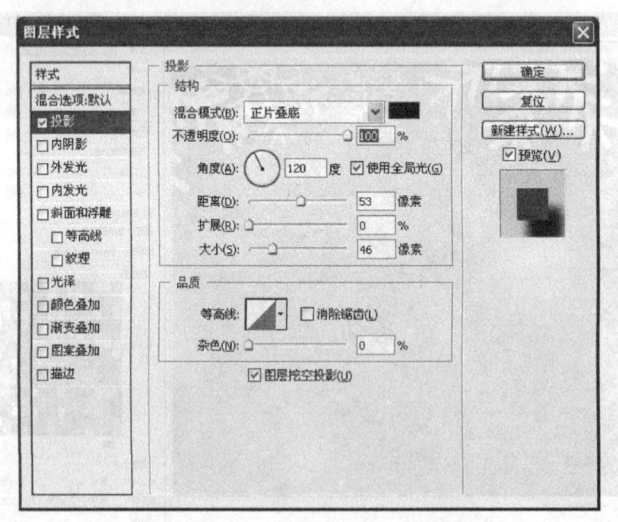

■ 图 13-22　投影样式的参数设置

292

项目十三

雪花纷飞——GIF 动画设计

图 13-23 添加了投影的图层效果

（3）新建一个名为"黑色"的图层，用【矩形选框工具】框选日历底的上部，填充为白色。再为它添加渐变叠加图层样式，渐变色设置为从（#252525）到（#363636）的黑色渐变，角度为 32 度，填充效果如图 13-24 所示。

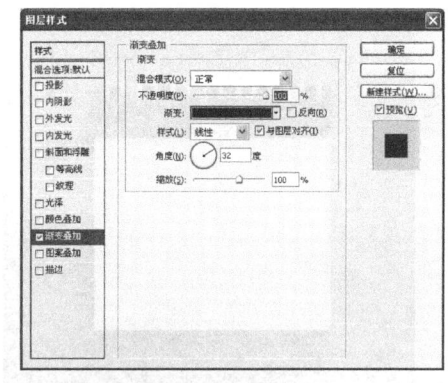

图 13-24 黑色渐变的参数设置和填充效果

（4）新建一个名为"厚度"的图层，使用【多边形套索工具】在白色日历下边缘绘制一个梯形选区，将它填充为白色，再将"黑色"图层的样式复制到"厚度"图层。完成的日历厚度的渐变叠加效果如图 13-25 所示。

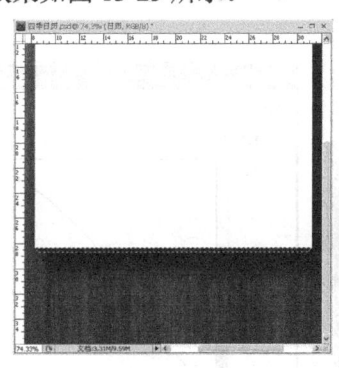

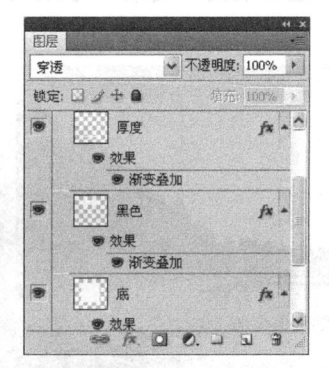

图 13-25 "厚度"图层的渐变叠加效果

（5）打开素材中"素材与实例→project13→素材"目录下的"线圈.png"图片，复制图像到文件中，新图层命名为"线圈"，缩放图片，放在日历上部。再新建一个名为"边"的图层，在黑白交界处，用【矩形选框工具】作细长矩形选区，填充为浅灰色（#e7eced），如图 13-26 所示。

293

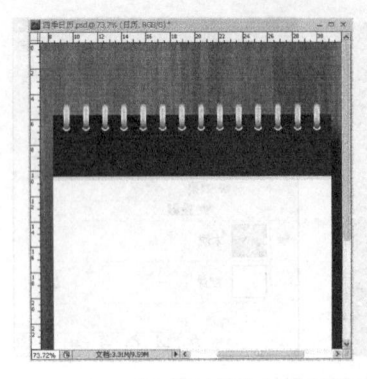

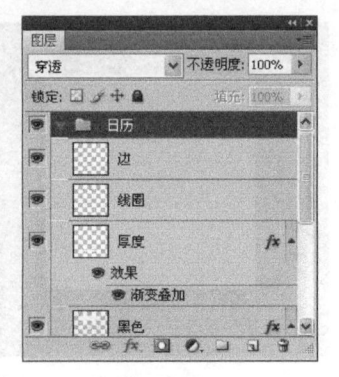

图 13-26 "线圈"和"边"的图层效果

（6）隐藏"木纹"和"背景"图层，按【Ctrl+Alt+Shift+E】快捷键盖印可见图层，新图层命名为"日历盖印"。然后隐藏除盖印图层外的其他图层，完整的日历背景效果如图 13-27 所示。

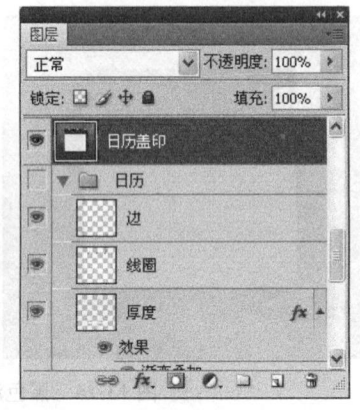

图 13-27 完整的日历背景效果

（7）打开素材中"素材与实例→project13→素材"目录下的"美景.jpg"图片，复制图像到文件中，新图层命名为"美景"。执行【图像】→【调整】→【曲线】命令，如图 13-28 所示将图片调亮。

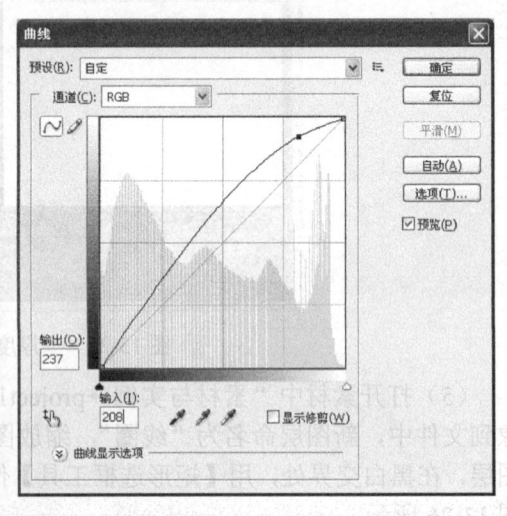

图 13-28 曲线参数设置和图片调亮效果

项目十三
雪花纷飞——GIF 动画设计

（8）复制"美景"图层，新图层命名为"春"，按【Ctrl+M】快捷键打开"曲线"对话框，按如图 13-29 所示设置参数将图片再次调亮，产生冰雪消融，万物新生的春天效果。

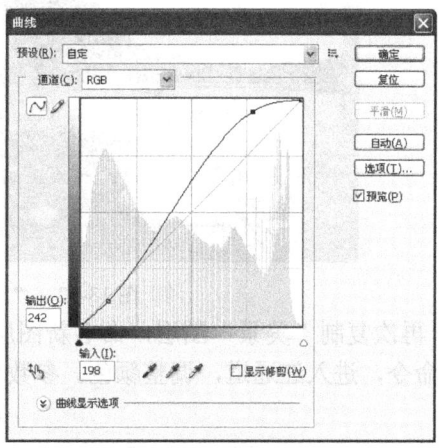

■ 图 13-29　曲线参数设置和"春"的图层效果

（9）再次复制"美景"图层，新图层命名为"夏"，执行【图像】→【调整】→【色阶】命令，增加图像的明暗对比，参数设置和效果如图 13-30 所示。

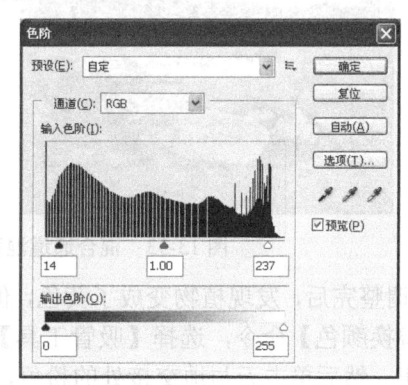

■ 图 13-30　色阶参数设置和图层效果

（10）按【Ctrl+M】快捷键打开"曲线"对话框，分别对绿通道和蓝通道进行明暗度的调整，制作夏天绿意盎然的效果。曲线参数设置如图 13-31 所示，"夏"的图层效果如图 13-32 所示。

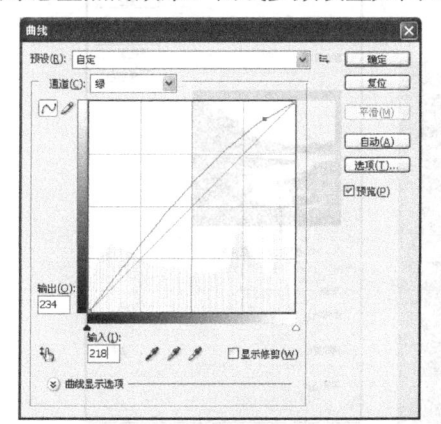

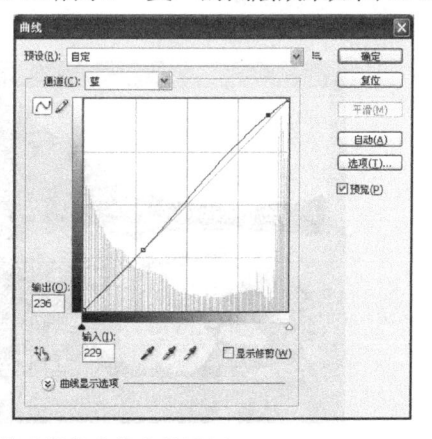

■ 图 13-31　绿通道和蓝通道的曲线参数设置

295

图形图像处理（Photoshop CS4）

■ 图 13-32 "夏"的图层效果

（11）再次复制"美景"图层，命名新图层为"秋，执行【图像】→【调整】→【通道混和器】命令，进入红通道，调整颜色。参数设置和效果如图 13-33 所示。

■ 图 13-33 混合通道混和器的参数设置和图层效果

（12）调整完后，发现植物变成了黄色，但是其他图像会出现偏色。执行【图像】→【调整】→【替换颜色】命令，选择【吸管工具】，先吸取天空最上方的紫色，再单击【添加到取样】按钮，然后单击天与地交接处的粉色，将容差调到 142，扩大选取范围，在面板下方的替换部分调出替换颜色，完成树叶枯黄的金秋效果。参数设置和效果如图 13-34 所示。

■ 图 13-34 替换颜色的参数设置和图层效果

296

（13）新建一个名为"冬"的图层组，复制一个"美景"的副本图层，放在"冬"图层组内，重命名为"冬"，再复制一个"冬"副本图层，将图层混合模式修改为颜色减淡，不透明度35%，两个图层混合后的效果如图13-35所示。

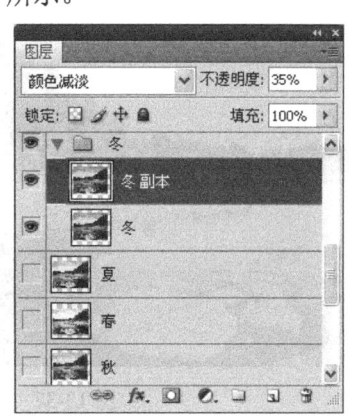

图13-35　颜色渐淡混合图层效果

（14）隐藏"日历盖印"图层，新建一个"调整"图层，选择通道混和器，将预设调为红外线的黑白（RGB）。调整参数设置和图层效果如图13-36所示。

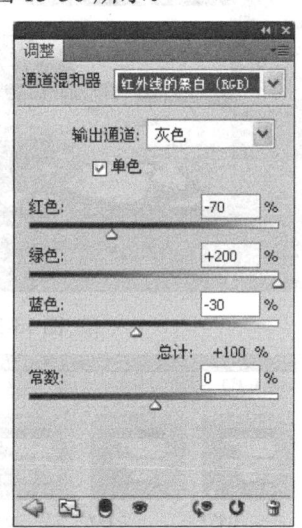

图13-36　"调整"图层的参数设置和效果

（15）将"美景"图层放置到"冬"图层组中的"调整"图层上，修改图层混合模式为叠加，不透明度为70%。然后将"冬"图层组中的4个图层盖印，生成一个名为"冬"的盖印图层。"冬"图层白雪皑皑的效果如图13-37所示。

（16）选择春、夏、秋和冬4个图层，缩小后放置在日历的白色框内。再分4个图层输入文字"一月"、"三月"、"六月"和"十月"。设置字体为方正粗圆简体，大小为60点，浑厚，颜色为白色，为文字添加渐变叠加图层样式，将不透明度修改为4%，其他参数采用默认值。添加文字后的日历效果如图13-38所示。

（17）打开动画（帧）面板，选择第1帧，显示"日历盖印"、"春"和"三月"3个图层，隐藏其他图层。再复制生成第2帧，在第2帧中显示"日历盖印"、"春"、"夏"和"六月"4个图层，隐藏其他图层。复制生成第3帧，显示"日历盖印"、"夏"、"秋和十月"4

个图层，隐藏其他图层。最后复制生成第 4 帧，显示"日历盖印"、"秋"、"冬"和"一月"4 个图层，隐藏其他图层。动画（帧）面板如图 13-39 所示。

图 13-37 "冬"盖印图层效果

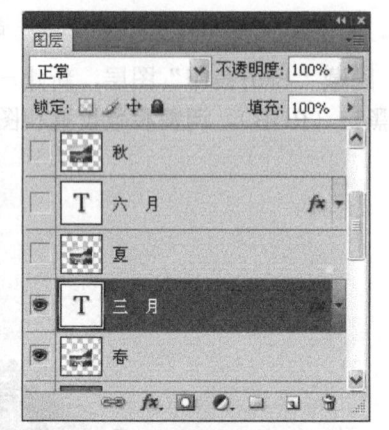

图 13-38 添加文字后的日历效果

图 13-39 四季的动画（帧）面板

（18）选择第 1 帧，单击动画面板底部的【过渡动画帧】按钮，在弹出的"过渡"对话框中，选择过渡方式为下一帧，要添加的帧数为 20，系统会自动生成 20 帧过渡帧。再用同样的方法分别为第 22 帧和第 43 帧添加 20 帧过渡帧，一共生成 64 帧动画。过渡命令参数设置如图 13-40 所示。

（19）0 秒的时间设置使动画速度过快，选择第 1～64 帧，单击秒数旁的小三角，在弹出菜单中选择【0.03 秒】，然后选择第 64 帧，将它的帧延迟时间改为 2 秒。再将动画循环方式设置为【永远】。动画参数设置完成后的动画（帧）面板如图 13-41 所示。

项目十三

雪花纷飞——GIF 动画设计

■ 图 13-40 过渡命令参数设置　　　　　■ 图 13-41 参数设置后的动画（帧）面板

（20）最后将动画存储为.gif 文件，动画效果为四个季节的日历自然过渡，如图 13-42 所示。

■ 图 13-42 四季的日历效果

299

项目十四　甜蜜小屋——网页切片的制作

Photoshop 作为平面设计的利器，在网页美工设计中也是必不可少的。但是鉴于网页自身结构的特点和网络传输的特点，往往将设计好的图片切割成许多小的图片，下载到用户客户端后再组合成一个完整的网页。本实例设计了一个蛋糕屋的网页，然后利用 Photoshop CS4 提供的切片工具对网页进行切图，根据页面排版布局将它切成多个小的切片，最后再存储为网页专用的图片格式，从而完成网页切片的制作。

能力目标

- ◆ 通过本项目的学习，使学生能掌握常见的几种网页格式、切片工具的使用方法及用途、提高利用 Photoshop 综合处理图像的能力。
- ◆ 让学生具备综合运用所学 PS 软件设计进行广告设计与创意、网页制作等方面的能力。
- ◆ 培养学生颜色搭配和版式设计的能力。

实例效果

图 14-1　实例效果图

任务一 制作网页边框和菜单栏

一、制作背景色和参考线

新建一个名为"蛋糕店网页.psd"的文件,设置文件的高度为 21 厘米,宽度为 28 厘米,分辨率为 160 像素/英寸,背景内容为白色。新建一个名为"底色"的图层,使用【填充工具】填充为粉色(#ffcece)。根据网页版面的规划,可以建立参考线来辅助设计,分别在 X 轴的 2 厘米、8 厘米、14 厘米、20 厘米、26 厘米和 Y 轴的 2 厘米、3 厘米、12 厘米、20 厘米处建立 9 条参考线。底色及参考线效果如图 14-2 所示。

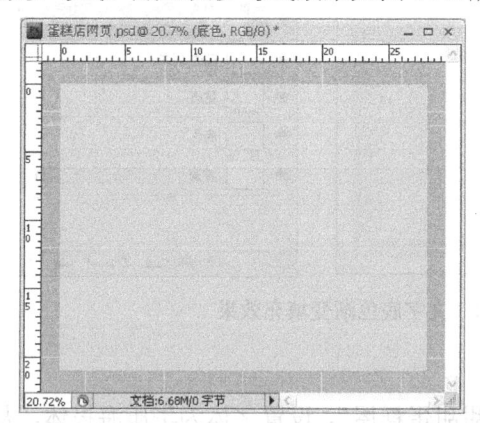

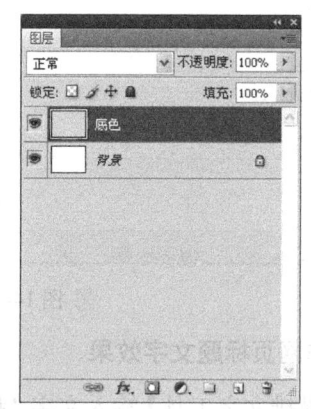

图 14-2　底色及参考线效果

二、制作花边效果

将光盘中"素材与实例→project14→素材→蛋糕店网页"目录下的"花边.png"图片中的图像复制到文件中,新图层命名为"花边",将花边顺时针旋转 90 度再调整大小,放在 X 轴 26 厘米处参考线的右侧。然后复制"花边"图层,将新生成的花边副本水平翻转后放在 X 轴 2 厘米处参考线的左侧。两侧的花边效果如图 14-3 所示。

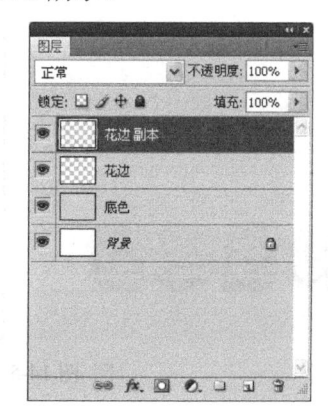

图 14-3　两侧花边效果

三、制作页面顶端文字效果

1. 制作文字渐变底色

新建一个名为"顶"的图层组,在组内新建一个名为"底色"的图层,选择【渐变工具】,设置渐变方式为线性渐变,渐变色为肉粉色(#ffb3b3)到浅粉色(#ffcdce)的渐变,在 X 轴 2 厘米和 26 厘米、Y 轴 0 厘米和 2 厘米之间的位置建立一个矩形选区,并从上到下填充渐变色。渐变填充效果如图 14-4 所示。

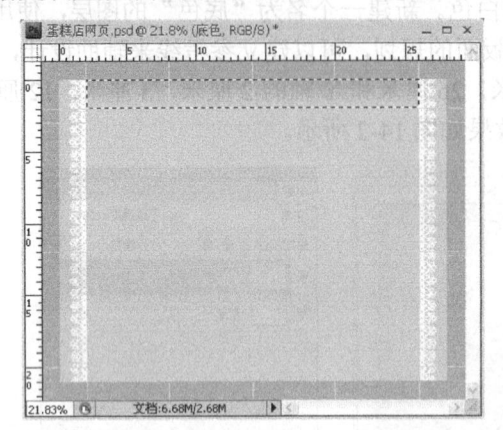

图 14-4 文字底色渐变填充效果

2. 制作网页标题文字效果

使用【横排文字工具】输入文字"甜甜蛋糕屋",设置字体为华康海报体,大小为 30 点,浑厚,颜色为粉色(# ff6b9b)。然后分别为它添加投影和描边图层样式。投影样式的参数设置和效果如图 14-5 所示,描边样式的参数设置和效果如图 14-6 所示。

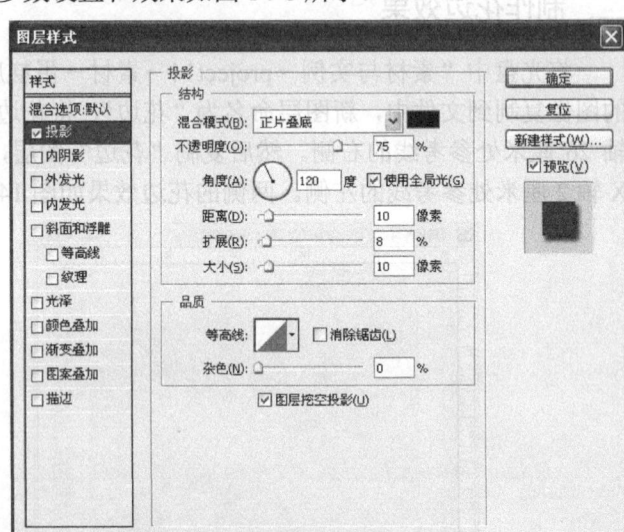

图 14-5 投影样式参数设置和效果

图 14-6 描边样式参数设置和效果

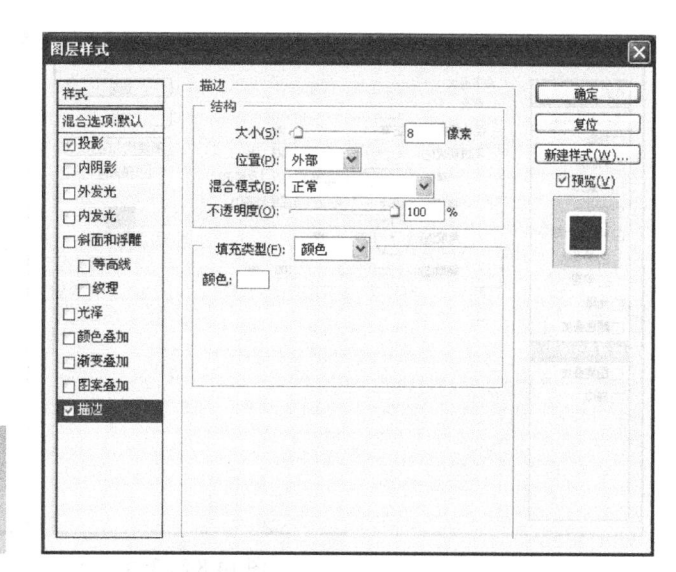

3. 制作网页上方广告文字效果

分两个图层分别输入文字"我们崇尚新鲜 美味"和"订购电话：8008 3333"，设置字体为华康少女文字，大小为 18 点，浑厚，颜色为粉红色（#c4154e）。然后为这两个文字图层添加投影和描边图层样式，投影样式的参数都采用默认值，而描边样式的参数设置为颜色白色，大小 3 厘米，其他使用默认值，最后完成的顶端文字的位置和效果如图 14-7 所示。

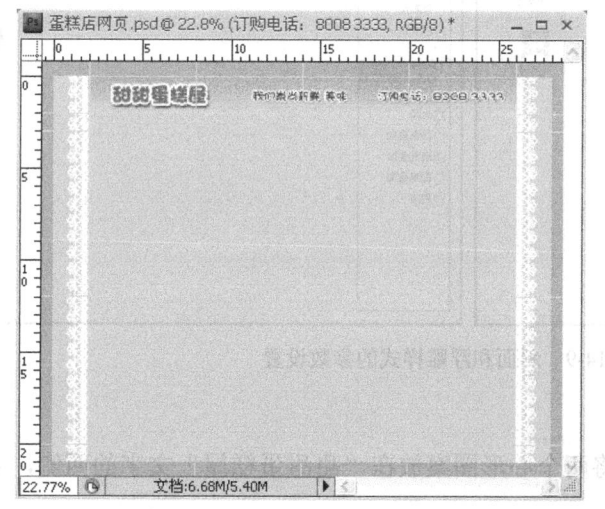

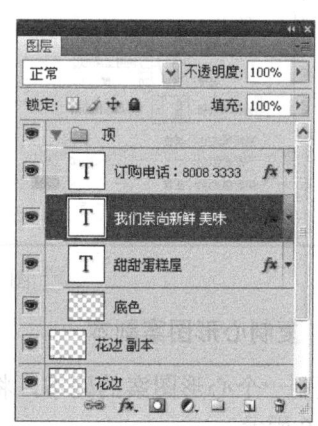

图 14-7 顶端文字的位置和效果

四、制作心形图案效果

1. 制作心形图案的渐变叠加效果

新建一个名为"鸡心"的图层，选择【自定形状工具】，用白色填充并绘制一个心形图案。再为它添加渐变叠加图层样式，参数设置如图 14-8 所示，其中渐变色为黄色（#ffe556）、桔色（#fa6900）、红色（#c90006）和棕红色（#611312）渐变。

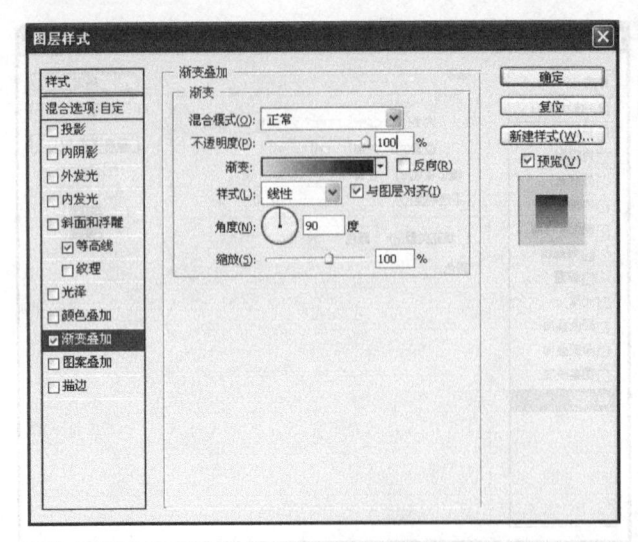

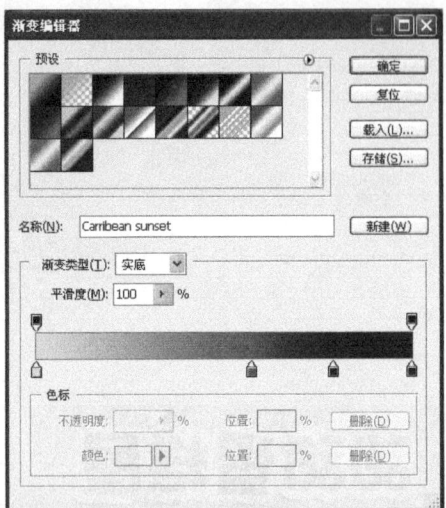

图 14-8 渐变叠加样式的参数设置

2. 制作心形图案的斜面和浮雕效果

为心形图案添加斜面和浮雕图层样式，样式的参数设置如图 14-9 所示。

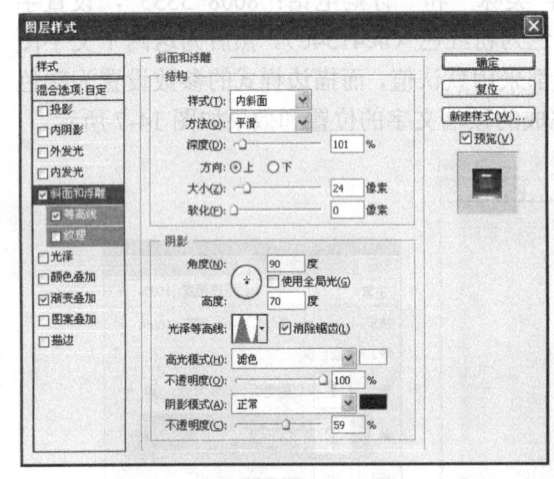

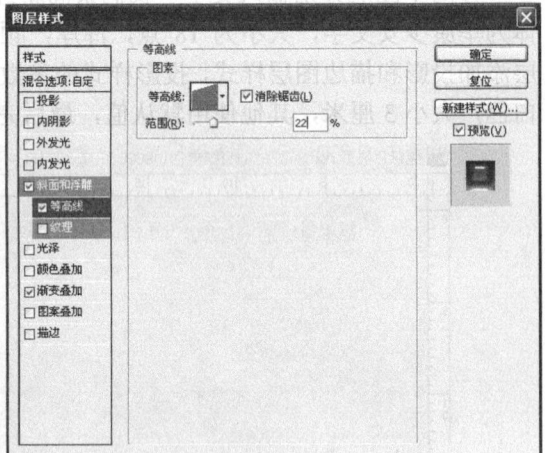

图 14-9 斜面和浮雕样式的参数设置

3. 复制心形图案副本

复制一个心形图案的副本，将两个心形图案放在"甜甜蛋糕屋"文字的两侧，效果如图 14-10 所示。

五、制作页面底部文字效果

新建一个名为"底"的图层组，复制"顶"图层组中的"底色"图层，将新建的副本图层放入"底"图层组，并重命名为"底色"，再将它进行垂直翻转。然后使用【横排文字工具】输入文字"地址：天津虹桥路 123 号"。设置字体为华康少女文字，大小为 14 点，浑厚，颜色为粉红色（#c4154e）。文字的位置和效果如图 14-11 所示。

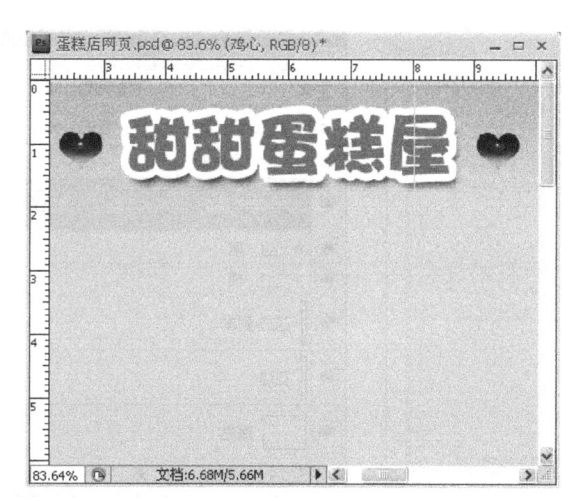

图 14-10 心形图案的位置和效果

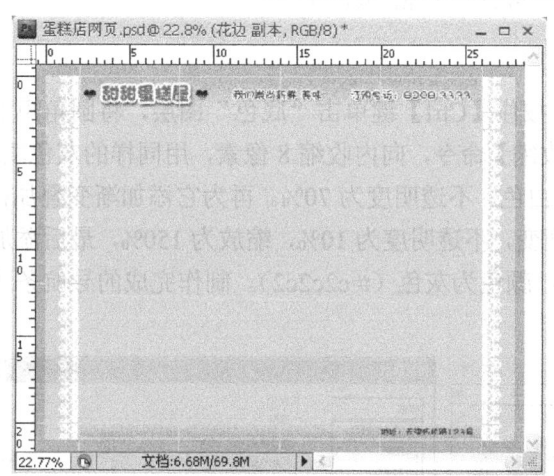

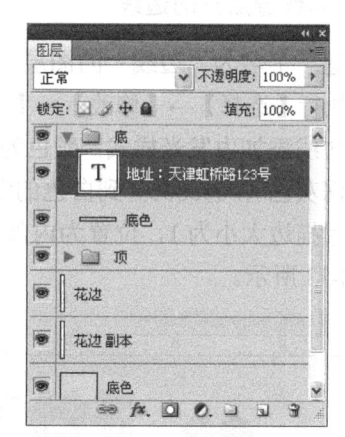

图 14-11 页面底部的文字位置和效果

任务二　制作导航条和主题广告

一、制作导航条效果

1. 制作导航条的底色

新建一个名为"菜单栏"的图层组，在组内新建一个名为"底色"的图层。选择【圆角矩形工具】，设置圆角半径为 15 像素，在 X 轴 2 厘米和 26 厘米之间，Y 轴 2 厘米和 3 厘米之间绘制一个浅灰色（#dadada）的圆角矩形作为导航条的底色，效果如图 14-12 所示。

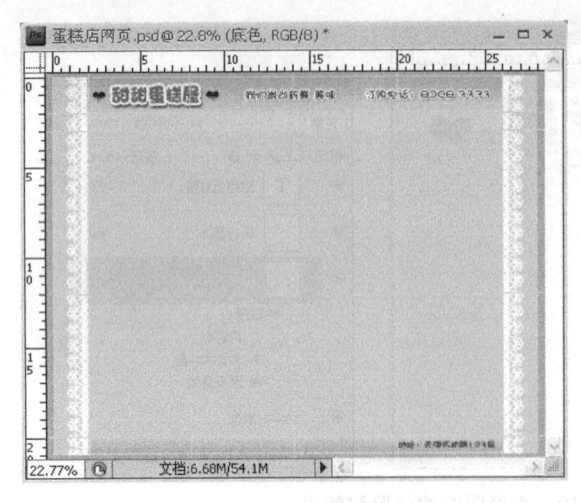

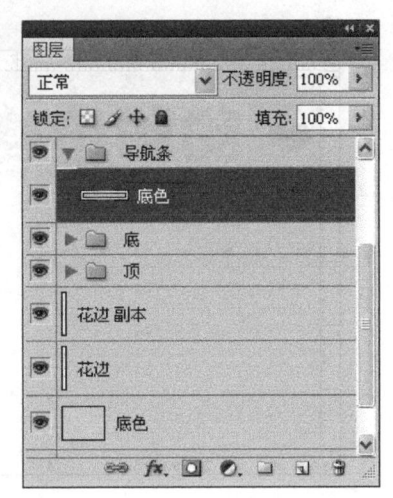

图 14-12 导航条的底色效果

2. 制作导航条的边线

新建一个名为"边线"的图层，按住【Ctrl】键单击"底色"图层，将圆角矩形载入选区，再执行【选择】→【修改】→【收缩】命令，向内收缩 8 像素，用同样的灰色填充选区。然后为边线添加内发光样式，颜色为白色，不透明度为 70%。再为它添加渐变叠加样式，渐变色为深灰色（#666666）到白色的渐变，不透明度为 10%，缩放为 150%，最后添加描边样式，设置描边大小为 1，位置为内部，颜色为灰色（# c2c2c2）。制作完成的导航条边线效果如图 14-13 所示。

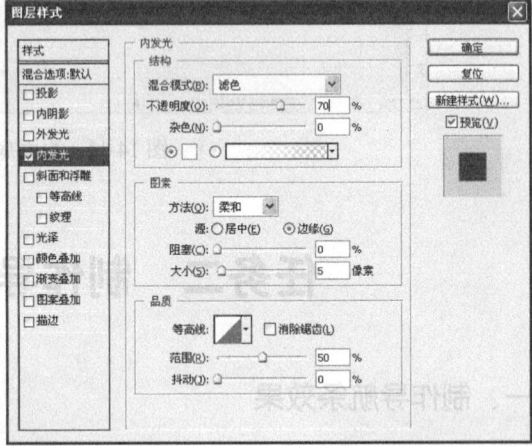

图 14-13 导航条的边线效果

3. 制作导航条的高光

新建一个名为"高光"的图层，载入边线的选区，采用选区减选的方式用【矩形选框工具】截取上半部分，得到高光选区，并将它填充乳白色（#ffffeb），再将图层的不透明度修改为 25%，导航条的高光效果如图 14-14 所示。

项目十四

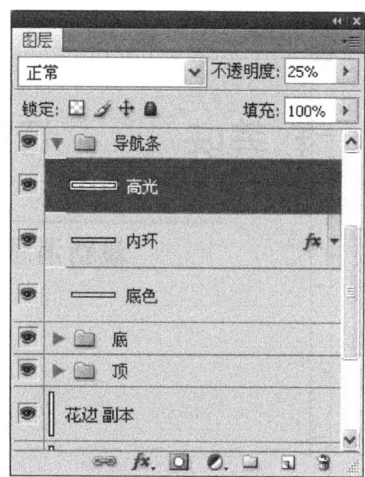

甜蜜小屋——网页切片的制作

图 14-14 导航条的高光效果

4．制作导航按钮文字

使用【横排文字工具】，分 5 个图层分别输入文字"首页"、"全系列产品"、"订单查询"、"最新消息"和"积分商城"。设置字体为 Adobe 黑体 Std，大小为 12 点，锐利，颜色为非纯黑色（#3b3b3b），文字效果如图 14-15 所示。

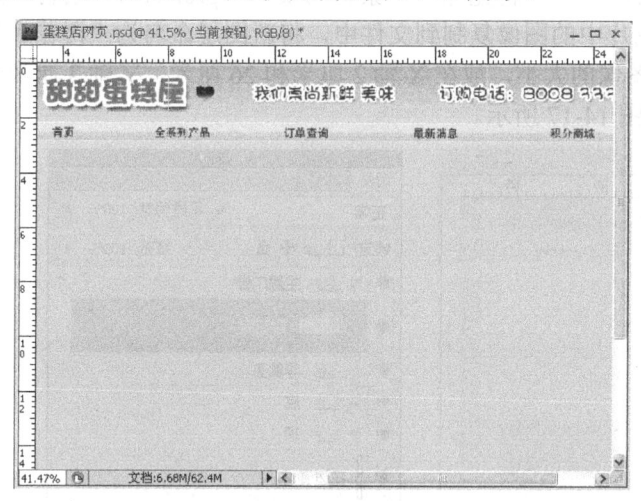

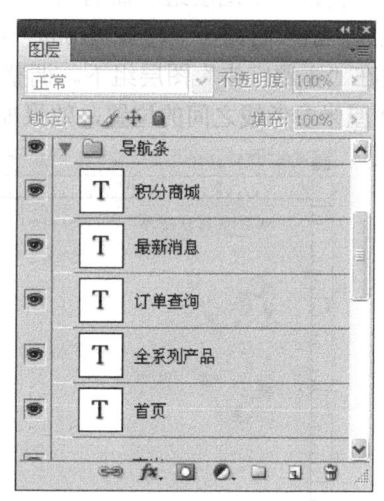

图 14-15 导航条的文字效果

5．制作当前按钮效果

新建一个名为"当前按钮"的图层，放在"最新消息"文字下方。选择【圆角矩形工具】，使用从路径区域中减去的方式绘制路径，转换为选区后，填充为深灰色（#888888）。为它添加内阴影样式，角度为 90 度，距离为 3 像素，大小为 3 像素。再为它添加渐变叠加，渐变色为浅灰色（#d8d8d8）到白色渐变。完成后的效果如图 14-16 所示。

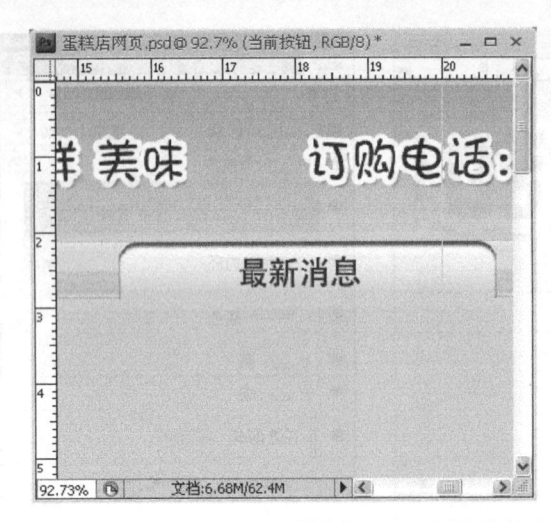

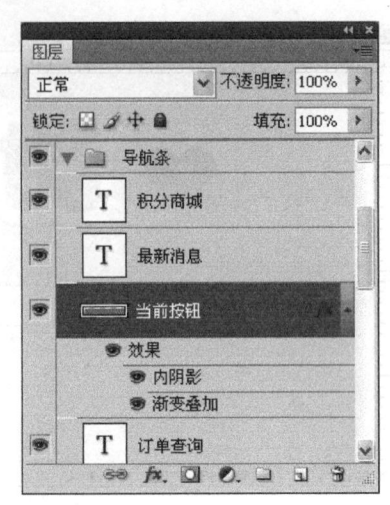

图形图像处理（Photoshop CS4）

图 14-16　导航条的当前按钮效果

二、制作情人节广告效果

1. 制作樱花底图效果

新建一个图层组，命名为"主题广告"。将光盘中"素材与实例→project14→素材→蛋糕店网页"目录下"樱花底.png"图片中的图像复制到文件中，将新图层命名为"樱花底"，放在"主题广告"图层组下。调整图像的大小，放在 X 轴 2 厘米和 26 厘米，Y 轴 3 厘米和 12 厘米参考线之间的位置，效果如图 14-17 所示。

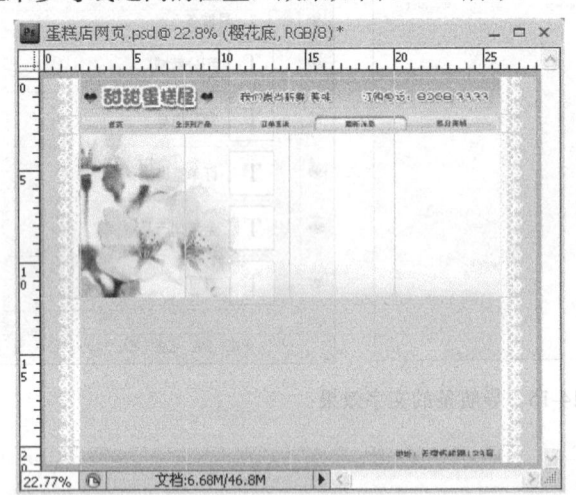

图 14-17　"樱花底"图层效果

2. 制作蛋糕合成效果

将光盘中"素材与实例→project14→素材→蛋糕店网页"目录下"蛋糕.png"图片中的图像复制到文件中，将新图层命名为"蛋糕"。调整图像的大小，放在樱花底图的右侧，效果果如图 14-18 所示。

308

图 14-18 添加蛋糕后的效果

3. 制作玫瑰花合成效果

将光盘中"素材与实例→project14→素材→蛋糕店网页"目录下"玫瑰.png"图片中的图像复制到文件中,将新图层命名为"玫瑰"。调整图像的大小和方向,放在蛋糕图像的下方,效果如图 14-19 所示。

图 14-19 添加玫瑰后的效果

4. 制作玩具熊合成效果

将光盘中"素材与实例→project14→素材→蛋糕店网页"目录下"玩具熊.png"图片中的图像复制到文件中,将新图层命名为"玩具熊"。调整图像的大小和方向,放在樱花底图的左侧,效果如图 14-20 所示。

5. 制作"214"文字效果

(1)使用【横排文字工具】输入文字"214",设置字体为华康海报体 W12(P),大小为 48 点,浑厚,颜色为黑色。为它添加内阴影样式,参数设置和效果如图 14-21 所示。

(2)添加内发光样式,参数设置和效果如图 14-22 所示。

图形图像处理（Photoshop CS4）

■ 图 14-20 添加玩具熊后的效果

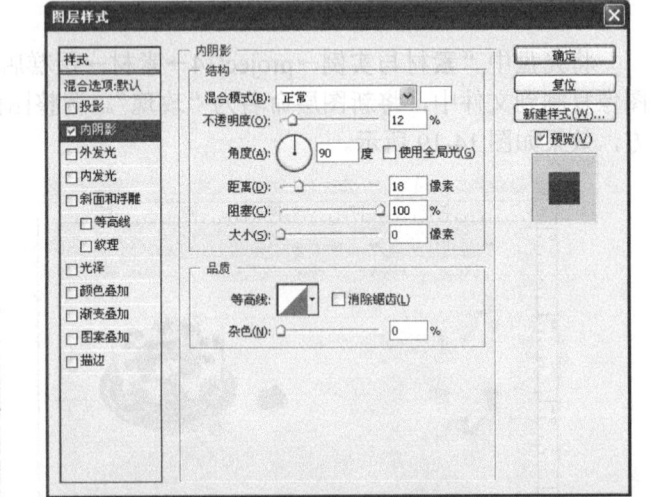

■ 图 14-21 内阴影样式参数设置和效果

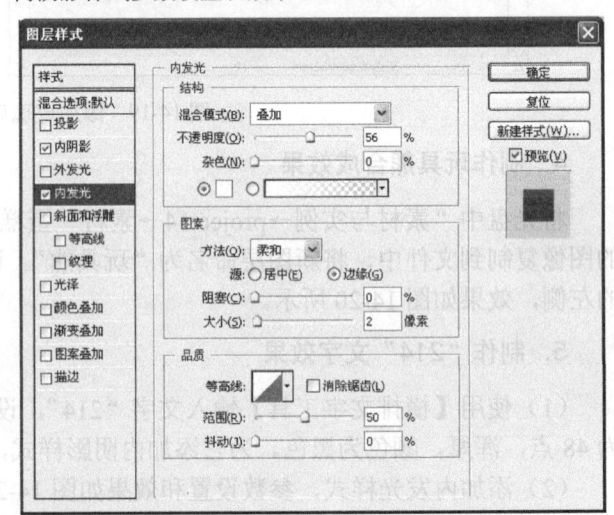

■ 图 14-22 内发光样式参数设置和效果

(3) 添加斜面和浮雕效果，参数设置和效果如图 14-23 所示。

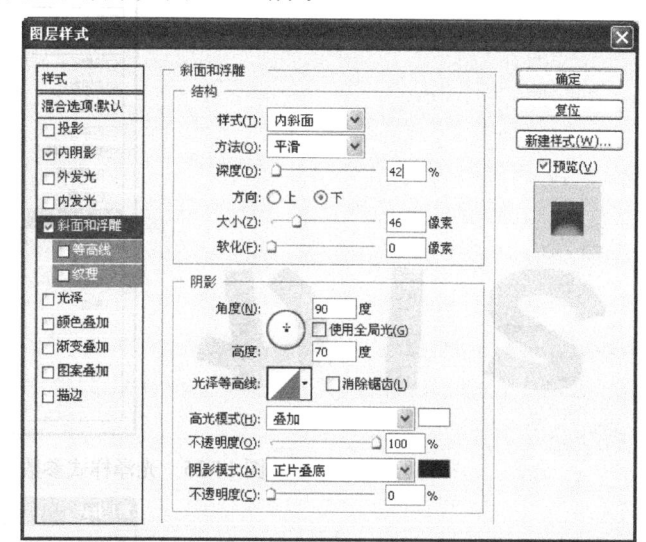

图 14-23　斜面和浮雕样式参数设置和效果

(4) 添加渐变叠加效果，参数设置和效果如图 14-24 所示。渐变色为淡紫色（#812a4f）到紫色（#741635）过渡。

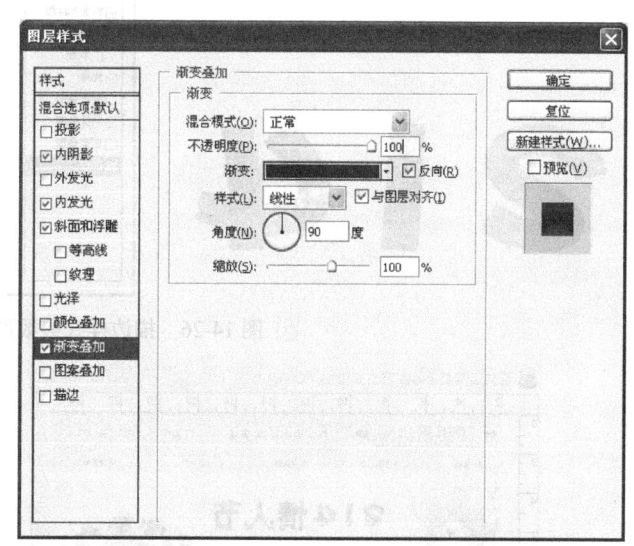

图 14-24　渐变叠加样式参数设置和效果

(5) 添加光泽效果，参数设置和效果如图 14-25 所示。
(6) 添加描边效果，参数设置和效果如图 14-26 所示。

6．制作其他标题文字效果

分别输入文字"情人节"和"爱共分享"，设置字体为迷你简秀英，大字为 48 点，小字为 36 点。将"214"文字图层的样式复制到这两个文字图层中，完成的效果如图 14-27 所示。

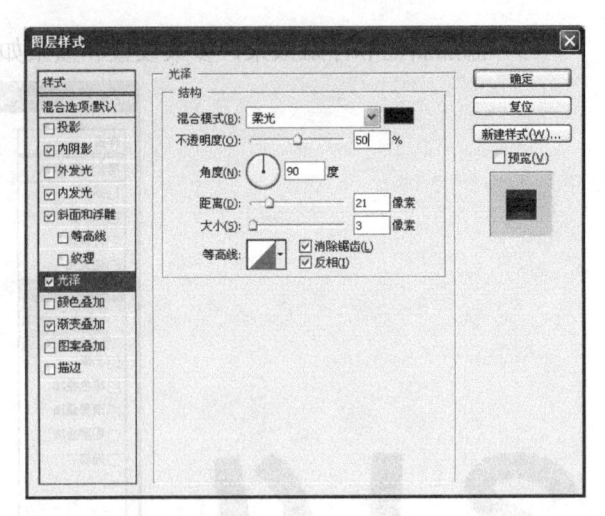

■ 图 14-25 光泽样式参数设置和效果

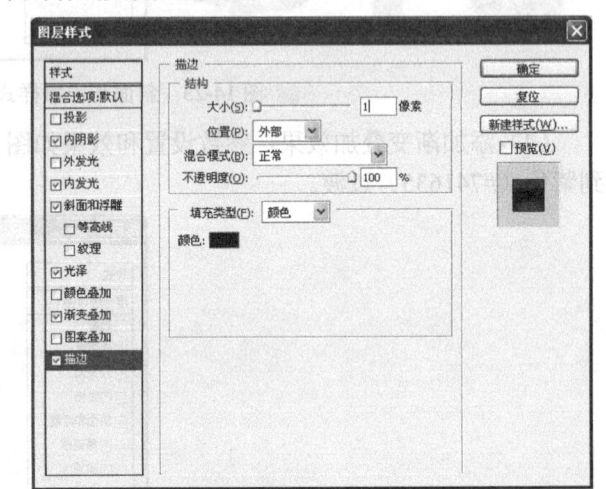

■ 图 14-26 描边样式参数设置和效果

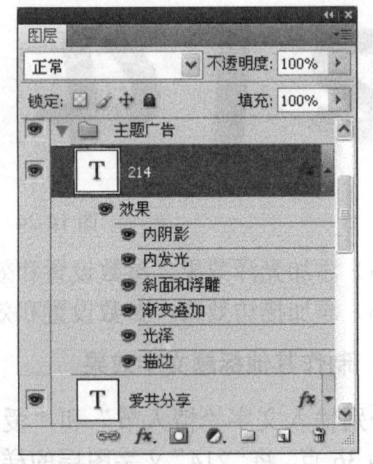

■ 图 14-27 主题广告的文字效果

三、制作甜品分类栏合成效果

新建一个图层组，命名为"甜品分类栏"。在组内新建一个名为"横栏"的图层，制作 4 个矩形底色框，3 个填充为白色，1 个填充为粉色（#e1b1b1）。再分 4 个图层输入文字"新产品上市"、"生日主打"、"214 情人节"和"送礼佳品"，放置在 4 个底色框中。设置字体为黑体，大小为 14 点，浑厚，颜色为深灰色（# 6b6b6b）。粉色框上的文字为白色。甜品分类栏的效果如图 14-28 所示。

■ 图 14-28　甜品分类栏的效果

任务三　制作甜品介绍

一、制作商品介绍的合成效果

1. 制作甜品介绍底图效果

新建一个名为"蛋糕 1"的图层组，将光盘中"素材与实例→project14→素材→蛋糕店网页"目录下"缤纷底色.png"图片中的图像复制到文件中，将新图层命名为"缤纷底色"。调整图像的大小放在"新产品上市"文字下方参考线交叉的区域，如图 14-29 所示。

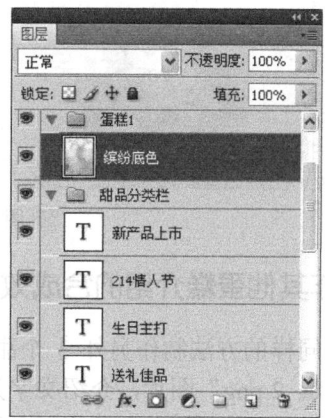

■ 图 14-29　甜品介绍的底图效果

2. 制作蛋糕1的合成效果

将光盘中"素材与实例→project14→素材→蛋糕店网页"目录下"蛋糕 1.png"图片中的图像复制到文件中,将新图层命名为"蛋糕 1"。调整图像的大小放在底图的左下角,并除去底图外的蛋糕图像,如图 14-30 所示。

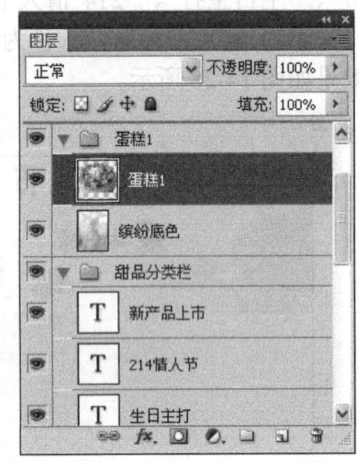

图 14-30 蛋糕 1 的合成效果

3. 制作蛋糕1的文字效果

新建一个名为"标题底色"的图层,建立一个矩形选区,填充为暗粉色(#e1b1b1)。输入文字"布达佩斯之恋"。设置字体为迷你简秀英,大小为 18 点,锐利,颜色为暗红色(#510d0d)。再输入文字"会员价:160",设置字体为微软雅黑,大小为 12 点,锐利,颜色也是暗红色。文字效果如图 14-31 所示。

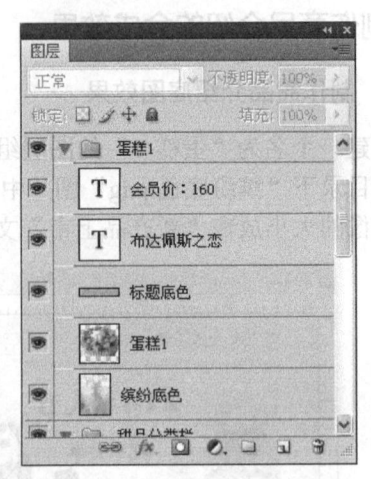

图 14-31 蛋糕 1 的文字效果

二、制作其他蛋糕介绍的合成效果

采用同样的方法制作另外 3 个甜品的信息介绍效果。"蛋糕 2"图层组中导入的是同目录下"蛋糕 2.png"图片,介绍文字为"爱相惜""会员价:170"。"蛋糕 3"图层组导入的是同目录下"蛋糕 3.png"图片,介绍文字为"芒果幕斯""会员价:200"。"蛋糕 4"图层

项目十四

甜蜜小屋——网页切片的制作

组中导入的是同目录下的"蛋糕 4.png"图片，介绍文字为"抹茶心情""会员价：210"。甜品介绍部分的合成效果如图 14-32 所示。

图 14-32　甜品介绍完成的合成效果图

任务四　制作甜品网页切片

一、制作纵向网页切片

在工具栏的剪切工具组中选择【切片工具】，依次划分出左侧花边、中间图片和右边花边 3 个区域，将网页纵向切分为 3 大块，如图 14-33 所示。

图 14-33　纵向切分为 3 大块

315

二、制作横向网页切片

在网页上右击,在弹出的快捷菜单中执行【划分切片】命令。打开"划分切片"对话框,勾选【水平划分为】选项,在水平方向上,网页可以分为6部分,因此修改参数为6,制作6个横向切片,参数设置如图14-34所示。

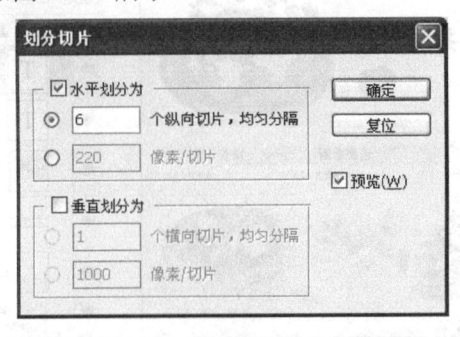

图14-34 水平切片划分参数设置

移动切片的边缘线来调整切片的区域,分出独立的标题文字部分、导航条部分、主题广告部分、甜品分类部分、甜品介绍部分和页脚文字6个部分。调整好的切片效果如图14-35所示。

图14-35 水平切片划分的效果

三、存储网页切片

调整好切片后,执行【文件】→【存储为 Web 和设备所用格式】命令,在打开的如图14-36所示的窗体中设置存储的文件类型为 JPEG,品质为最佳,单击【存储】按钮,选择好存储路径后,系统会自动将切片按顺序存储到设置好的文件夹内。网页切片存储效果如图14-37所示。

项目十四

甜蜜小屋——网页切片的制作

图 14-36 "存储为 Web 和设备所用格式"参数设置

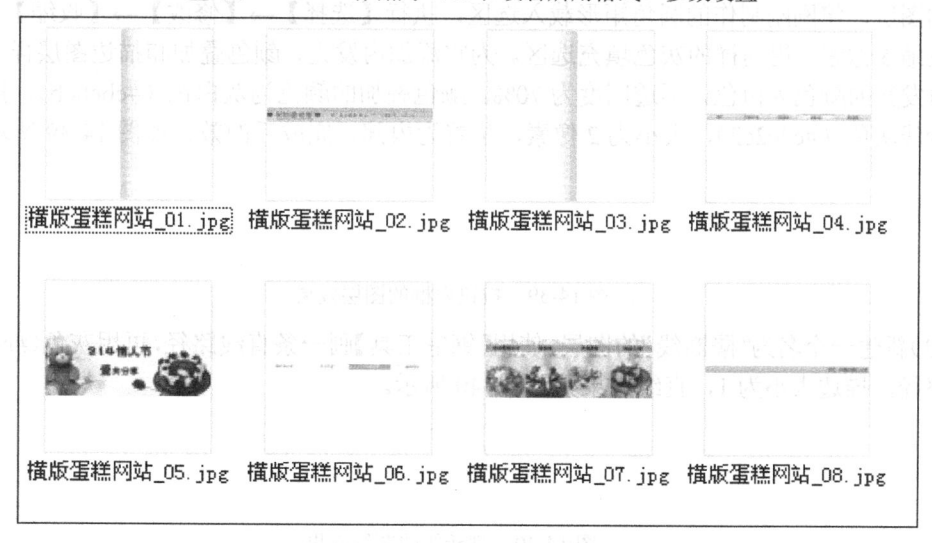

图 14-37 网页切片存储效果

实训演练

根据前面学习过的网页设计的方法和网页切片的制作方法，完成下面校园网页的制作和网页切片的制作。具体操作步骤参考如下。

（1）新建一个文件，命名为"校园网页"。设置文件宽度为 36 厘米，高度为 37 厘米。分辨率为 160 像素/英寸，背景内容为白色。在 X 轴的 1.2 厘米、2.2 厘米、8 厘米、9 厘米

317

和34.8厘米处建立5条参考线，再在Y轴的1.5厘米、4厘米、12.5厘米和35厘米处建立4条参考线。新建一个名为"顶注册界面"的图层组，在组内新建一个名为"灰色底"的图层，使用【矩形选框工具】在画布的上方建立一个矩形选区并填充为浅灰色（#f5f5f5）。效果如图14-38所示。

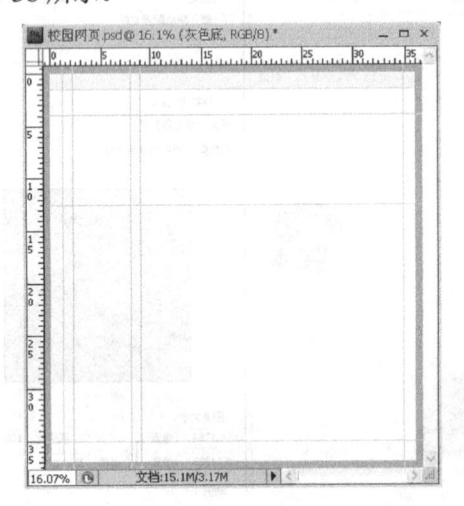

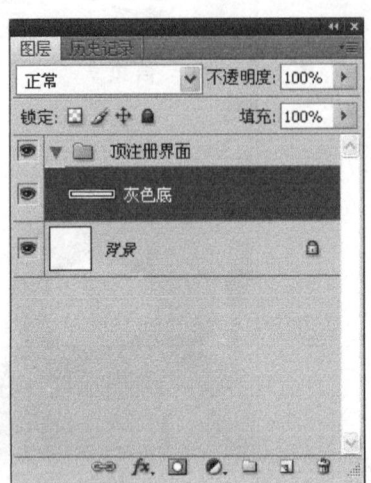

图14-38 参考线和灰色底的填充效果

（2）新建一个图层，命名为"搜索按钮底色"。用【圆角矩形工具】建立一个圆角矩形路径，设置半径为120像素，用灰色（#dadada）填充路径。然后再新建一个名为"按钮内框"的图层，将刚刚制作的圆角矩形载入选区，执行【选择】→【修改】→【收缩】命令，向内收缩5像素，用同样的灰色填充选区。为它添加内发光、颜色叠加和描边图层样式。其中，内发光的颜色为白色，不透明度为70%。颜色叠加的颜色为灰白色（#ebebeb）。描边的颜色为浅灰色（#c2c2c2），大小为2像素，位置为内部。完成后的效果如图14-39所示。

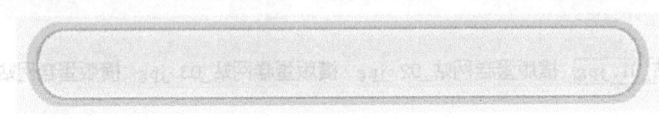

图14-39 按钮内框的图层效果

（3）新建一个名为"隔断线"的图层，使用【钢笔工具】画一条直线路径，再用灰色（#cacaca）描边路径，描边大小为1，直线效果如图14-40所示。

图14-40 割断线的图层效果

（4）将按钮内框载入选区，再利用减选模式，建立一个按钮选区。新建一个名为"黑色按钮"的图层，利用【渐变工具】填充一个从左到右为纯黑色（#000000）到深灰色（#303030）的线性渐变色，效果如图14-41所示。

图14-41 黑色按钮效果

项目十四
甜蜜小屋——网页切片的制作

（5）新建一个名为"高光"的图层。载入黑色按钮的选区，利用减选模式建立一个高光区域，填充为浅黄色（#fff9c8），图层混合模式为柔光，不透明度为40%，高光效果如图14-42所示。

■ 图14-42　按钮高光效果

（6）新建一个名为"搜索标"的图层，使用【自定形状工具】，选择放大镜形状，在黑色按钮上方绘制一个放大镜形状的路径，用白色填充路径。再为它添加内阴影效果，距离和大小均修改为2像素。得到放大镜的合成效果如图14-43所示。

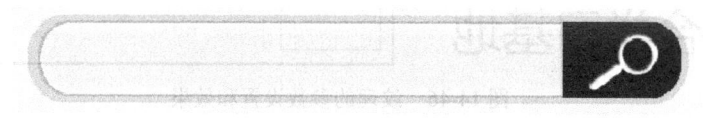

■ 图14-43　放大镜的合成效果

（7）使用【横排文字工具】在搜索框中输入文字"搜索…"，字体为宋体，大小为15点，锐利，颜色为深灰色（#272727）。再在搜索按钮右侧分别输入文字"登陆"、"注册"和"意见反馈"。字体仍为宋体，大小为16点，锐利，颜色为灰色（#555555）。用前面介绍的绘制竖线的方法，绘制两个直线分隔线。文字和分隔线的效果如图14-44所示。

■ 图14-44　文字和分隔线效果

（8）新建一个名为"标题栏"的图层组，输入文字"ABC综合学习基地"，其中英文字体为Stencil Std，中文字体为微软雅黑，大小为36点，颜色为灰色（#555555）。为文字添加斜面和浮雕效果，参数设置和效果如图14-45所示。再为文字添加纹理图案，图案为amoeba（在项目八素材中的carbone纹理文件中），纹理的参数设置和效果如图14-46所示。

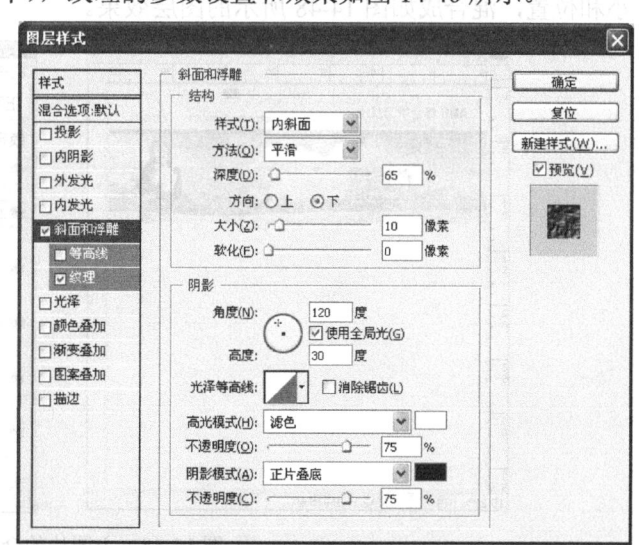

■ 图14-45　斜面和浮雕样式的参数设置和效果

319

图形图像处理（Photoshop CS4）

图 14-46　纹理的参数设置和效果

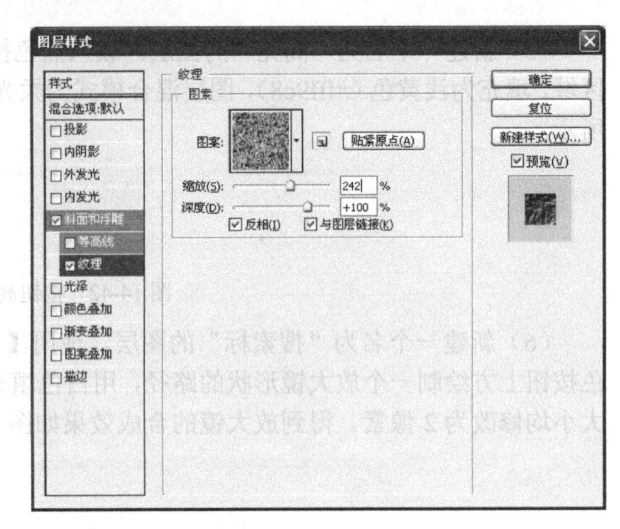

（9）再输入文字"实事求是 刻苦勤奋 积极创新"，并为它添加斜面和浮雕效果（不加纹理）。除了将大小修改为 18 点，其他参数与"综合学习基地"文字的参数相同。再分别输入文字"学习社区"、"读书频道"、"文体艺术"和"最新招聘"，用竖线隔开。设置字体为黑体，大小为 24 点，前 3 组文字的颜色为灰色（#555555），"最新招聘"的颜色为（#ff7200）。文字效果如图 14-47 所示。

图 14-47　标题和导航文字的效果

（10）新建一个名为"主图片"的图层组，在组内新建一个名为"分隔线"的图层，填充为深红色（#721b2c）。打开素材中"素材与实例→project14→素材→校园网页"文件夹，将其中所有图片素材分别复制到文件中，并根据文件名命名图层名。然后调整图像素材的大小和位置，混合成如图 14-48 所示的图层效果。

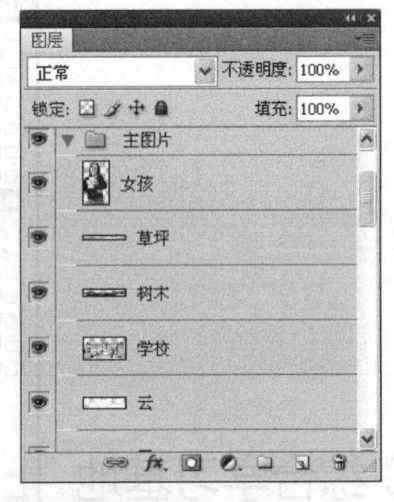

图 14-48　主图片的合成效果

（11）新建一个名为"左边栏"的图层组，在组内新建一个名为"大标题"的图层，填充暗红色的矩形背景色。复制背景色，缩小后移动到下方，图层重命名为"小标题"。在大标题底色上输入文字"ABC 综合学习基地"，设置字体为微软雅黑，大小为 16 点，浑厚，白色。小标题底色上输入文字"计算机"，设置字体为宋体，大小为 14 点，锐利，白色。并且在文字前加白色横线。然后在大标题下输入文字"内容设置"，设置字体为方正粗圆简体，大小为 18 点，灰色（#555555）。再分别输入文字"资格类"、"外语类"、"会计类"、"工程类"和"医学类"，设置字体为宋体，大小为 14 点，锐利，灰色（#555555）。并在每一个分类名前添加一个灰色的横线。最后在两个分类名之间添加一个白灰白渐变填充的横隔断线，左边栏的效果如图 14-49 所示。

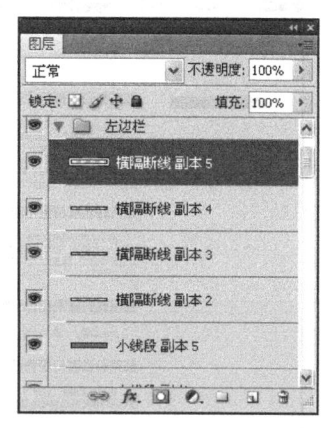

图 14-49　左边栏的合成效果

（12）新建名为"介绍栏"的图层组，在页面右侧空白区域上部，输入文字"计算机"，设置字体为黑体，大小为 24 点，颜色为灰色（#3b3b3b）。然后输入文字"·主页>内容设置>计算机"，字体为黑体，大小为 14 点，颜色为灰色（#7d7d7d）。再使用【横排文字工具】建立一个文本框，输入专业介绍信息的文字，文字内容参考光盘中"素材与实例→project14→素材→校园网页"目录下的"介绍.txt"文件。注意段落的排版，标题的大字设置字体为方正综艺简体，24 点，浑厚，紫红色（#7d1c2f），内容的小字设置字体为微软雅黑，16 点，浑厚，深黑色（#242424）。文字效果如图 14-50 所示。

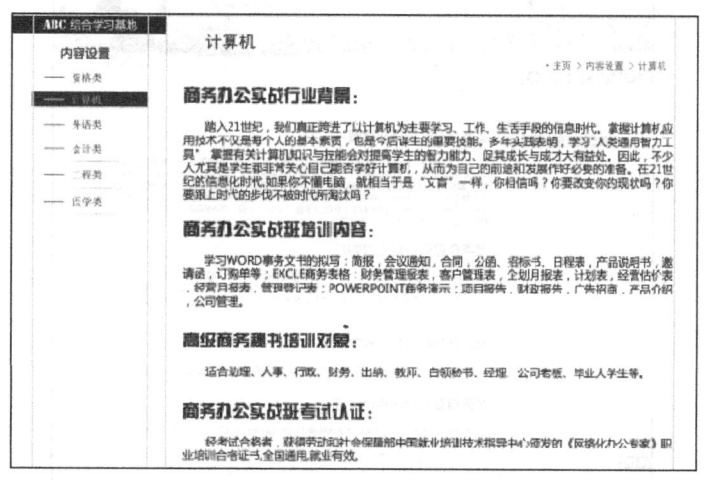

图 14-50　介绍栏的文字效果

（13）新建名为"底部"的图层组，在组内新建一个"底色"图层，填充为灰色（#f5f5f5）

作为页脚的底色。输入文字"电话：8008123123 8008823823"和"地址：北京市钱塘街21号"。设置字体为宋体，大小为18点，颜色为灰色（#505050）。在页脚和页顶部分添加两条灰色的边线。完成的网页效果如图14-51所示。

图14-51　完成的校园网页效果

（14）在工具栏选择【切片工具】，在画布上右击，在弹出的快捷菜单中执行【划分切片】命令，选择水平划分为6个纵向切片。调整切片的位置，完成纵向切片的制作，如图14-52所示。

图14-52　制作纵向切片

项目十四

甜蜜小屋——网页切片的制作

（15）在切片 5 中右击，在弹出的快捷菜单中执行【划分切片】命令，取消水平划分，选择垂直划分为 2 个横向切片。调整切片的位置，完成横向切片的制作，如图 14-53 所示。

图 14-53　制作横向切片

（16）将网页文件存储为 Web 和设备所用格式，选择 JPEG 格式和最佳图片效果，并设置保存的路径，最后生成的切片文件如图 14-54 所示。

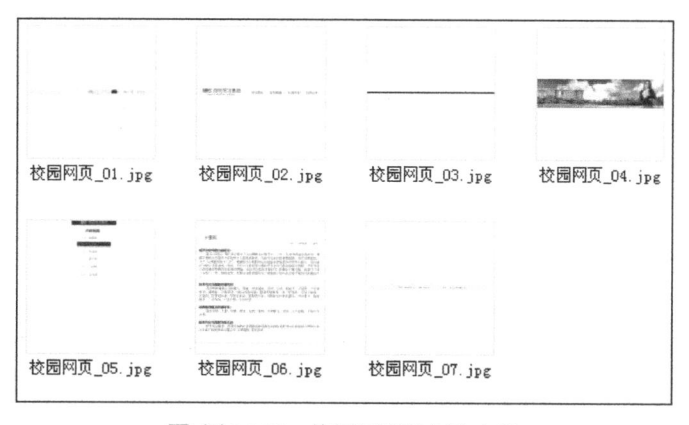

图 14-54　校园网页的切片文件

323

项目十四

网络小灵——网页栏目的制作

(15) 在图片 5 中右击，在弹出的快捷菜单中执行【校分时片】命令，取消水平设分。这样垂直设分为 2 个横向图片，调整图片位置，完成横向图片的制作，如图 14-53 所示。

图 14-53 横排横向图片

(16) 将网页文件管理库及 Web 和设备所用格式，选择 JPEG 格式定和储存图片效果，并在置合的路径下，最后生成的图片文件如图 14-54 所示。

图 14-54 栏目网页的图片文件

反侵权盗版声明

电子工业出版社依法对本作品享有专有出版权。任何未经权利人书面许可，复制、销售或通过信息网络传播本作品的行为；歪曲、篡改、剽窃本作品的行为，均违反《中华人民共和国著作权法》，其行为人应承担相应的民事责任和行政责任，构成犯罪的，将被依法追究刑事责任。

为了维护市场秩序，保护权利人的合法权益，我社将依法查处和打击侵权盗版的单位和个人。欢迎社会各界人士积极举报侵权盗版行为，本社将奖励举报有功人员，并保证举报人的信息不被泄露。

举报电话：（010）88254396；（010）88258888
传　　真：（010）88254397
E-mail：　dbqq@phei.com.cn
通信地址：北京市万寿路173信箱
　　　　　电子工业出版社总编办公室
邮　　编：100036

反侵权盗版声明

电子工业出版社依法对本作品享有专有出版权。任何未经权利人书面许可，复制、销售或通过信息网络传播本作品的行为；歪曲、篡改、剽窃本作品的行为，均违反《中华人民共和国著作权法》，其行为人应承担相应的民事责任和行政责任，构成犯罪的，将被依法追究刑事责任。

为了维护市场秩序，保护权利人的合法权益，我社将依法查处和打击侵权盗版的单位和个人。欢迎社会各界人士积极举报侵权盗版行为，本社将奖励举报有功人员，并保证举报人的信息不被泄露。

举报电话：(010) 88254396；(010) 88258888
传　　真：(010) 88254397
E-mail: dbqq@phei.com.cn
通信地址：北京市万寿路 173 信箱
　　　　　电子工业出版社总编办公室
邮　　编：100036